Rainer Danckwerts
Dankwart Vogel

Elementare Analysis

Unveränderter Nachdruck des letztmalig im Jahre 1991 bei J.B. Metzler unter dem Titel „Analysis für den Leistungskurs 12/13“ erschienenen Buches.

Graphische Darstellungen: Julij Jusim
Umschlaggestaltung: Andreas Vohns

Bibliographische Informationen: Die Deutsche Bibliothek verzeichnet diese Publikation in der Deutschen Nationalbibliographie; detaillierte bibliographische Daten sind im Internet über http://dnb.ddb.de abrufbar.

Herstellung und Verlag: Books on Demand GmbH, Norderstedt
ISBN 3-8334-3125-3

Inhaltsverzeichnis

TEIL 1: DIFFERENTIALRECHNUNG

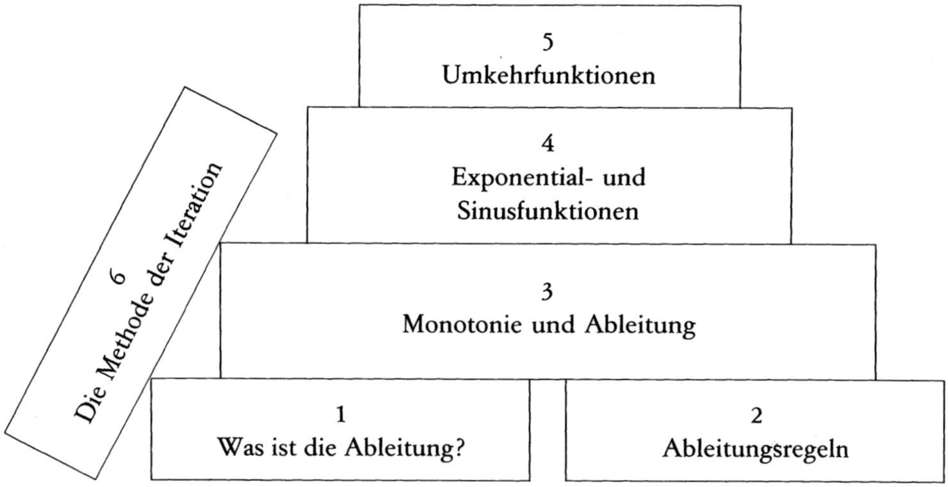

TEIL 2: INTEGRALRECHNUNG

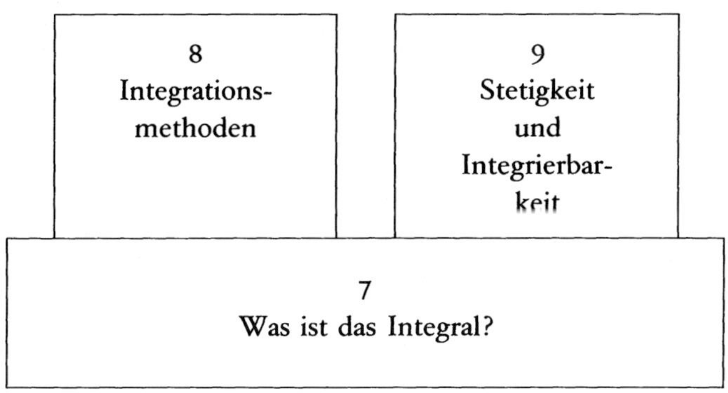

Für den Leser

Als wir dieses Buch schrieben, stellten wir uns einen Leser vor, der mit der Differentialrechnung bereits Bekanntschaft gemacht hat und mit dem Grenzwertbegriff vertraut ist.

Eine genauere Beschäftigung mit der Ableitung in diesem Buch führt ein großes Stück weiter und eröffnet Methoden, Funktionen weit umfassender zu untersuchen (*Kurvendiskussion* und *Extremalprobleme*).

Der Leser kennt vielleicht, wie schon die alten Babylonier Wurzeln berechneten: Um etwa $\sqrt{3}$ zu bestimmen, gingen sie von einem Näherungswert aus, sagen wir $x_1 = 2$, und rechneten $x_2 = \frac{1}{2}\left(x_1 + \frac{3}{x_1}\right) = 1{,}75$; $x_3 = \frac{1}{2}\left(x_2 + \frac{3}{x_2}\right) = 1{,}7321\ldots$ und waren bereits erstaunlich nahe am wahren Wert. Das schrittweise Verbessern von Näherungswerten werden wir zu einer allgemeinen Methode ausbauen. So erschließen sich uns ganz neue Möglichkeiten, Gleichungen zu lösen.

Damit sind wir am Ende von Teil 1 des Buches angelangt.

Wenn man die Geschwindigkeit eines Autos zu jedem Zeitpunkt kennt, dann ist zu erwarten, daß sich der zurückgelegte Weg daraus rekonstruieren läßt. Fragestellungen dieser Art führen zum Grundverständnis von dem, was man *Integrieren* nennt.

Unsere Vorstellung vom Integrieren wird Schritt für Schritt erweitert; unterwegs entsteht eine kräftige Methode zur Berechnung krummlinig begrenzter Flächen und Volumina.

Bei den Betrachtungen zum Integrieren kommt wie von selbst eine bekannte Eigenschaft von Funktionen ins Spiel: die *Stetigkeit.* Eine nähere Beschäftigung mit dem Integrieren verlangt, sich mit dieser Eigenschaft intensiver auseinanderzusetzen. Damit schließt das Buch.

Noch ein Wort zum Gebrauch des Buches: Man sollte sich nicht gezwungen fühlen, es fortlaufend, gleichsam Seite für Seite, durchzuarbeiten. (Möglicherweise ist es z. B. ratsam, vom ersten Kapitel zunächst nur Teile zu behandeln.) Wir verstehen es eher als ein Angebot, aus dem man wählen kann. Der Leser findet im ganzen Buch kürzere Textstücke in Form von grau unterlegten *Kästen* eingestreut, die ein wenig zum

Blättern und Stöbern einladen sollen. Soweit sie mit einem dicken Punkt ● am Rand gekennzeichnet sind, halten wir sie für unverzichtbar. Die mit einem * versehenen Aufgaben sind besonders schwierig, ihre Lösung setzt eine genauere Auseinandersetzung mit dem Gegenstand voraus. Man lasse sich nicht gleich entmutigen, wenn sich eine Idee nicht einstellen will.

Der *Rote Faden* am Schluß soll der Orientierung dienen und zusätzliche Merkhilfe sein. Das *Lösungsheft* (Best.-Nr. 70256) mit den ausführlichen Lösungen und weiteren Hinweisen mag die Arbeit mit dem Buch erleichtern.

Wir wünschen viel Erfolg!

R. Danckwerts
D. Vogel

TEIL 1

DIFFERENTIALRECHNUNG

Isaac NEWTON
1643–1727

Gottfried Wilhelm LEIBNIZ
1646–1716

1 Noch einmal: Was ist die Ableitung?

Zu Beginn dieses Buches werden wir der geschichtlichen Entwicklung des Ableitungsbegriffes ein Stück weit folgen.

Zur Klärung der Frage, was die Ableitung ist, haben die beiden Mathematiker CAUCHY und WEIERSTRASS einen bedeutenden Beitrag geleistet. Zwischen ihren sehr unterschiedlichen Antworten liegt rund ein halbes Jahrhundert.

Wir beginnen mit der bekannteren Antwort von CAUCHY; vielen wird diese Auffassung der Ableitung bereits vertraut sein. Im zweiten Abschnitt erfahren wir eine andere Sichtweise, die von WEIERSTRASS hervorgehoben wurde. Ein »Rückblick« mit größerem mathematischen Anspruch schließt das Kapitel ab (Abschnitt 1.3).

1.1 Die Antwort von CAUCHY

Hören wir, was Augustin-Louis CAUCHY, einer der Begründer der modernen Analysis, in seiner ersten Vorlesung über die »Differenzialrechnung« im Jahre 1815 zur Ableitung sagt:

Um die Begriffe zu fixiren, nehmen wir an, daß man bloß zwei Veränderliche betrachte; nämlich eine unabhängige Veränderliche x und eine durch:

$$y = f(x)$$

bezeichnete Function von x.

Wenn die Function $f(x)$ zwischen zwei gegebenen Grenzen der Veränderlichen x continuirlich bleibt, und wenn man der Veränderlichen einen zwischen diesen Grenzen liegenden Werth beilegt; so wird ein der Veränderlichen ertheiltes unendlich kleines Increment auch eine unendlich kleine Veränderung der Function zur Folge haben. Also werden, wenn man $\Delta x = i$ setzt, die beiden Glieder des Differenzenverhältnisses:

$$\frac{\Delta y}{\Delta x} = \frac{f(x+i) - f(x)}{i}$$

unendlich kleine Größen sein. Aber während sich diese beiden Glieder unbestimmt und gleichzeitig der Grenze Null nähern, wird ihr Verhältniß selbst gegen eine andere Grenze, sie sei positiv oder negativ, convergiren können, welche das letzte Verhältniß der unendlich kleinen Differenzen Δy, Δx sein wird. Diese Grenze, oder dieses letzte Verhältniß, hat, wenn es existirt, für jeden particulären Werth von x einen bestimmten Werth; aber es variirt mit x. Nun ... wird die Form der neuen Function, welche die Grenze des Verhältnisses $\frac{f(x+i)-f(x)}{i}$ ist, von der Form der gegebenen $y=f(x)$ abhängig sein. Um diese Abhängigkeit auszudrücken, gibt man der neuen Function den Namen abgeleitete (derivirte) Function, und bezeichnet sie vermittelst eines Accentes durch:

$$y' \text{ oder } f'(x).$$

Was ist die Quintessenz dieser Zeilen?

Zunächst macht uns CAUCHY darauf aufmerksam, daß der Differenzenquotient

$$\frac{f(x+h)-f(x)}{h}$$

durchaus gegen eine »Grenze« streben (bei ihm »convergiren«) kann, wenn der Zuwachs h (bei ihm das Inkrement i) gegen Null geht. In der Tat, für uns nichts Neues: Etwa bei der bekannten Normalparabel ($f(x)=x^2$) ist

$$\frac{f(x+h)-f(x)}{h}=\frac{(x+h)^2-x^2}{h}=\frac{x^2+2xh+h^2-x^2}{h}=2x+h$$

mit der Grenze $2x$. CAUCHY nennt diesen Grenzwert »letztes Verhältnis« und verweist zugleich darauf, daß es nicht immer zu existieren braucht.

Auch dafür kennen wir bereits Beispiele, etwa die Betragsfunktion: Für die Stelle $x=0$ ist nämlich

$$\frac{f(x+h)-f(x)}{h}=\frac{f(h)-f(0)}{h}=\frac{|h|}{h}.$$

Hier hängt das Grenzverhalten des Differenzenquotienten davon ab, *wie* wir uns der Null nähern. Geht h von rechts gegen Null, so strebt er gegen $+1$, kommt man von links, so gegen -1. Ein solches Verhalten schließt CAUCHY in seiner Definition aus, wenn er verlangt, daß der Differenzenquotient stets gegen denselben Wert strebt - unabhängig davon, wie h gegen Null geht (bei CAUCHY: sich unbestimmt der Grenze Null nähert).

Schließlich bemerkt CAUCHY, daß der Grenzwert des Differenzenquotienten - falls er existiert - von der Funktion f und der betrachteten Stelle x abhängt, was für ihn die Bezeichnung

$$f'(x)$$

RÉSUMÉ DES LEÇONS
DONNÉES
A L'ÉCOLE ROYALE POLYTECHNIQUE,
SUR
LE CALCUL INFINITÉSIMAL,
PAR M. AUGUSTIN-LOUIS CAUCHY,
Ingénieur des Ponts-et-Chaussées, Professeur d'Analyse à l'École royale Polytechnique, Membre de l'Académie des Sciences, Chevalier de la Légion d'honneur.

TOME PREMIER.

A PARIS,
DE L'IMPRIMERIE ROYALE.

Chez DEBURE, frères, Libraires du Roi et de la Bibliothèque du Roi, rue Serpente, n.° 7.

1823.

Augustin-Louis CAUCHY
(1789–1857)

A.-L. CAUCHY gehört zum Kreis jener brillanter Wissenschaftler, die in der ersten Hälfte des 19. Jahrhunderts an der berühmten École Polytechnique in Paris gewirkt haben. Das Bild zeigt das Titelblatt der »Résumé« seiner dort zur Analysis (»Calcul Infinitésimal«) über viele Jahre hinweg gehaltenen Vorlesungen.

CAUCHY wurde im August 1789, mitten in den Pariser Revolutionswirren geboren. Trotz politisch unruhiger Zeiten und eines ausgeprägten Hangs zur Starrköpfigkeit war er ungewöhnlich produktiv: Er schrieb über 750 Arbeiten.

Ableitung

rechtfertigt. Die Zahl $f'(x)$ heißt, wie der Leser weiß, *Ableitung von f an der Stelle x.*

Variiert nun x, so entsteht eine neue Funktion, die jeder Stelle die Ableitung an dieser Stelle zuordnet. Sie heißt *Ableitungsfunktion* f' (bei CAUCHY »abgeleitete (derivirte) Function«). So ist etwa die Ableitungsfunktion der Normalparabel durch $f'(x)=2x$ gegeben.

Bemerkenswert ist, daß CAUCHY in seiner Definition nicht auf geometrische Vorstellungen (Sekanten, Tangenten, ...) zurückgreift. Welche Vorstellung läßt sich dann mit der Ableitung verbinden? Dazu ein Beispiel.
Der Temperaturschreiber einer Wetterstation zeichnet an einem sonnigen Sommertag folgende Kurve auf:

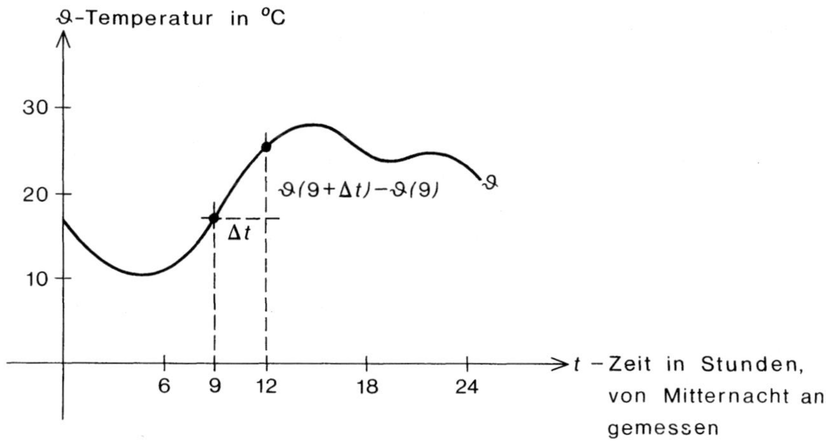

Abbildung 1

Der Schreiber gibt also die Temperatur als Funktion der Zeit wieder. Welche Bedeutung hat hier der Differenzenquotient

$$\frac{\vartheta(t+\Delta t)-\vartheta(t)}{\Delta t}$$

für einen bestimmten Zeitpunkt t, etwa für $t=9$?

Nun, er setzt die Temperaturänderung $\vartheta(9+\Delta t)-\vartheta(9)$ zur Zeitdifferenz Δt ins Verhältnis; er gibt die mittlere Temperaturänderung während dieser Zeit an. Z. B. ist für $\Delta t=3$

$$\frac{\vartheta(12)-\vartheta(9)}{3}=\frac{25-18}{3}=\frac{7}{3},$$

d.h. die *mittlere Änderungsrate* der Temperatur im Zeitintervall [9,12] beträgt ≈ 2,3 °C pro Stunde. Strebt Δt gegen Null, so strebt die mittlere

Änderungsrate

Änderungsrate $\frac{\vartheta(9+\Delta t)-\vartheta(9)}{\Delta t}$ gegen die *momentane Änderungsrate* der Temperatur zum Zeitpunkt $t=9$; sie ist die Ableitung der Temperaturfunktion an der Stelle 9, kurz gleich $\vartheta'(9)$. (Es liegt in der Natur der Sache, daß wir uns über die Existenz des Grenzwertes des Differenzenquotienten keine Gedanken machen müssen.)

Wäre der Temperaturverlauf durch eine Funktionsgleichung gegeben, so ließen sich die momentanen Änderungsraten $\vartheta'(t)$ für jedes t *berechnen.* In unserem Beispiel ist allerdings keineswegs offensichtlich, wie sie auszusehen hätte - eine nicht untypische Situation.

Es wird sich zeigen, daß die am Temperaturbeispiel entwickelte Deutung der Ableitung sehr tragfähig ist. Sind nämlich zwei Größen x und y durch einen funktionalen Zusammenhang $y=f(x)$ verbunden, so gibt der Differenzenquotient

$$\frac{\Delta y}{\Delta x}=\frac{f(x+\Delta x)-f(x)}{\Delta x}$$

die *mittlere* Änderungsrate von f im Intervall Δx an. Die Ableitung

$$f'(x)$$

beschreibt, falls sie existiert, die *lokale*[1] Änderungsrate von f an der Stelle x.

Gibt beispielsweise f an, wie sich der Luftdruck p mit der Höhe x über dem Meeresspiegel ändert, so beschreibt der Differenzenquotient $\frac{\Delta p}{\Delta x}$ die durchschnittliche Druckänderung im Höhenintervall Δx und die Ableitung $f'(x)$ das lokale Druckgefälle in der Höhe x.

Und abschließend noch ein Beispiel, bei dem die Existenz der Ableitung besonders vertraut ist: Gibt f an, wie sich der Weg s mit der Zeit t ändert, so beschreibt der Differenzenquotient $\frac{\Delta s}{\Delta t}$ die Durchschnittsgeschwindigkeit im Zeitintervall Δt und die Ableitung $f'(t)$ die Momentangeschwindigkeit zum Zeitpunkt t.

[1] Ist x die Zeit, spricht man von *momentaner* Änderungsrate, wie im Falle der Temperatur.

Aufgaben

1. In Abbildung 1 wird die maximale Tagestemperatur nicht zur Zeit des höchsten Sonnenstandes, also um 12 Uhr, erreicht, sondern erst gegen 15 Uhr. Wie ist dies zu erklären?
   Ähnlich ist es nicht – wie man denken könnte – um Mitternacht am kältesten, sondern erst gegen 4 Uhr morgens. Um 0 Uhr und um 12 Uhr ist also nicht die Temperatur selbst minimal bzw. maximal; vielmehr ist es die momentane Änderungsrate der Temperatur, also die Ableitung $\vartheta'(t)$, die für $t=0$ am kleinsten und für $t=12$ am größten ist. An der Temperaturkurve zeigt sich dies darin, daß die Steigung der Tangente an der Stelle $t=0$ am kleinsten und für $t=12$ am größten ist.
   Man skizziere den Verlauf der Ableitungsfunktion ϑ'.

2. Der Fahrtenschreiber eines Fernlastzugs zeichnet diesen Geschwindigkeitsverlauf auf:

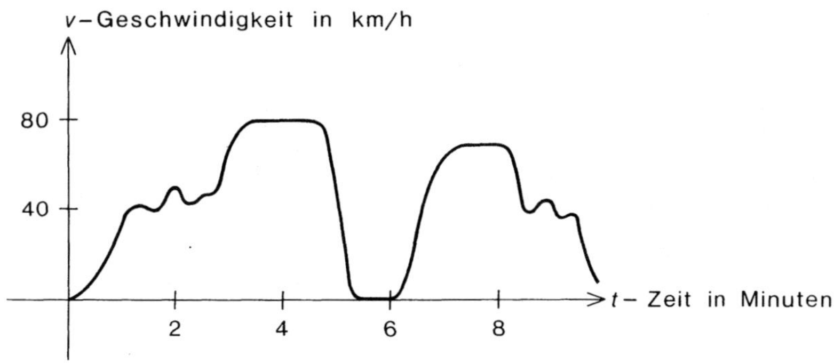

Abbildung 2

   a) Beschreibe in Worten den Fahrverlauf.
   Welche Bedeutung hat die Ableitung $v'(4)$ (allgemein: $v'(t)$)?
   Warum gibt es in der Kurve keinen senkrechten Anstieg bzw. Abfall?

   b) Skizziere den Verlauf der Ableitungsfunktion v'.
   Zu welchen Zeiten ist die Geschwindigkeit bzw. die Beschleunigung maximal?

3. Auch in wirtschaftliche Zusammenhänge spielen lokale Änderungsraten hinein.
   Im allgemeinen wird die in einer Fabrik produzierte Warenmenge mit der Anzahl der geleisteten Arbeitsstunden wachsen.

Typisch ist etwa folgender Verlauf:

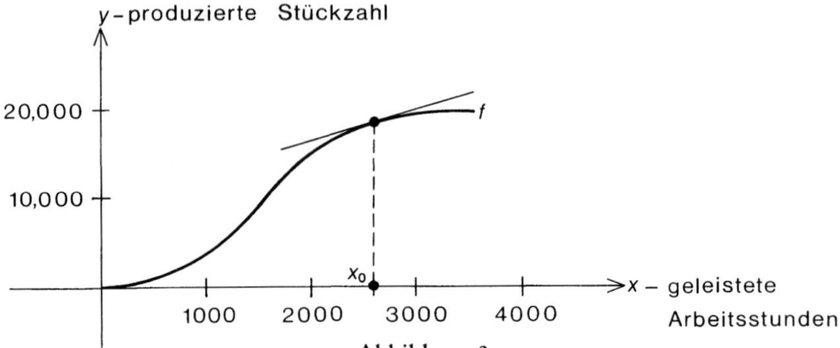

Abbildung 3

Die mittlere Änderungsrate $\dfrac{f(x_0+\Delta x)-f(x_0)}{\Delta x}$ gibt die Steigerung $f(x_0+\Delta x)-f(x_0)$ der produzierten Stückzahl bezogen auf den Zuwachs Δx an geleisteten Arbeitsstunden an. Dieser Differenzenquotient sagt, wie viele Stücke mehr pro Arbeitsstunde produziert werden; man nennt ihn die *Arbeitsproduktivität.*

a) Wie ist die *lokale* Änderungsrate $f'(x_0)$ zu interpretieren?

b) Warum ist man an *der* Stelle x interessiert, an der $f'(x)$ maximal ist?
Welche Eigenschaft hat der Graph von f an dieser Stelle?

c) Man skizziere den Verlauf von f'.

4. Vernachlässigt man den Luftwiderstand, so fällt ein Körper nach dem Weg-Zeit-Gesetz

$s(t)=\frac{1}{2}gt^2, \quad t\geq 0$ (freier Fall).

Dabei ist g die Erdbeschleunigung, $g=9{,}81\,\dfrac{\text{m}}{\text{s}^2}$.

a) Wie groß ist die mittlere Fallgeschwindigkeit in den ersten 5 (10; 15) Sekunden?

b) Wie schnell ist der Körper zum Zeitpunkt $t=0$ (5; 10; 15)?

5. In den USA finden regelmäßig Kurzstreckenrennen über eine Viertelmeile statt. Ein schneller Rennwagen legt diese Distanz in 6,00 s zurück. Nach t Sekunden sei er

$s(t)=\frac{44}{3}t^2+132t$

Fuß vom Start entfernt.

a) Wie groß sind Geschwindigkeit und Beschleunigung beim Überqueren der Ziellinie, d. h. am Ende der Viertelmeile?

b) Wie schnell war er auf halber Strecke, d. h. an der Achtel-Meilen-Marke?

c) Ist der funktionale Zusammenhang zwischen t und s realistisch?

Zufall oder nicht?

Der Flächeninhalt eines Kreises mit dem Radius r beträgt $A(r) = \pi r^2$. Die Ableitung von A nach r ist demnach

$$A'(r) = 2\pi r.$$

Offenbar gilt: *Die lokale Änderungsrate der Fläche des Kreises* (man denke sich den Radius veränderlich) *ist gerade gleich seinem Umfang.* Insbesondere nimmt sie proportional mit dem Radius zu.

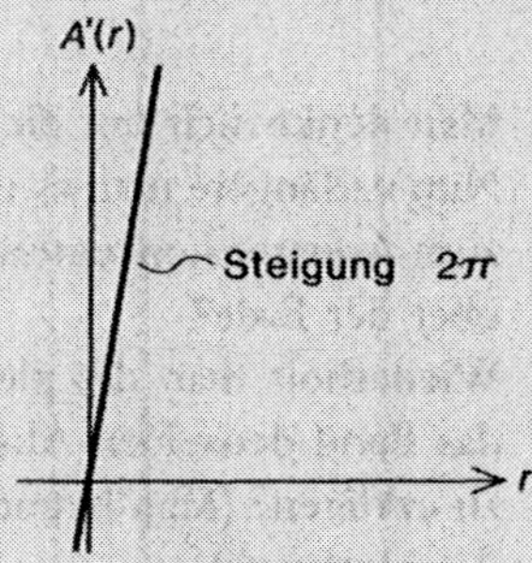

Abbildung 4

Dieses auf den ersten Blick überraschende Verhalten kann man so plausibel machen:
Hat man einen Kreis mit festem Radius r und vergrößert den Radius um ein kleines Stück Δr, so wird sich der Flächenzuwachs ΔA um so weniger vom Produkt aus dem Umfang $2\pi r$ und Δr unterscheiden, je kleiner Δr wird. (Man denke sich etwa den Kreisring in Abbildung 5 aufgeschnitten und entrollt.)

Also ist

$$\Delta A \approx 2\pi r \cdot \Delta r$$

und somit

$$A'(r) \approx \frac{\Delta A}{\Delta r} \approx 2\pi r \quad \text{für kleine } \Delta r.$$

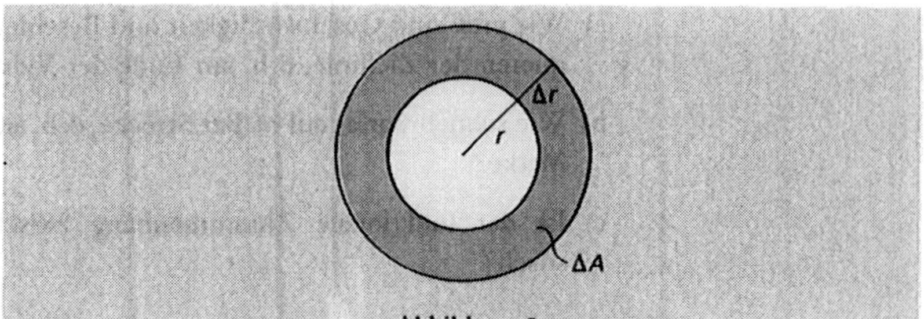

Abbildung 5

6. a) Man stelle ähnliche Überlegungen für das Volumen

   $V(r) = \frac{4}{3}\pi r^3$

   einer Kugel mit dem Radius r an.

   b) Beim Quadrat ist die lokale Änderungsrate der Fläche (als Funktion der Kantenlänge) zwar proportional, aber nicht gleich seinem Umfang. Woran liegt das?

7. Man denke sich um die Erde längs des Äquators ein Band gelegt. Nun verlängere man es um einen Meter und lege es so, daß es einen zum Äquator konzentrischen Kreis bildet. Wie hoch liegt das Band über der Erde?
   Wiederholt man das gleiche Experiment mit einem Apfel, so hat das Band denselben Abstand! Wie ist dieses verblüffende Ergebnis zu erklären? (Man betrachte den Radius eines Kreises als Funktion des Umfangs.)

8. Welche Änderungsraten haben diese Flächen?

a)

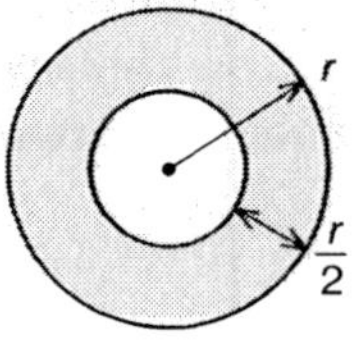

Abbildung 6

$A'(r) = ?$

b)

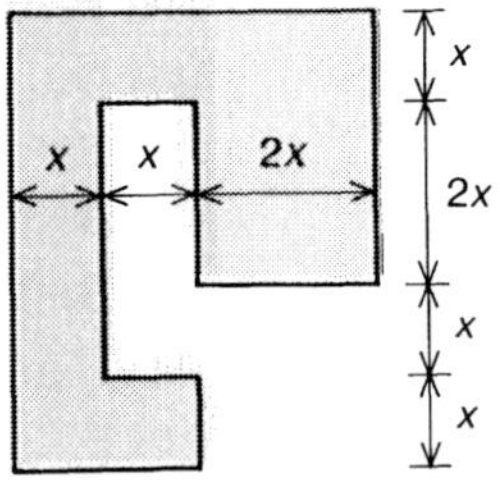

Abbildung 7

$A'(x) = ?$

9. Das Volumen eines Zylinders mit dem Radius r und der Höhe h ist

   $V(r, h) = \pi r^2 h$.

   a) Wie groß ist die lokale Änderungsrate von V in Abhängigkeit von r bei festem h, wie groß die von V in Abhängigkeit von h bei festem r?

   b) Inwiefern geben die Ergebnisse aus Teil a) die Erfahrung mit dem Füllen zylindrischer Gefäße wieder?

   c) Gegeben sei ein zylindrisches Gefäß der Höhe $h = 20$ cm. Wie groß ist die lokale Änderungsrate seines Fassungsvermögens bezogen auf seinen Radius für die Radien $r = 1$ cm (5 cm; 10 cm; 50 cm)?

   d) Diesmal variiere die Höhe bei konstantem Radius des Gefäßes. Man nehme die Maße aus c) nach Vertauschen von h und r.

1.2 Die Antwort von WEIERSTRASS

Wir zitieren aus einer Vorlesung, die Karl WEIERSTRASS im Sommersemester 1861 am Königlichen Gewerbeinstitut zu Berlin gehalten hat und die von dem bekannten Mathematiker H. A. SCHWARZ aufgezeichnet wurde. WEIERSTRASS gehört zu jenen Mathematikern, die führend an der Grundlegung der Analysis mitgewirkt haben.

»Die vollständige Veränderung $f(x_0 + h) - f(x_0)$, welche eine Funktion $f(x)$ dadurch erfährt, daß x_0 in $x_0 + h$ übergeht, läßt sich im allgemeinen in zwei Teile zerlegen, von denen der eine der Aenderung h des Argumentes proportional ist, also aus h und einem von h unabhängigen – in Bezug auf h constanten – Faktor besteht, ... der andere aber nicht bloß an und für sich unendlich klein wird, wenn h unendlich klein wird, d.h. noch unendlich klein wird, wenn man ihn mit h dividiert.«

Welche Eigenschaft der Funktion f an der Stelle x_0 hebt WEIERSTRASS hier hervor? Um WEIERSTRASS auf die Spur zu kommen, übersetzen wir die beschriebene Zerlegung von $f(x_0 + h) - f(x_0)$ in eine Formel. Der erste Teil der Zerlegung ist proportional zu h, also von der Form

$$\alpha \cdot h$$

mit einer geeigneten Konstanten α. Der verbleibende (Rest-)Teil hängt von h ab, wir nennen ihn

$$r(h).$$

Der Rest $r(h)$ soll auch noch für $h \to 0$ gegen Null gehen, wenn man ihn durch h teilt, d.h.

(1) $\frac{r(h)}{h} \to 0 \quad \text{für } h \to 0.$

Also bedeutet die Forderung von WEIERSTRASS, daß der Zuwachs von f im Intervall $[x_0, x_0+h]$ darstellbar ist in der Form

(2) $f(x_0+h)-f(x_0)=\alpha \cdot h+r(h),$

wobei der Rest $r(h)$ der Bedingung (1) genügt.

Karl Theodor Wilhelm WEIERSTRASS (1815–1897)

Porträt des alten WEIERSTRASS

Nach glänzendem Abitur soll der junge WEIERSTRASS in Bonn Kameralistik (Finanzwissenschaften) studieren. Angeödet von diesem Fach wendet er sich früh der Mathematik zu und wechselt gegen den Protest seines Vaters an die Universität Münster, um Mathematiklehrer zu werden.

Mehr als zehn Jahre ist er in Westpreußen und Braunschweig als Lehrer tätig, gleichzeitig forscht er trotz großer Arbeitsbelastung intensiv weiter. 1856 erhält er endlich einen Ruf auf eine Professur in Berlin. Seine Vorlesungen ziehen zahlreiche Studenten an; er bevorzugt, seine Ideen dort und nicht in Veröffentlichungen vorzustellen. Die Vorlesungsmitschrift von H. A. SCHWARZ ist dafür ein Beispiel.

Ständige Überarbeitung zerrüttet seine Gesundheit; mit 82 Jahren erliegt er schließlich einer Lungenentzündung.

Welche Bedeutung hat die Zahl α?

Dazu dividieren wir die Gleichung (2) durch h:

$$\frac{f(x_0+h)-f(x_0)}{h} = \alpha + \frac{r(h)}{h}.$$

Da $\frac{r(h)}{h}$ für $h \to 0$ gegen Null strebt (Forderung (1)), strebt der Differenzenquotient $\frac{f(x_0+h)-f(x_0)}{h}$ für $h \to 0$ gegen α. Also ist α gleich der Ableitung von f an der Stelle x_0:

$$\alpha = f'(x_0).$$

Damit ist gezeigt: Wenn eine Funktion f an einer Stelle x_0 der WEIERSTRASSschen Eigenschaft genügt, so ist sie an dieser Stelle im Sinne von CAUCHY differenzierbar.

Existiert umgekehrt die Ableitung $f'(x_0)$ im Sinne von CAUCHY, so ist die Differenz $f(x_0+h)-f(x_0)$ im Sinne von WEIERSTRASS zerlegbar: Als zu h proportionalen Anteil wählen wir

$$f'(x_0) \cdot h$$

und als Rest $r(h)$ die Differenz

$$f(x_0+h)-f(x_0)-f'(x_0) \cdot h.$$

Dann ist wie verlangt

(3) $f(x_0+h)-f(x_0) = f'(x_0)h + r(h)$,

und zu zeigen bleibt lediglich die Grenzwertforderung (1). Diese aber folgt aus (3) nach Division durch h,

$$\frac{f(x_0+h)-f(x_0)}{h} = f'(x_0) + \frac{r(h)}{h},$$

wenn man noch beachtet, daß die linke Seite nach Voraussetzung für $h \to 0$ gegen $f'(x_0)$ strebt.

Ergebnis

CAUCHY *und* WEIERSTRASS *beschreiben in ihren Definitionen auf verschiedene Weisen dieselbe Güteeigenschaft einer Funktion, nämlich deren Differenzierbarkeit an einer Stelle x_0 ihres Definitionsbereichs.*

Hat sich die Mühe gelohnt, haben wir durch die WEIERSTRASSsche Sichtweise der Differenzierbarkeit etwas gewonnen?

Schreiben wir (3) in der Form

(3′) $f(x_0+h)=f(x_0)+f'(x_0)h+r(h)$,

so geben die ersten beiden Summanden auf der rechten Seite den Funktionswert der Geraden

(4) $t(x)=f(x_0)+f'(x_0)(x-x_0)$

an der Stelle $x=x_0+h$ an. (4) ist aber die Gleichung der Geraden durch den Punkt $(x_0, f(x_0))$ mit der Steigung $f'(x_0)$, also gerade der Tangente an f im Punkt $(x_0, f(x_0))$.

Die WEIERSTRASSsche Sichtweise der Differenzierbarkeit besagt also geometrisch, daß sich der Graph von f in der Nähe von x_0 durch eine Gerade so annähern (approximieren) läßt, daß der Fehler $r(h)$ der Approximation besonders gut, nämlich schneller als h selbst, gegen Null geht (entsprechend der Eigenschaft (1)):

(5) $f(x_0+h)\approx f(x_0)+f'(x_0)h$ für kleine $|h|$.

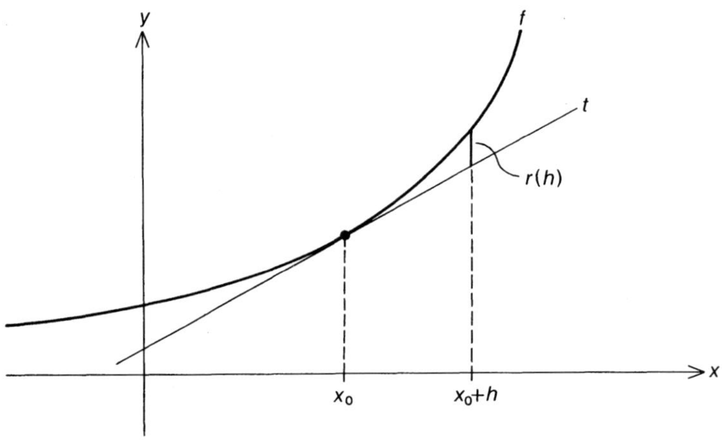

Abbildung 1

Dieser Gedanke der *lokalen linearen Approximation* eröffnet völlig neue Perspektiven. Nehmen wir beispielsweise die näherungsweise Berechnung von Funktionswerten.

Kennen wir nämlich von einer Funktion den Funktionswert und die Ableitung an einer Stelle x_0, so können wir wegen (5) die Funktionswerte in der Nachbarschaft von x_0 näherungsweise berechnen.

Beispiel:

Wie groß ist $\sqrt{8{,}92}$?
Wir wenden (5) für $f(x)=\sqrt{x}$, $x_0=9$ und $h=-0{,}08$ an und beachten, daß $f'(x)=\dfrac{1}{2\sqrt{x}}$ $(x>0)$ ist:

$$\sqrt{9-0{,}08}\approx\sqrt{9}+\frac{1}{2\sqrt{9}}(-0{,}08)=3-\frac{1}{6}\cdot 0{,}08=2{,}98\bar{6}.$$

Der »wahre« (auf 10 Stellen genaue) Wert von $\sqrt{8{,}92}$ ist 2,986636905, der Approximationsfehler $r(-0{,}08)$ ist damit rund $-0{,}000029762$! (Selbst $\dfrac{r(h)}{h}$ ist mit 0,000372026 noch recht klein.)

WEIERSTRASS war übrigens von seiner Deutung der Differenzierbarkeit so überzeugt, daß er in ihr »den wahren Charakter der Ableitung« sah.

Aufgaben

1. Berechne näherungsweise und vergleiche das Ergebnis mit dem »wahren« Wert (Taschenrechner).

   a) $\sqrt{25{,}2}$; $\sqrt{1005}$; $\sqrt{12{,}5}$

   b) $(1{,}03)^2$; $(1{,}0003)^2$; $(1{,}0000003)^2$

   c) $(-2{,}01)^5$

2. a) Für $f(x)=3x^2-4x+7$ berechne man näherungsweise die Funktionswerte $f(2{,}02)$, $f(1{,}98)$ und $f(2{,}004)$. Vergleiche den Rechenaufwand gegenüber der exakten Rechnung.

   b) Wieso sind die in Teil a) berechneten Näherungswerte stets zu klein? Geometrische Deutung?

3. Berechne näherungsweise die Funktionswerte an den angegebenen Stellen.

   a) $h(x)=x^2-8x+17$; $x=2{,}002$, $x=1{,}998$

   b) $f(r)=-2r^2+9r$; $r=5{,}005$, $r=5{,}01$

   c) $g(t)=25-t-7t^3$; $t=3{,}02$, $t=3{,}0002$.

4. a) Man deute Näherung und Fehler von $(2{,}01)^2$ geometrisch.

   b) Der Radius eines Kreises wächst von 3 m auf 3,04 m. Wie groß ist näherungsweise der Flächenzuwachs? Vergleiche mit dem »wahren« Zuwachs.

5. Man begründe die folgenden, häufig verwendeten Näherungsformeln.

   a) $\sqrt{1+x} \approx 1 + \frac{x}{2}$ für kleine $|x|$

   b) $(1+x)^n \approx 1 + nx$ für kleine $|x|$

   c) $\frac{1}{1-x} \approx 1+x$ für kleine $|x|$.

   Man überzeuge sich an selbstgewählten Zahlenbeispielen, wie gut diese Näherungen sind.

6. Wie groß ist der Fehler $r(x)$ der Näherung

   a) $(1+x)^2 \approx 1 + 2x$

   b) $(1+x)^3 \approx 1 + 3x$?

   Man bestätige, daß $\frac{r(x)}{x}$ für $x \to 0$ gegen Null geht.

Fehlerfortpflanzung

Die wichtige Näherung

(5) $f(x_0+h) \approx f(x_0) + f'(x_0)h$ für kleine $|h|$

ist Ausgangspunkt für die Anfänge der *Fehlerrechnung.* Nehmen wir an, es besteht ein funktionaler Zusammenhang zwischen den Größen x und y, sagen wir $y = f(x)$. Wird dann wegen eines Meßfehlers statt des wahren Wertes x_0 der Wert $x_0 + h$ gemessen, so pflanzt sich der Fehler h fort. Statt $f(x_0)$ erhält man dann nämlich $f(x_0+h)$. Der Fehler h führt zum Fehler

$$f(x_0+h) - f(x_0),$$

der nach (5) durch

$$f'(x_0) \cdot h$$

genähert werden kann.

7. Um wieviel Prozent wird das Volumen einer Kugel näherungsweise falsch angegeben, wenn ihr Durchmesser um 2% falsch gemessen wird?

8. Wie groß ist näherungsweise der prozentuale Fehler der errechneten Flächeninhalte in Aufgabe 11 des letzten Abschnitts, wenn r bzw. x um 1‰ (3%, 10%) abweicht?

9. Zeige, daß die Normalparabel an der Stelle $x_0 = -3$ im Sinne von WEIERSTRASS differenzierbar ist.

10. Wir wissen, daß die kubische Parabel

    $f(x) = ax^3 + bx^2 + cx + d$

    an jeder Stelle x_0 differenzierbar ist. Man berechne den zur Definition von WEIERSTRASS gehörenden Rest $r(h)$ und bestätige, daß $\frac{r(h)}{h}$ für $h \to 0$ gegen Null geht.

Eine Beobachtung

Nach der WEIERSTRASSschen Sicht bedeutet Differenzierbarkeit an der Stelle x_0

(3′) $f(x_0 + h) = f(x_0) + f'(x_0) \cdot h + r(h)$,

wobei

(1) $\frac{r(h)}{h} \to 0$ für $h \to 0$

gilt. Nun läßt sich ein $r(h)$ mit der Eigenschaft (1) stets schreiben in der Form

$r(h) = \varphi(h) \cdot h$,

wobei

(1′) $\varphi(h) \to 0$ für $h \to 0$

(man wähle $\varphi(h) := \frac{r(h)}{h}$ für $h \neq 0$ und $\varphi(0) := 0$). Also ist

(3″) $f(x_0 + h) = f(x_0) + f'(x_0) \cdot h + \varphi(h) \cdot h$,

wobei (1′) gilt. Jetzt liest man unmittelbar ab, daß *mit $h \to 0$ auch $f(x_0 + h)$ gegen $f(x_0)$ strebt.* Anders gesagt: *Eine in x_0 differenzierbare Funktion ist dort auch stetig.* Umgekehrt ist eine in x_0 stetige Funktion dort nicht notwendig differenzierbar.

11. Wie sieht die im Kasten eingeführte Funktion φ in den Aufgaben 9 und 10 aus?

12. Auch CAUCHY erwähnt im Zitat des vorigen Abschnitts die im Kasten angesprochene Eigenschaft. Wo?

Die Tangente als »beste« Gerade

Unter allen Geraden durch den Punkt $(x_0, f(x_0))$ ist die Tangente diejenige Gerade, die f lokal um x_0 am besten approximiert. Wie ist das gemeint?

Jede Gerade g durch $(x_0, f(x_0))$ ist von der Form

$$g(x) = f(x_0) + m \cdot (x - x_0)$$

(m ist die Steigung von g).

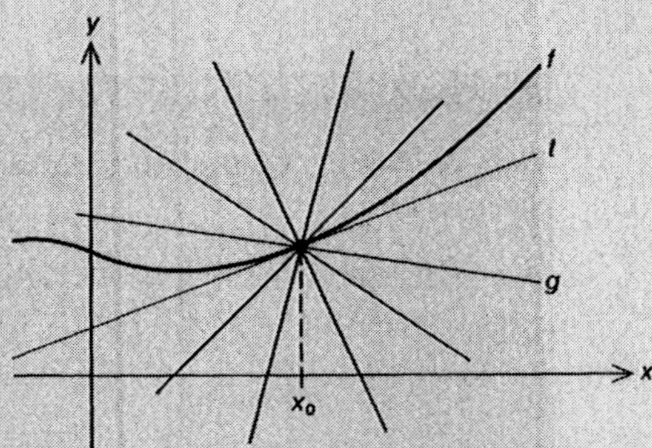

Abbildung 2

Der Fehler der Approximation von f durch die Gerade g ist dann

$$\begin{aligned} r(h) &= f(x_0 + h) - g(x_0 + h) \\ &= f(x_0 + h) - f(x_0) - m \cdot h. \end{aligned}$$

Wie zu erwarten, geht – falls f in x_0 differenzierbar ist – $r(h)$ für jede Gerade g gegen Null, wenn $h \to 0$ geht. Doch *nur*, wenn

$$m = f'(x_0),$$

g also die Tangente ist, geht darüber hinaus auch $\frac{r(h)}{h}$ gegen Null. Dies folgt aus

$$\frac{r(h)}{h} = \frac{f(x_0 + h) - f(x_0)}{h} - m.$$

In diesem Sinne ist von dem Geradenbüschel durch den Punkt $(x_0, f(x_0))$ die Tangente die beste approximierende Gerade.

Newton-Verfahren

Auf dieser Eigenschaft der Tangente beruht die Leistungsfähigkeit eines nach NEWTON benannten Verfahrens zur näherungsweisen Berechnung von Nullstellen:

Beispiel

Gesucht ist die positive Nullstelle von $f(x) = x^2 - 3$, d.h. der Wert von $\sqrt{3}$.

Die Idee besteht darin, mit Hilfe der Tangente schrittweise bessere Näherungswerte zu finden (Abbildung 3).

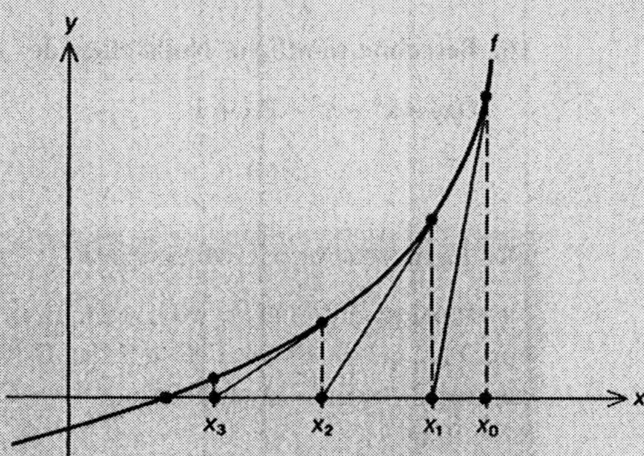

Abbildung 3

Nimmt man etwa als Startwert $x_0 = 2$, so schneidet die zugehörige Tangente die x-Achse bei $x_1 = 1{,}75$. Fährt man so fort, so erhält man nacheinander die Näherungswerte $x_2 = 1{,}732142857$, $x_3 = 1{,}73205081$, $x_4 = 1{,}732050808$. Diese Folge von Näherungswerten strebt gegen den gesuchten Wert $\sqrt{3}$.

13. Zeige: Beim NEWTON-Verfahren erhält man die erste Näherung x_1 aus dem Startwert x_0 nach der Formel

$$x_1 = x_0 - \frac{f(x_0)}{f'(x_0)},$$

die zweite aus der ersten Näherung nach der Formel

$$x_2 = x_1 - \frac{f(x_1)}{f'(x_1)}$$

und schließlich die (n+1)-te Näherung aus der vorangegangenen nach der Vorschrift

$$x_{n+1}=x_n-\frac{f(x_n)}{f'(x_n)}.$$

Dabei ist vorausgesetzt, daß f' in der Nähe der gesuchten Nullstelle von Null verschieden ist.

14. Berechne $\sqrt{23}$ ($\sqrt[5]{11}$; $\sqrt[7]{7}$) auf 8 Stellen genau.

15. $\sqrt{23}$ läßt sich näherungsweise sowohl über Gleichung (5) als auch mit dem NEWTON-Verfahren berechnen. Worin besteht der Unterschied?

16. Berechne sämtliche Nullstellen des Polynoms

$$f(x)=x^3-x^2-2x+1.$$

Die LEIBNIZschen Differentiale

NEWTON und LEIBNIZ, zwei bedeutende Mathematiker des 17. Jahrhunderts, gelten als die Erfinder der Differentialrechnung. Von LEIBNIZ stammt die immer noch gebräuchliche Differential-Schreibweise für die Ableitung

$$f'(x_0)=\frac{dy}{dx}$$

(gelesen: »dy nach dx«). Wieso kann man $f'(x_0)$ als Quotient schreiben?

(Der LEIBNIZsche *Differential*quotient $\frac{dy}{dx}$ (d.h. die Ableitung) ist nicht zu verwechseln mit dem *Differenzen*quotienten $\frac{\Delta y}{\Delta x}$!)

Während Δy der Zuwachs von f längs Δx $(=h)$ ist, bezeichnet das *Differential* dy den Zuwachs der Tangente längs Δx (s. Abb. 4). Also ist

$$(6)\quad f'(x_0)=\frac{dy}{\Delta x}.$$

Damit sind wir der LEIBNIZschen Schreibweise schon ein Stück näher gekommen. Wir müssen nur noch Δx als Differential deuten, d.h. als Zuwachs der Tangente einer geeigneten Funktion.

Wir schreiben (6) in der Form

$$dy = f'(x_0)\Delta x$$

und beachten, daß dies für *jede* in x_0 differenzierbare Funktion f gilt. Wählt man jetzt $f(x) = x$, so ist das zu dieser Funktion ($y = x$) gehörige Differential dy gleich dx und $f'(x_0) = 1$, also (s. Abb. 5)

$$dx = 1 \cdot \Delta x = \Delta x.$$

Wir können daher in (6) für Δx auch dx schreiben; folglich ist die Ableitung $f'(x_0)$ einer beliebigen in x_0 differenzierbaren Funktion f stets als Quotient von Differentialen zu schreiben, wie es schon LEIBNIZ tat. In der Integralrechnung wird sich die Differentialschreibweise noch als sehr vorteilhaft erweisen.

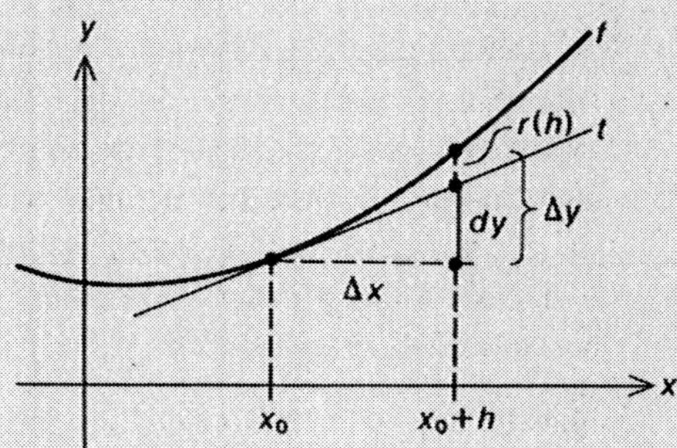

Abbildung 4

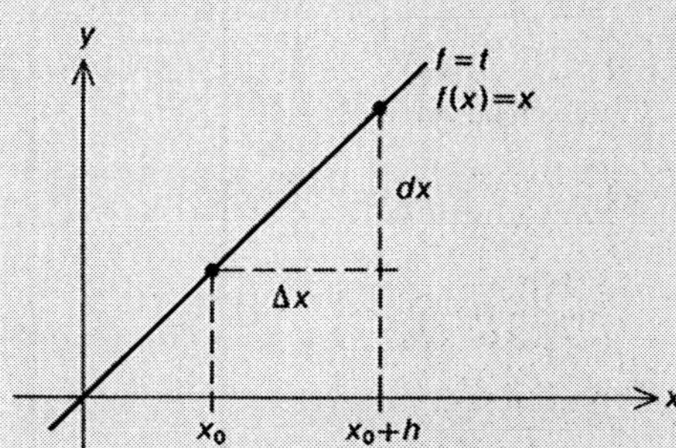

Abbildung 5

*17. Man zeige: Ist f lokal um x_0 darstellbar in der Form

$$f(x_0+h)=f(x_0)+m\cdot h+r(h)$$

mit einer geeigneten Zahl m und der Restbedingung

$$|r(h)|\leq k\cdot h^2, \quad k \text{ konstant,}$$

so ist f in x_0 differenzierbar und $m=f'(x_0)$.
Umgekehrt ist nicht jede in x_0 differenzierbare Funktion in dieser Weise darstellbar. (Man untersuche das Beispiel $f(x)=x\sqrt{|x|}$ an der Stelle $x_0=0$.)
Die Bedingung $|r(h)|\leq k\cdot h^2$ macht es möglich, den Fehler der lokalen Linearisierung abzuschätzen.

1.3 Rückblick

Wir haben gesehen, daß sich die Ableitung auf verschiedene Weise deuten läßt. Benutzt man für die auftretenden Grenzwerte die Limesschreibweise, so lassen sich die beiden Definitionen der Differenzierbarkeit knapper notieren. Wir fügen bei dieser Gelegenheit eine dritte hinzu, die auf dem Stetigkeitsbegriff aufbaut. Abschließend zeigen wir, daß alle Definitionen *dieselbe* Güteeigenschaft beschreiben, d.h. wir beweisen deren *Äquivalenz*.

Dies ist ein recht ehrgeiziges Programm; ein bißchen Anstrengung wird sich nicht vermeiden lassen.

Wir erinnern daran, daß die Aussage

»$\dfrac{f(x_0+h)-f(x_0)}{h}$ strebt gegen $f'(x_0)$ für $h\to 0$«

geschrieben wird als

»$\lim\limits_{h\to 0}\dfrac{f(x_0+h)-f(x_0)}{h}=f'(x_0)$«

(gelesen: der Limes (= Grenzwert) von $\dfrac{f(x_0+h)-f(x_0)}{h}$ für h gegen Null ist gleich $f'(x_0)$).

Im folgenden setzen wir stets voraus, daß f eine auf dem Intervall I definierte Funktion und x_0 eine im Innern von I gelegene Stelle ist.

Blicken wir zurück. CAUCHYs Fassung des Ableitungsbegriffs bezieht sich auf das Verhalten des Differenzenquotienten:

Definition 1 *(über die lokale Änderungsrate)*

Differenzierbarkeit

f heißt in x_0 differenzierbar, wenn der Grenzwert

$$\lim_{h \to 0} \frac{f(x_0+h)-f(x_0)}{h}$$

existiert. Er heißt Ableitung von f an der Stelle x_0 und wird mit $f'(x_0)$ bezeichnet.[1)]

WEIERSTRASS zielt dagegen auf das lokale Wechselspiel von Funktion und Tangente:

Definition 2 *(über die lokale lineare Approximation)*

f heißt in x_0 differenzierbar, wenn es eine Gerade t_{x_0} durch den Punkt $(x_0, f(x_0))$ gibt, so daß der Approximationsfehler

$$r(h) := f(x_0+h) - t_{x_0}(x_0+h) \qquad (x_0+h \in I)$$

der Bedingung

$$\lim_{h \to 0} \frac{r(h)}{h} = 0$$

genügt. Die Steigung von t_{x_0} heißt Ableitung von f an der Stelle x_0 und wird mit $f'(x_0)$ bezeichnet.

Eine weitere Möglichkeit, die in diesem Buch nicht weiter verfolgt wird, ist

Definition 3 *(über die stetige Ergänzbarkeit der Differenzenquotientenfunktion)*

f heißt in x_0 differenzierbar, wenn es eine in einer Nullumgebung definierte und in 0 stetige Funktion d gibt mit

---

1) Es gibt übrigens – ebenso wie in den beiden folgenden Definitionen – höchstens eine solche Zahl $f'(x_0)$. Die Ableitung ist also, falls sie existiert, stets eindeutig bestimmt, was wir hier allerdings nicht zeigen wollen.

$$f(x_0+h)=f(x_0)+d(h)\cdot h \quad \textit{für alle } h \textit{ mit } x_0+h\in I.$$

Die Zahl $d(0)$ heißt Ableitung von f an der Stelle x_0 und wird mit $f'(x_0)$ bezeichnet.

Jetzt gilt es zu zeigen, daß alle drei Definitionen *dieselbe* Eigenschaft von f an der Stelle x_0 charakterisieren. Um sämtliche paarweisen Äquivalenzen mit möglichst geringem Aufwand zu sichern, benutzen wir einen *Ringschluß*, d. h. wir beweisen diese Kette von Folgerungen:

Def. 1 ⇒ Def. 2 ⇒ Def. 3 ⇒ Def. 1.

Def. 1 ⇒ Def. 2:
Wir müssen zeigen, daß ein im Sinne von Definition 1 differenzierbares f auch den Forderungen der Definition 2 genügt. Dazu nehmen wir als t_{x_0} die durch

$$t_{x_0}(x)=f(x_0)+m(x-x_0)$$

gegebene Gerade, wobei wir m so wählen müssen, daß die Restbedingung

$$\lim_{h\to 0}\frac{r(h)}{h}=0$$

erfüllt ist. Nun gilt für den Approximationsfehler

$$\begin{aligned} r(h)&=f(x_0+h)-t_{x_0}(x_0+h)\\ &=f(x_0+h)-f(x_0)-m\cdot h \end{aligned}$$

und daher

$$\frac{r(h)}{h}=\frac{f(x_0+h)-f(x_0)}{h}-m.$$

Setzt man also $m=f'(x_0)$ im Sinne von Definition 1, d. h. $m=\lim\limits_{h\to 0}\frac{f(x_0+h)-f(x_0)}{h}$, so gilt tatsächlich $\lim\limits_{h\to 0}\frac{r(h)}{h}=0$.

Def. 2 ⇒ Def. 3:
Wenn es die gesuchte Funktion d gibt, muß sie für $h\neq 0$ mit der Differenzenquotientenfunktion d_{f,x_0} übereinstimmen. Soll d an der Stelle 0 stetig sein, müssen wir $d(0)$ so festsetzen, daß

$$\lim_{h\to 0} d(h)=d(0)$$

ist.

Also können wir nur definieren

$$d(h) =: \begin{cases} \dfrac{f(x_0+h)-f(x_0)}{h} & \text{für } h \neq 0 \\ \lim\limits_{h\to 0} d(h) & \text{für } h=0 \end{cases}$$

und hoffen, daß der Grenzwert $\lim\limits_{h\to 0} d(h)$ existiert. Nun ist aber nach Definition 2

$$\frac{r(h)}{h} = \frac{f(x_0+h)-f(x_0)}{h} - f'(x_0)$$

mit der Eigenschaft $\lim\limits_{h\to 0} \dfrac{r(h)}{h} = 0$. Folglich ist $\lim\limits_{h\to 0} d(h) = f'(x_0)$.

Damit ist die in Definition 3 verlangte Darstellung gefunden, denn die Gleichung

$$f(x_0+h) = f(x_0) + d(h) \cdot h$$

gilt für $h \neq 0$ nach Konstruktion von d, und für $h=0$ ist sie ohnehin richtig. Außerdem ist d an der Stelle 0 stetig.

Def. 3 $\Rightarrow$ Def. 1:
Für $h \neq 0$ ist $d(h) = \dfrac{f(x_0+h)-f(x_0)}{h}$, und da d in 0 stetig ist, existiert insbesondere – wie in Definition 1 verlangt – der Grenzwert $\lim\limits_{h\to 0} d(h)$. □

Fassen wir zusammen: Die drei (äquivalenten) Definitionen der Differenzierbarkeit betonen verschiedene Facetten desselben Begriffs. Wie nützlich es sein kann, den Standpunkt zu wechseln, wollten die beiden vorangegangenen Abschnitte zeigen. Sich hier nicht auf *eine* Definition festzulegen, wird sich bereits im nächsten Kapitel – beim Beweis der Ableitungsregeln – als vorteilhaft erweisen.

Aufgaben

1. a) Man beweise, daß eine Parabel zweiter Ordnung ($f(x)=ax^2+bx+c$, $a \neq 0$) an jeder Stelle x_0 eine Tangente besitzt, also überall differenzierbar ist. Man zeige dies zunächst auf der Basis von Definition 1 (CAUCHY), dann über die Definition 2 (WEIERSTRASS).

   b) In beiden Fällen läuft der Nachweis der Differenzierbarkeit auf die Untersuchung des Grenzwertes $\lim\limits_{h \to 0} \frac{f(x_0+h)-f(x_0)}{h}$ hinaus. Daran erkennt man die Gleichwertigkeit beider Definitionen. Wieso?

2. Man zeige direkt, daß die Definitionen 1 und 2 äquivalent sind.

3. Die durch $f(x)=|1-x^2|$ gegebene Funktion ist an den Stellen $+1$ und -1 nicht differenzierbar. Begründe dies getrennt über die Definitionen 1 und 2.

2 Ableitungsregeln

Man stelle sich vor, es wäre die Ableitung von

$$f(x) = \frac{(x^2+5)^8}{\sqrt{2x+1}\,(x^3-7)}$$

gesucht. Es erscheint wenig empfehlenswert, sie direkt über eine ihrer Definitionen, also letztlich über den Differenzenquotienten finden zu wollen. Immerhin wissen wir schon einiges: wir kennen die Ableitung der *Bausteine* von f, etwa von x^2+5 oder der achten Potenz. Daher ist es vernünftig zu fragen, *ob* und *wie* sich die Ableitung von f aus den Ableitungen ihrer Bausteine zusammensetzen läßt.

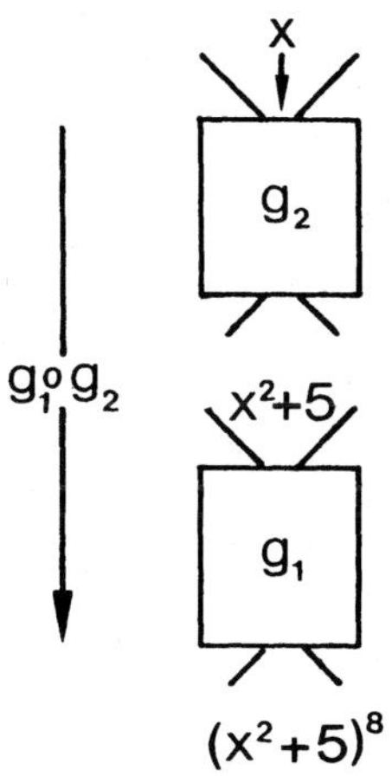

Verkettung

Sehen wir uns genauer an, wie f zerlegt werden kann. Zunächst ist f *Quotient* zweier Funktionen:

$$f = \frac{g}{h} \quad \text{mit} \quad \begin{array}{l} g(x) = (x^2+5)^8 \quad \text{und} \\ h(x) = \sqrt{2x+1}\,(x^3-7). \end{array}$$

Weiter kann man sich g durch *Verkettung* zweier Funktionen entstanden denken:

$$g = g_1 \circ g_2 \text{ (gelesen: } g_1 \text{ nach } g_2\text{) mit } \begin{array}{l} g_1(z) = z^8 \quad \text{und} \\ g_2(x) = x^2+5\,. \end{array}$$

Dabei erhält man $g(x)$ aus

$$g(x) = (g_1 \circ g_2)(x) = g_1(g_2(x)) = g_1(x^2+5) = (x^2+5)^8.$$

Auch h läßt sich weiter zerlegen, nämlich in ein *Produkt* zweier Funktionen:

$$h = h_1 \cdot h_2 \quad \text{mit} \quad \begin{array}{l} h_1(x) = \sqrt{2x+1} \quad \text{und} \\ h_2(x) = x^3-7\,. \end{array}$$

Nicht genug. h_1 ist wiederum eine Verkettung (welche?), und schließlich sind g_2 und h_2 als *Summen* von Funktionen darstellbar.

Was wir brauchen, sind also Regeln, nach denen sich Summen, Produkte, Quotienten und Verkettungen ableiten lassen. Der Vorteil liegt auf der Hand: Man kann die Ableitung einer großen Klasse von Funktionen auf die Kenntnis der Ableitung einiger weniger zurückführen.

Eine Regel für *Summen* kennen wir bereits; man leitet gliedweise ab.

Summenregel

$$(f+g)'(x) = f'(x)+g'(x).$$

2.1 Die Produktregel

Leider verhalten sich Produkte beim Ableiten meist nicht so gutmütig wie Summen. Beispielsweise ist für

$$f(x)=3x+5 \quad \text{und} \quad g(x)=2x$$
$$(f\cdot g)(x) = f(x)\cdot g(x) = 6x^2+10x$$

und damit

$$(f\cdot g)'(x)=12x+10.$$

Andererseits erhält man bei faktorweisem Ableiten

$$f'(x)\cdot g'(x) = 3\cdot 2 = 6.$$

Wenn man Produkte nicht faktorweise ableiten kann, wie dann?
Um eine Idee zu bekommen, wie die Änderungsraten der Faktoren auf die Änderungsrate des Produkts Einfluß nehmen, betrachten wir ein Beispiel aus dem Alltag. Dabei wird sich zeigen, daß der Zusammenhang - und damit die neue Regel - vergleichsweise kompliziert ist.

Autofahren ist teuer
Die Kosten für den Kraftstoffbedarf eines Autos (in DM pro km) wachsen im Laufe der Zeit im allgemeinen aus zwei Gründen: Einmal, weil der Benzinpreis steigt, zum anderen, weil der Wagen mit zunehmendem Alter mehr verbrauchen wird. Bezeichnet $h(t)$ die Kosten für den Kraftstoffbedarf zur Zeit t in DM pro km, $f(t)$ den Benzinpreis zur Zeit t in DM pro l und $g(t)$ den Verbrauch des Wagens zur Zeit t in l pro km, so ist

$$h(t) = f(t)\cdot g(t).$$

Wie hängt für einen festen Zeitpunkt t_0 die momentane Änderungsrate $h'(t_0)$ der Kosten von den momentanen Änderungsraten $f'(t_0)$ und $g'(t_0)$ ab? Nun, in den Anstieg der Kosten, soweit er vom Anstieg $f'(t_0)$ des Benzinpreises herrührt, geht der Verbrauch zur Zeit t_0 $(=g(t_0))$ ein. Es ist plausibel, daß dieser Anteil gleich

$$g(t_0)\cdot f'(t_0)$$

Abbildung 1

ist. Entsprechend ist der Anteil von $h'(t_0)$, der auf den Anstieg $g'(t_0)$ des Benzinverbrauchs infolge Alterns des Wagens zurückgeht, abhängig vom Preis $f(t_0)$ des Benzins zur Zeit t_0. Er ist gleich

$$f(t_0) \cdot g'(t_0).$$

Beide Effekte tragen unabhängig voneinander zur momentanen Änderungsrate $h'(t_0)$ der Gesamtkosten bei und addieren sich daher:

$$h'(t_0) = g(t_0) \cdot f'(t_0) + f(t_0) \cdot g'(t_0).$$

Durch diese Plausibilitätsbetrachtung haben wir eine Vorstellung gewonnen, wie die *Produktregel* aussehen wird:

Kennt man die Ableitungen der Faktoren f und g an einer Stelle x_0, so kennt man auch die Ableitung des Produkts $f \cdot g$:

Produktregel

(1) $(f \cdot g)'(x_0) = f'(x_0) \cdot g(x_0) + f(x_0) \cdot g'(x_0).$

Es fehlt noch eine allgemeine, d.h. eine von der speziellen Wahl von f und g unabhängige Begründung (Beweis) der Regel.

Beginnt man wie gewohnt mit dem Ansatz des Differenzenquotienten des Produktes,

(2) $$\frac{(f \cdot g)(x_0 + h) - (f \cdot g)(x_0)}{h},$$

so ist nicht ersichtlich, wie die Differenzenquotienten von f und g hier eingehen.

Veranschaulichen wir uns die Situation geometrisch für den Fall, daß f und g positiv, d. h. ihre Funktionswerte als Strecken darstellbar sind, und f und g monoton wachsen (Abb. 2).

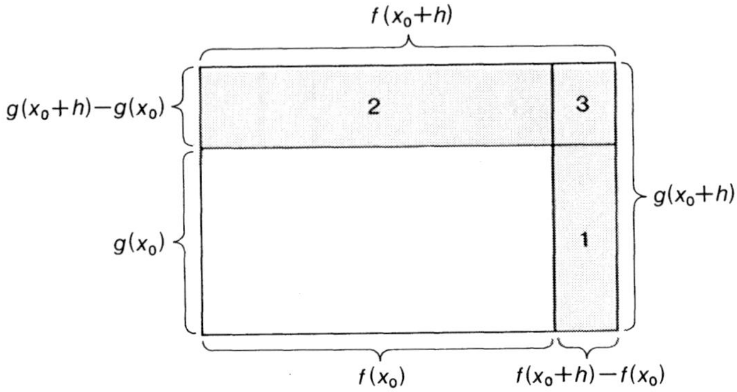

Abbildung 2

Der absolute Zuwachs des Produktes $f \cdot g$,

$$f(x_0+h) \cdot g(x_0+h) - f(x_0) \cdot g(x_0),$$

d. h. der Zähler von (2), ist die Summe der Flächeninhalte der drei kleinen Rechtecke 1, 2 und 3. Also gilt

$$\begin{aligned} f(x_0+h) \cdot g(x_0+h) - f(x_0) \cdot g(x_0) &= [f(x_0+h) - f(x_0)] \cdot g(x_0) \\ &+ f(x_0) \cdot [g(x_0+h) - g(x_0)] \\ &+ [f(x_0+h) - f(x_0)] \cdot [g(x_0+h) - g(x_0)]. \end{aligned} \tag{3}$$

Diese Gleichung gilt allgemein, wie man durch Ausmultiplizieren und Zusammenfassen bestätigen kann (Aufgabe 3). Dividiert man jetzt (3) durch h, dann sieht man, wie die Differenzenquotienten der Faktoren hier ins Spiel kommen:

$$\begin{aligned} \frac{(f \cdot g)(x_0+h) - (f \cdot g)(x_0)}{h} &= \frac{f(x_0+h) - f(x_0)}{h} \cdot g(x_0) \\ &+ f(x_0) \cdot \frac{g(x_0+h) - g(x_0)}{h} \\ &+ \frac{f(x_0+h) - f(x_0)}{h} \cdot [g(x_0+h) - g(x_0)]. \end{aligned} \tag{4}$$

Sind nun f und g in x_0 differenzierbar, so strebt der erste Summand auf der rechten Seite für $h \to 0$ gegen

$$f'(x_0) \cdot g(x_0),$$

der zweite gegen

$$f(x_0) \cdot g'(x_0),$$

und der dritte gegen

$$f'(x_0) \cdot 0 = 0$$

(Grenzwertsätze und Stetigkeit von g in x_0). Folglich strebt die linke Seite von (4) für $h \to 0$ gegen

$$f'(x_0) \cdot g(x_0) + f(x_0) \cdot g'(x_0).$$

Also ist das Produkt $f \cdot g$ in x_0 differenzierbar, und die Ableitung $(f \cdot g)'(x_0)$ läßt sich nach (1) berechnen. □

Beispiele

1. $f(x) = x, \; g(x) = x^2 + 1.$

   Daher $(f \cdot g)'(x) = f'(x) \cdot g(x) + f(x) \cdot g'(x)$ (Produktregel)
   $= 1 \cdot (x^2 + 1) + x \cdot 2x = 3x^2 + 1.$

   (Wir bestätigen dieses Ergebnis ohne Produktregel:

   $(f \cdot g)(x) = x \cdot (x^2 + 1) = x^3 + x$, also $(f \cdot g)'(x) = 3x^2 + 1.$)

2. $h(x) = \sqrt{x}\,(x^2 + 1).$

   Mit $f(x) = \sqrt{x}$ und $g(x) = x^2 + 1$ folgt

   $$h'(x) = \frac{1}{2\sqrt{x}}(x^2 + 1) + \sqrt{x} \cdot 2x = \frac{5x^2 + 1}{2\sqrt{x}}.$$

Aufgaben

1. a) An selbstgewählten Beispielen bestätige man, daß sich ein Produkt im allgemeinen nicht faktorweise ableiten läßt.

   b) Man überzeuge sich, daß die (im allgemeinen falsche) »Produktregel« $(f \cdot g)' = f' \cdot g'$ gilt, falls f und g konstant sind. (f ist konstant, wenn $f(x) = a$ für alle x.)

c) Man zeige: Sind f und g Polynomfunktionen $\neq 0$ und *nicht* beide konstant, so führt faktorweises Differenzieren zum falschen Ergebnis. (Man beachte, daß sich der Grad eines nichtkonstanten Polynoms beim Differenzieren um 1 vermindert.)

2. Man deute die Teilrechtecke 1 und 2 der Abbildung 2 in der Sprache des einführenden Benzinbeispiels.

3. Man bestätige die obige Gleichung (3) durch Ausmultiplizieren und Zusammenfassen.

4. Man überzeuge sich von der Gültigkeit der Produktregel, indem man einmal mit und einmal ohne ihre Hilfe ableitet.

   a) $f(x)=x^2,\ g(x)=x^5$

   b) $f(x)=3x+7,\ g(x)=8x^2-5$

   c) $f(x)=8x^3-4x+7,\ g(x)=2x$

5. Leite ab

   a) $h(x)=(x^7-x^2)\cdot\sqrt{x}$

   b) $h(t)=3(t^3-17t+9)(3t^5-t^2-1)$

   c) $h(x)=(x^4+2x^3-5x+1)^2$

   d) $h(x)=(x-a)(x^3-a^3)(x^2+14)$

6. Wie lauten die Gleichungen der Tangenten an die Funktionen aus Aufgabe 5a) und c) an der Stelle $x_0=0$ (3)?

Zur weiteren Übung

Man leite die durch folgende Terme gegebenen Funktionen ab (a, b konstant):

a) $x^2\sqrt{x}$ b) $x^4\sqrt{x}$ c) $\sqrt{x}(5x^2-1)$

d) $3x\sqrt{x}$ e) $(ax^2+1)\sqrt{x}$ f) $\left(\frac{x^2}{a}-b\right)\sqrt{x}$

g) $(ax^3+bx)(\sqrt{x}+1)$ h) $(t\sqrt{t}-t^2)(at+b)$

Standpunktwechsel

Erinnern wir uns: Sowohl das Finden als auch der Beweis der Produktregel hat uns einige Mühe gekostet. Das ändert sich schlagartig, wenn

wir den Standpunkt wechseln und die Ableitung statt als lokale Änderungsrate über die lokale lineare Approximation deuten (vgl. Abschnitt 1.3). (Die formale Eleganz wird allerdings erkauft mit einem Verlust an Einsicht in die Gestalt der Regel. Doch man sehe selbst.)
Sind nämlich f und g im Sinne der Definition 2 von Kapitel 1.3 in x_0 differenzierbar, so gilt

$$(5)\quad \begin{array}{l} f(x_0+h)=f(x_0)+f'(x_0)\cdot h+r_1(h) \quad \text{und} \\ g(x_0+h)=g(x_0)+g'(x_0)\cdot h+r_2(h) \end{array}$$

mit $\lim\limits_{h\to 0}\frac{r_1(h)}{h}=0$ und $\lim\limits_{h\to 0}\frac{r_2(h)}{h}=0$. Ziel muß es sein, aus der Darstellung (5) für f und g eine entsprechende Darstellung für das Produkt $f\cdot g$ zu finden. Dies gelingt aber durch Multiplikation der beiden Gleichungen:

$$\begin{aligned}(f\cdot g)(x_0+h) &= f(x_0+h)\cdot g(x_0+h)\\ &= (f(x_0)+f'(x_0)\cdot h+r_1(h))\cdot(g(x_0)+g'(x_0)\cdot h+r_2(h))\\ &= f(x_0)\cdot g(x_0)+[f'(x_0)\cdot g(x_0)+f(x_0)\cdot g'(x_0)]\cdot h+r(h),\end{aligned}$$

wobei

$$\begin{aligned} r(h) := {} & f(x_0)\cdot r_2(h)+f'(x_0)g'(x_0)\cdot h^2+f'(x_0)\cdot r_2(h)\cdot h\\ &+r_1(h)\cdot g(x_0)+r_1(h)\cdot g'(x_0)\cdot h+r_1(h)\cdot r_2(h).\end{aligned}$$

Die Eigenschaft $\lim\limits_{h\to 0}\frac{r(h)}{h}=0$ folgt aus der entsprechenden Eigenschaft der Reste r_1 und r_2 (Aufgabe 7). Daher ist die eckige Klammer vor h gleich der Ableitung von $f\cdot g$ an der Stelle x_0 im Sinne von WEIERSTRASS. Damit ist die Produktregel erneut bewiesen, diesmal auf geradlinigere Weise.

7. Man überzeuge sich von der Richtigkeit der obigen Behauptung $\lim\limits_{h\to 0}\frac{r(h)}{h}=0$.

8. Sind f und g Geraden, so ist die linear Approximierende (Tangente) von $f\cdot g$ *nicht* gleich dem Produkt der linear Approximierenden von f und g. (Man zeige dies für eine beliebige Stelle x_0.) Dennoch gibt es einen Zusammenhang. Welchen?

9. Inwiefern kann man die Regel, daß ein konstanter Faktor beim Ableiten erhalten bleibt, als Spezialfall der Produktregel ansehen?

10. a) Man beweise die Formel

$$(f^2)' = 2f \cdot f'.$$

b) Wie heißt die Ableitung von

$$f(s) = (s^4 + 4s^3 + 3s^2 + 2s + 1)^2 \,?$$

c) Man gewinne schrittweise Formeln für die Ableitung der Potenzen f^3 und f^4. Wie sieht die Formel für $(f^n)'$ aus?

11. a) Zu zeigen ist die Produktregel für drei Faktoren:

$$(f \cdot g \cdot h)' = f' \cdot g \cdot h + f \cdot g' \cdot h + f \cdot g \cdot h'.$$

b) Wie lautet sie für n Faktoren?

● **Die Quotientenregel**

Ist $h = \frac{f}{g}$ ($g(x)$ überall verschieden von Null) und setzen wir voraus, daß mit f und g auch ihr Quotient h differenzierbar ist, so können wir mit Hilfe der Produktregel auch eine Formel für h' gewinnen.

Schreibt man nämlich die Gleichung $h = \frac{f}{g}$ in der Form

$$g \cdot h = f,$$

so folgt mit der Produktregel

$$g' \cdot h + g \cdot h' = f'.$$

Also ist

$$h' = \frac{f' - g' \cdot h}{g} = \frac{f' - g' \cdot \frac{f}{g}}{g} = \frac{f' \cdot g - f \cdot g'}{g^2}.$$

Die gesuchte Regel lautet daher

Quotientenregel

$$\left(\frac{f}{g}\right)' = \frac{f' \cdot g - f \cdot g'}{g^2}.$$

Die Kürze der Herleitung darf nicht darüber hinwegtäuschen, daß wir die *Differenzierbarkeit* des Quotienten nicht bewiesen haben. Mit einigem Aufwand läßt sich dieser Schönheitsfehler hier schon beseitigen; wir werden diese Lücke bald eleganter schließen (s. zweiten Kasten des nächsten Abschnitts).

Beispiel

$f(x)=x^2,\ g(x)=x+1\ (x\neq -1)$.

Daher $\left(\frac{f}{g}\right)'(x)=\frac{f'(x)\cdot g(x)-f(x)\cdot g'(x)}{[g(x)]^2}$

$$=\frac{2x\cdot(x+1)-x^2\cdot 1}{(x+1)^2}=\frac{x^2+2x}{(x+1)^2}.$$

12. Sei $f(x)=4x^5-13x$ und $g(x)=x^3+2x-1$.
Leite ab unter der Voraussetzung, daß alle vorkommenden Nenner von Null verschieden sind und die Ableitung aller auftretenden Quotienten existiert.

a) $\frac{f(x)}{g(x)}$ b) $\frac{g(x)}{f(x)}$

c) $\frac{[f(x)]^5}{g(x)}$ d) $\frac{x\cdot f(x)}{g(x)+ax}$

e) $f(x)\cdot g(x)^{-6}+x^2 g(x)$ f) $[f(x)-g(x)]^{-2}$

Zur weiteren Übung

Man leite die durch folgende Terme gegebenen Funktionen ab (a, b konstant):

a) $\frac{x^3}{x^2-1}$ b) $\frac{4x^2+3}{x^2+2}$ c) $\frac{ax+b}{x^3-x}$

d) $\frac{ax-b}{\sqrt{x}}$ e) $\frac{x^3-a}{b\sqrt{x}}$ f) $\frac{\sqrt{x}}{(ax+2)^2}$

g) $\frac{1}{1+t}$ h) $\frac{r(1+ar)}{r^2}$ i) $\frac{\sqrt{au+b}}{1-u}$

2.2 Die Kettenregel

Wie bei der Produktregel versuchen wir, anhand eines alltagsnahen Beispiels eine Vorstellung zu gewinnen, wie die Ableitung der Verkettung aus den Ableitungen der verketteten Funktionen zusammengesetzt sein könnte.

In der Seilbahn
Wer kennt ihn nicht, den Druck auf den Ohren, wenn die Kabine talwärts fährt. Ursache ist die Zunahme des äußeren Drucks bei Höhenverlust.

Abbildung 1

Beschreiben wir die Situation mathematisch. Der Druck p ist eine Funktion der Höhe s, $p = g(s)$, und die Höhe s ist ihrerseits eine Funktion der Zeit t, $s = f(t)$.
Also ist $p = g(f(t))$, d.h. der Druck ist eine mittelbare Funktion der Zeit:

$$p = h(t) \text{ mit } h = g \circ f.$$

Für das körperliche Empfinden des Fahrgastes ist die momentane Änderungsrate des Druckes zu einem bestimmten Zeitpunkt t_0, also die Größe $h'(t_0)$, ausschlaggebend. Einer Messung leichter zugänglich als $h'(t_0)$ sind die lokale Änderungsrate $g'(s_0)$, d.h. das lokale Druckgefälle in der Höhe $s_0 = f(t_0)$, und die momentane Änderungsrate $f'(t_0)$, d.h. die Geschwindigkeit der Bahn zum Zeitpunkt t_0.

Nehmen wir an, was näherungsweise durchaus realistisch ist, daß die Geschwindigkeit der Bahn konstant ist,

$$f'(t_0) = v \quad \text{für jedes } t_0.$$

Dann ist das zeitlich bezogene Druckgefälle $h'(t_0)$ proportional zum örtlich bezogenen Druckgefälle $g'(s_0)$, wobei der Proportionalitätsfaktor gerade die konstante Geschwindigkeit v ist. (Man stelle sich den Fall $v=1$ vor.) Also ist

$$h'(t_0) = v \cdot g'(s_0)$$

oder

$$(g \circ f)'(t_0) = g'(f(t_0)) \cdot f'(t_0).$$

Jetzt haben wir einen Hinweis, wie die *Kettenregel* aussehen könnte:

Ist f in x_0 und g in $f(x_0)$ differenzierbar, so ist $g \circ f$ in x_0 differenzierbar, und es gilt

Kettenregel

$$(g \circ f)'(x_0) = g'(f(x_0)) \cdot f'(x_0).$$

Danach wird die Verkettung $g \circ f$ also abgeleitet, indem man die Ableitung der äußeren Funktion g mit der Ableitung der inneren Funktion f multipliziert, kurz und einprägsam: *Äußere mal innere Ableitung.*

Es ist nicht ratsam, diese Regel über den Ansatz mit Differenzenquotienten beweisen zu wollen (für die Schwierigkeiten siehe nächsten Kasten). Wir wählen den bereits beim Beweis der Produktregel bewährten Weg über die lokale lineare Approximation, d.h. die Definition 2 von Abschnitt 1.3, und zwar in der modifizierten Fassung aus dem Kasten »Eine Beobachtung« des Abschnitts 1.2.

Da f in x_0 und g in $f(x_0)$ differenzierbar ist, gilt

$$(6) \quad \begin{aligned} &f(x_0+h) = f(x_0) + f'(x_0) \cdot h + \varphi_1(h) \cdot h \quad \text{und} \\ &g(f(x_0)+k) = g(f(x_0)) + g'(f(x_0)) \cdot k + \varphi_2(k) \cdot k \end{aligned}$$

mit $\lim\limits_{h \to 0} \varphi_1(h) = 0$ und $\lim\limits_{k \to 0} \varphi_2(k) = 0$.

Ziel muß es sein, aus der Darstellung (6) für f und g eine entsprechende Darstellung für die Verkettung $g \circ f$ zu finden. Dies gelingt aber durch Einsetzen der ersten Gleichung in g:

$$\begin{aligned} (g \circ f)(x_0+h) &= g(f(x_0+h)) \\ &= g(f(x_0) + \underbrace{f'(x_0) \cdot h + \varphi_1(h) \cdot h}_{k}) \\ &= g(f(x_0)) + g'(f(x_0)) \cdot k + \varphi_2(k) \cdot k \\ &= g(f(x_0)) + g'(f(x_0))[f'(x_0) \cdot h + \varphi_1(h) \cdot h] \\ &\qquad + \varphi_2(k)[f'(x_0) \cdot h + \varphi_1(h) \cdot h] \\ &= (g \circ f)(x_0) + [g'(f(x_0)) \cdot f'(x_0)] \cdot h + \varphi(h) \cdot h, \end{aligned}$$

wobei

$$\varphi(h) := g'(f(x_0)) \cdot \varphi_1(h) + \varphi_2(k)[f'(x_0) + \varphi_1(h)].$$

Die Eigenschaft $\lim_{h \to 0} \varphi(h) = 0$ folgt aus der entsprechenden Eigenschaft von φ_1 und φ_2, wenn man beachtet, daß mit h auch k gegen Null geht (Aufgabe 8). Daher ist die eckige Klammer vor h gleich der Ableitung von $g \circ f$ an der Stelle x_0. Damit ist die Kettenregel bewiesen. □

Beispiele

1. $h(x) = (2x+1)^2$,

   äußere Funktion: $g(x) = x^2$
   innere Funktion: $f(x) = 2x+1$.

   Dann ist $h(x) = g(f(x)) = (g \circ f)(x)$.
   Also $h'(x) = (g \circ f)'(x) = g'(f(x)) \cdot f'(x)$ (Kettenregel)
   $= 2(2x+1) \cdot 2 = 8x+4$.

   (Wir bestätigen dieses Ergebnis ohne Kettenregel:

   $h(x) = 4x^2 + 4x + 1$, daher $h'(x) = 8x+4$.)

2. $h(x) = \sqrt{x^2 - 1}$,

   äußere Funktion: $g(x) = \sqrt{x}$
   innere Funktion: $f(x) = x^2 - 1$.

   Also $h'(x) = \dfrac{1}{2\sqrt{x^2-1}} \cdot 2x$ (»äußere mal innere Ableitung«).

Aufgaben

1. a) Warum muß man bei der Bildung von $g \circ f$ darauf achten, daß der Wertebereich von f im Definitionsbereich von g enthalten ist?

   b) Für $f(x) = x^2 + x - 2$ und $g(x) = \sqrt{x}$ bilde man $g \circ f$, $f \circ g$, $f \circ f$, $g \circ g$, sofern dies möglich ist. Ferner ist der Definitionsbereich der Verkettungen gesucht.

   c) Man begründe, daß die Verkettung zweier Polynome wieder ein Polynom ist.

2. Die *Verkettung* (Hintereinanderausführung) von Funktionen ist nicht zu verwechseln mit ihrem *Produkt*! Im Fall des Produkts berechnet man $f(x)$ und $g(x)$ jeweils getrennt und multipliziert sie anschließend:

$$(f \cdot g)(x) = f(x) \cdot g(x).$$

Bei der Verkettung wird erst $f(x)$ berechnet und dann in g eingesetzt:

$$(g \circ f)(x) = g(f(x)).$$

a) Man zeige: Die Produktbildung ist kommutativ, d.h. $f \cdot g = g \cdot f$, die Verkettung im allgemeinen jedoch nicht: $g \circ f \neq f \circ g$.

Es kann auch $g \circ f = f \circ g$ sein, wie zum Beispiel für $f(x) = \frac{1}{x}$ und $g(x) = x^2$. Das Verhalten des Taschenrechners scheint dem allerdings zu widersprechen. So lieferte etwa der von uns benutzte Taschenrechner für $x = 9$ noch denselben Wert, egal ob wir $\left(\frac{1}{x}\right)^2$ oder $\frac{1}{x^2}$ berechneten (Ergebnis: 0,01234567901). Für $x = 6$ war $\left(\frac{1}{x}\right)^2 = 0{,}02777777776$, während $\frac{1}{x^2} = 0{,}02777777777$ ergab. Derartige Rechnungen sind übrigens ein guter Test für die Genauigkeit eines Rechners.

b) Suche weitere Beispiele, für die $g \circ f = f \circ g$ ist.

3. Verkettungen von Geraden sind Geraden. (Beweis!)

4. Schreibe

$$h(x) = x^{24} + 3x^{12} + 1$$

als Verkettung $g(f(x))$.

5. Gibt es eine Funktion *id*, die bei Verkettung alles beim alten läßt:

$$id \circ f = f \circ id = f \quad \text{für jedes } f?$$

6. Man schreibe die durch $f(x) = \frac{(x^2+5)^8}{\sqrt{2x+1}\,(x^3-7)}$ definierte Funktion f vom Beginn dieses Kapitels als Zusammensetzung möglichst einfacher Funktionen.

7. a) In der Seilbahngeschichte ist $h(t)$ von der Gestalt $g(vt+c)$ mit v und c als Konstanten. Welche Bedeutung hat die Konstante c?

   b) Die Quintessenz der Geschichte ist das Ergebnis

   $$h'(t) = g'(vt+c) \cdot v.$$

   Dies ist ein Spezialfall der allgemeinen Kettenregel (welcher?).

   c) Wie ist dieser Spezialfall geometrisch zu interpretieren und zu begründen?

8. Man beweise die im Nachweis der Kettenregel noch ausstehende Behauptung $\lim_{h \to 0} \varphi(h) = 0$.

9. Warum haben wir beim Beweis der Kettenregel mit der modifizierten Fassung von Definition 2 gearbeitet? Anders gefragt: Wo bleibt man hängen, wenn man die ursprüngliche Fassung benutzt?

10. Für Geraden ist die linear Approximierende der Verkettung gleich der Verkettung der linear Approximierenden. (Vergleiche die Situation bei der Produktregel, Aufgabe 8, Abschnitt 2.1.)

Ärger mit dem Differenzenquotienten

Was halten Sie von folgendem suggestiven »Beweis« der Kettenregel?

Die Differenzenquotienten von $g \circ f$, f und g sind durch Erweitern auf einfache Weise miteinander verknüpft:

$$\begin{aligned}\frac{g(f(x_0+h))-g(f(x_0))}{h} &= \frac{g(f(x_0+h))-g(f(x_0))}{f(x_0+h)-f(x_0)} \cdot \frac{f(x_0+h)-f(x_0)}{h} \\ &= \frac{g(f(x_0)+k)-g(f(x_0))}{k} \cdot \frac{f(x_0+h)-f(x_0)}{h}\end{aligned} \tag{7}$$

wobei

$$k := f(x_0+h)-f(x_0).$$

Für $h \to 0$ strebt der zweite Faktor gegen $f'(x_0)$ und – da mit h auch k gegen Null geht – der erste Faktor gegen $g'(f(x_0))$. Das ist die Kettenregel.

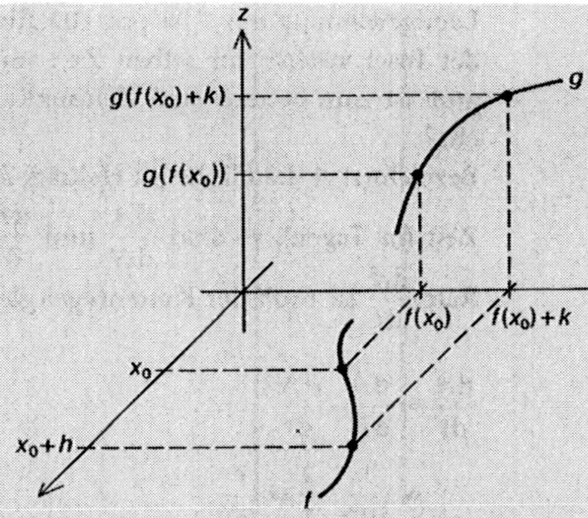

Abbildung 2

Dieser Beweis ist richtig, solange k nicht null wird. Daß dies die Gültigkeit der Kettenregel nicht berührt, wissen wir, da wir die Kettenregel auf anderem Wege bereits allgemein bewiesen haben.

Immerhin gewinnen wir auch etwas: Wir ahnen jetzt, was LEIBNIZ zu seiner – sehr eingängigen – Formulierung der Kettenregel inspiriert haben könnte:

$$(8) \quad \frac{dz}{dx} = \frac{dz}{dy} \cdot \frac{dy}{dx}.$$

Hier steht der Differentialquotient $\frac{dz}{dx}$ für die Ableitung $(g \circ f)'(x_0)$, $\frac{dz}{dy}$ für $g'(f(x_0))$ und $\frac{dy}{dx}$ für $f'(x_0)$ (vergleiche den Kasten »Die LEIBNIZschen Differentiale« in 1.2).

Die Nähe der LEIBNIZschen Fassung (8) zum Ansatz (7) erkennt man, wenn man (7) in der Form

$$(7') \quad \frac{\Delta z}{\Delta x} = \frac{\Delta z}{\Delta y} \cdot \frac{\Delta y}{\Delta x}$$

schreibt (s. Abb. 2). (Man beachte jedoch, daß (8) stets, (7′) jedoch nur eingeschränkt gültig ist.)

11. Die Nützlichkeit der Differentialschreibweise zeigt ein Beispiel: Die Größe einer Insel nehme zu einem bestimmten Zeitpunkt durch

Landgewinnung um 1 ha pro 100 Einwohner zu. Die Bevölkerung der Insel wachse zur selben Zeit um 2 Einwohner pro Tag. Wie groß ist zum betrachteten Zeitpunkt die Zuwachsrate der Inselfläche?

Bezeichnet A die Fläche (in Hektar), N die Einwohnerzahl und t die Zeit (in Tagen), so sind $\frac{\mathrm{d}A}{\mathrm{d}N}$ und $\frac{\mathrm{d}N}{\mathrm{d}t}$ bekannt, und die gesuchte Rate $\frac{\mathrm{d}A}{\mathrm{d}t}$ ist nach der Kettenregel gleich

$$\frac{\mathrm{d}A}{\mathrm{d}t} = \frac{\mathrm{d}A}{\mathrm{d}N} \cdot \frac{\mathrm{d}N}{\mathrm{d}t}$$

$$= \frac{1}{100} \cdot \frac{2}{1} = \frac{1}{50}.$$

Die Fläche der Insel wächst also zum betrachteten Zeitpunkt mit der Rate 0,02 ha pro Tag oder 200 m^2 pro Tag.

Man bearbeite entsprechend:

a) In ein Schwimmbecken fließe Wasser mit der Rate 100 l pro Minute; der Pegel steige um $\frac{1}{2}$ mm pro 1000 l. Wie groß ist die momentane Änderungsrate des Pegelstandes?

b) Der Radius r einer kugelförmigen Seifenblase wachse mit der Zeit t nach der Formel $r(t) = t^2 - 2t + 1$. Wie groß ist die momentane Änderungsrate ihres Volumens zur Zeit $t = \frac{1}{2}$ (1; 2)?

12. Man bearbeite Aufgabe 10c) zum Abschnitt 2.1 mit Hilfe der Kettenregel.

13. Leite die durch folgende Terme gegebenen Funktionen ab:

a) $(x+3)^4$

b) $(x^2 - 3x + 1)^{1985}$

c) $(x^2 - 8x)^3 \cdot x$

d) $(x^2 + 2)^3 \cdot (x^9 + 7x)$

e) $(x^3 + 3)^9 \cdot (x^8 + 2x - 1)^{16}$

f) $\sqrt{(ax+b)^5}$

g) $(7x^3 + 1)^n$

h) $\sqrt{\sqrt{x^5} + 1}$

i) $(t\sqrt{t})^7$

j) $\frac{4}{3}\pi r^3$ mit $r(t) = \sqrt{t+1}$

Zur weiteren Übung

Man leite die durch folgende Terme gegebenen Funktionen ab (a, b konstant):

a) $(3x+7)^3$	b) $(ax^2-5)^4$	c) $\sqrt{5x}$
d) $\sqrt{x^3-2x+1}$	e) $\sqrt{a-bx^2}$	f) $(a-\sqrt{x})^3$
g) $\sqrt{t^2+t-1}$	h) $4\pi(1-t)^2$	i) $(ax^3-bx+\sqrt{x})^3$

14. Wann darf man die innere Ableitung beim Differenzieren »vergessen«?

15. Man entwickle eine Formel für die Ableitung der Verkettung *dreier* Funktionen. Wie sieht die Formel für n Funktionen aus?

16. *Implizites Ableiten.* Manchmal ist eine Beziehung zwischen zwei Variablen nicht durch eine *Funktions*gleichung gegeben. Ein Beispiel ist die Kreisgleichung

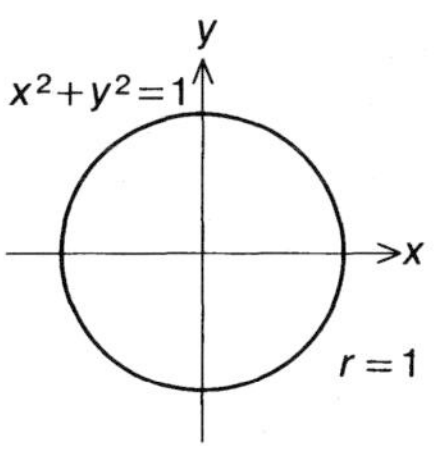

Abbildung 3

$$x^2+y^2=r^2.$$

Zur Berechnung der Steigung der Kreistangente in irgendeinem Punkt leiten wir beide Seiten der Gleichung nach x ab und beachten die Kettenregel:

$$2x+2yy'=0 \quad \text{oder} \quad y' = -\frac{x}{y}.$$

a) Man berechne für $r=1$ (5) die Steigungen der Tangenten in den beiden Punkten mit der Abszisse $x=\frac{1}{2}$.

b) Man zeige, daß die Kreistangente stets auf dem Berührradius senkrecht steht.

Ein Nachtrag zur Quotientenregel

Nachzuweisen ist noch, daß die Ableitung des Quotienten f *existiert*, wenn Zähler und Nenner differenzierbar sind. Auch hierfür ist die Kettenregel ein schlagkräftiges Instrument. Wegen

(9) $\dfrac{f}{g}=f\cdot\dfrac{1}{g}$

genügt es zu zeigen, daß mit g auch $\frac{1}{g}$ differenzierbar ist. Wüßten wir, daß φ mit

$$\varphi(x)=\frac{1}{x}$$

an jeder Stelle $x_0 \neq 0$ ableitbar ist, so wäre nach der Kettenregel auch

$$\varphi \circ g=\frac{1}{g}$$

in x_0 differenzierbar.

Die Ableitbarkeit von φ ist aber leicht zu sehen, denn es ist

$$\frac{\varphi(x_0+h)-\varphi(x_0)}{h}=\frac{\frac{1}{x_0+h}-\frac{1}{x_0}}{h}=-\frac{1}{(x_0+h)\cdot x_0}.$$

Überdies folgt

$$\varphi'(x_0)=-\frac{1}{x_0^2}$$

und damit nach der Kettenregel

$$\left(\frac{1}{g}\right)'=-\frac{1}{g^2}\cdot g'.$$

17. Mit dem Ergebnis des voranstehenden Kastens bestätige man ausgehend vom Ansatz (9) die Formel für die Ableitung von Quotienten.

18. Man dehne die Potenzregel

$$f(x)=x^n \Rightarrow f'(x)=n\,x^{n-1}, \quad n\in\mathbb{N}$$

auf *alle* ganzzahligen Exponenten aus.

19. Jetzt sind wir in der Lage, die Potenzregel auf beliebige rationale Exponenten zu erweitern. Ist etwa

$$f(x)=x^{\frac{n}{m}}, \quad n,m\in\mathbb{N},$$

so folgt

$$[f(x)]^m=x^n$$

und durch (implizites) Differenzieren

$$m[f(x)]^{m-1} \cdot f'(x) = n x^{n-1}.$$

Daher ist

$$f'(x) = \frac{n x^{n-1}}{m\left(x^{\frac{n}{m}}\right)^{m-1}} = \frac{n}{m} \cdot x^{\frac{n}{m}-1}.$$

a) Prüfe die Rechnung im einzelnen nach.

b) Erweitere die Herleitung auf *negative* rationale Exponenten.

20. Leite die durch folgende Terme gegebenen Funktionen ab:

a) $(x^2+8x+2)^{\frac{3}{2}}$

b) $(a+x)^3(a-x)^3$

c) $\dfrac{x}{(1-x^2)^4}$

d) $\dfrac{(ax+b)^3}{(cx+d)^7}$

e) $\dfrac{(x-1)^6}{(2x+1)^2}$

f) $\dfrac{1}{(a-bt)^n}$

g) $\dfrac{f(x^2)}{a-x}$

h) $g([f(x)]^4)$

i) $\dfrac{1}{\sqrt{2x}}$

j) $(2-x)\sqrt[3]{x^2}$

k) $2t+\sqrt[3]{\dfrac{3t}{t^2+2}}$

l) $\dfrac{1}{\sqrt{a^3-x^3}}$

m) $\sqrt{\dfrac{\sqrt{x}+\sqrt[3]{x}}{x^2+1}}$

n) $\sqrt{u^3}+c$ mit $u(t)=\dfrac{t}{(3+t)^{\frac{5}{8}}}$

o) $f(\sqrt{ax+b})$

p) $\dfrac{(x^2+5)^8}{\sqrt{2x+1}\,(x^3-7)}$ (Das ist das Eingangsbeispiel dieses Kapitels!)

2.3 Die Ableitungsregeln auf einen Blick

Grundlegend sind die Summen-, Produkt- und die Kettenregel.

Summenregel

Mit f und g ist auch ihre *Summe* $f+g$ in x_0 differenzierbar, und es gilt

$$(f+g)'(x_0)=f'(x_0)+g'(x_0),$$

kurz

$$\boxed{(f+g)'=f'+g'}$$

Man leitet gliedweise ab.

Produktregel

Mit f und g ist auch ihr *Produkt* $f\cdot g$ in x_0 differenzierbar, und es gilt

$$(f\cdot g)'(x_0)=f'(x_0)\cdot g(x_0)+f(x_0)\cdot g'(x_0),$$

kurz

$$\boxed{(f\cdot g)'=f'\cdot g+f\cdot g'}$$

Man schiebt den Ableitungsstrich durch.

Kettenregel

Ist f in x_0 und g in $f(x_0)$ differenzierbar, so ist die *Verkettung* $g\circ f$ in x_0 differenzierbar, und es gilt

$$(g\circ f)'(x_0)=g'(f(x_0))\cdot f'(x_0),$$

kurz

$$\boxed{(g\circ f)'=(g'\circ f)\cdot f'}$$

Äußere mal innere Ableitung.

Die Bedeutung dieser drei Regeln liegt zum einen darin, daß die Ableitung von Funktionen auf die Ableitung von Bausteinen zurückgeführt werden kann. Zum anderen lassen sich aus ihnen weitere Ableitungsregeln gewinnen.

Wichtige Beispiele sind:

Faktorregel

Mit f ist auch $c \cdot f$ für jedes $c \in \mathbb{R}$ in x_0 differenzierbar, und es gilt

$$(c \cdot f)'(x_0) = c \cdot f'(x_0),$$

kurz

$$\boxed{(c \cdot f)' = c \cdot f'}$$

Ein konstanter Faktor bleibt erhalten.

Quotientenregel

Mit f und g ist auch ihr *Quotient* $\frac{f}{g}$ in x_0 differenzierbar ($g(x_0) \neq 0$), und es gilt

$$\left(\frac{f}{g}\right)'(x_0) = \frac{f'(x_0) \cdot g(x_0) - f(x_0) \cdot g'(x_0)}{g(x_0)^2},$$

kurz

$$\boxed{\left(\frac{f}{g}\right)' = \frac{f' \cdot g - f \cdot g'}{g^2}}$$

Produktregel mit Minuszeichen dividiert durch Nennerquadrat.

Potenzregel

$$\boxed{f(x) = x^r,\ r \in \mathbb{Q} \Rightarrow f'(x) = r x^{r-1}}$$

Exponent nach vorn ziehen und um Eins vermindern.

Vermischte Aufgaben zur weiteren Übung

Man leite die durch folgende Terme gegebenen Funktionen ab (a, b konstant):

a) $(2x+3)^2(1-2x)$ b) $(1-x)\sqrt{3x}$ c) $\dfrac{x}{\sqrt{2x-1}}$

d) $\left(\dfrac{1-ax}{1-x}\right)^2$ e) $(ax-3x^3)^{-3}$ f) $\dfrac{1}{1+ax} - \dfrac{1}{(1-ax)^2}$

g) $\dfrac{\sqrt{ax^2-1}}{x\sqrt{x+a}}$ h) $\sqrt[3]{(1+x+x^2)^2}$ i) $(t^2-t+a-t^{-1})^2$

j) $\left(\dfrac{1+\sqrt{r}}{1-\sqrt{r}}\right)^{-2}$ k) $\dfrac{a-x}{x^{\frac{2}{5}}}$ l) $1 - \dfrac{(a-bu)^{\frac{3}{2}}}{a+bu}$

3 Monotonie und Ableitung

Bisher haben wir uns mit der *Bedeutung* der Ableitung und mit *Regeln* für deren Berechnung beschäftigt. Wir werden jetzt in Erinnerung rufen, wie man sich bei der Untersuchung des Verlaufs von Funktionen mit Vorteil der Ableitung bedient.

3.1 Das Monotoniekriterium

Das folgende Beispiel steht stellvertretend für viele ähnlich gelagerte Zusammenhänge.

Eine zylindrische 1 l-Dose kann sehr verschiedene Formen annehmen:

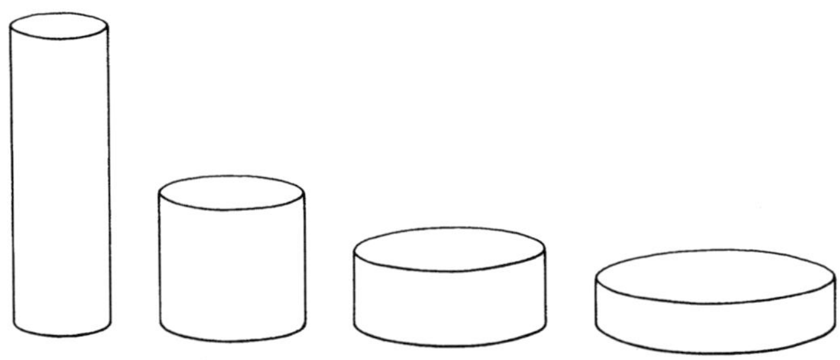

Abbildung 1

Man sieht, daß die Oberfläche von den Abmessungen, d.h. von der Wahl des Radius und der Höhe abhängt.

Sie setzt sich zusammen aus Boden, Deckel und Mantel:

(1) $O(r, h) = 2 \cdot \pi r^2 + 2 \pi r \cdot h$.

Nun variieren r und h nicht unabhängig voneinander, da der Doseninhalt stets 1 l betragen soll:

(2) $\pi r^2 \cdot h = 1$

(r und h sind in Dezimeter angegeben). Daher ist O Funktion nur *einer* Variablen, etwa des Radius r.

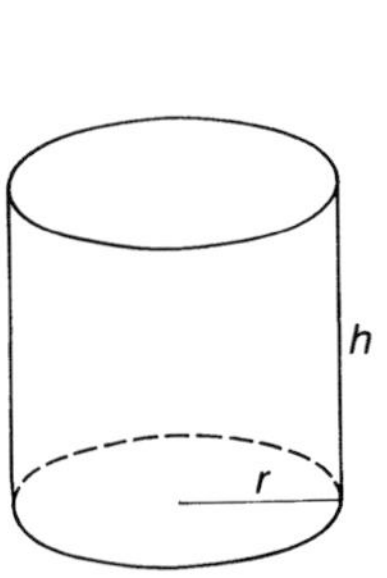

Abbildung 2

Löst man (2) nach *h* auf und setzt in (1) ein, so erhält man

$$O(r) = 2\pi r^2 + 2\pi r \cdot \frac{1}{\pi r^2}, \qquad r > 0$$

oder

$$(3) \quad O(r) = 2\left(\pi r^2 + \frac{1}{r}\right), \qquad r > 0.$$

Da mit größer werdendem r der Summand πr^2 zunimmt, der Summand $\frac{1}{r}$ aber abnimmt, ist nicht ohne weiteres zu erkennen, *wie* die Oberfläche vom Radius abhängt. Einen ersten Einblick gibt der Graph, den man sich etwa über eine Wertetabelle verschaffen kann.

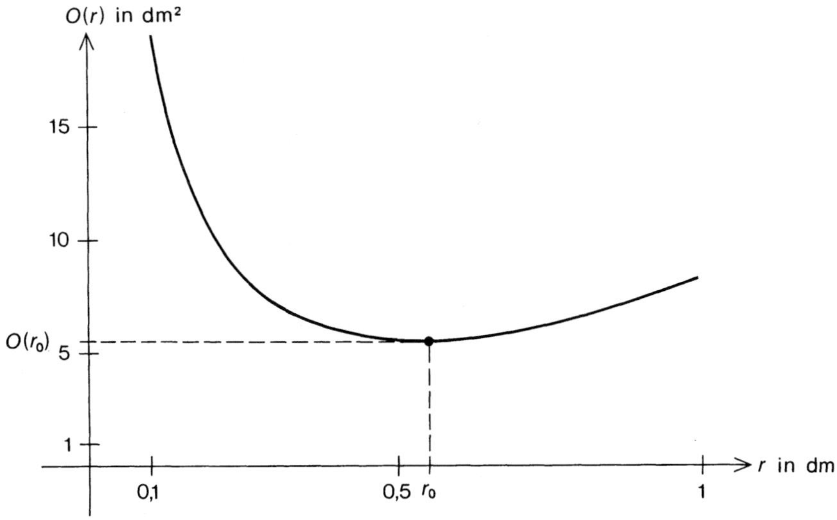

Abbildung 3: Die Oberfläche als Funktion des Radius

Wir erkennen: Mit wachsendem Radius nimmt die Oberfläche zunächst ab, dann zu. Wie läßt sich die kritische Stelle r_0, an der sich das Monotonieverhalten der Funktion O ändert, *berechnen*? Hier hilft der bekannte Zusammenhang zwischen dem Vorzeichen der Ableitung und dem Monotonieverhalten einer Funktion:

In den Bereichen, wo O' negativ ist, fällt O streng monoton, dort, wo O' positiv ist, steigt O streng monoton (vgl. Abb. 4).

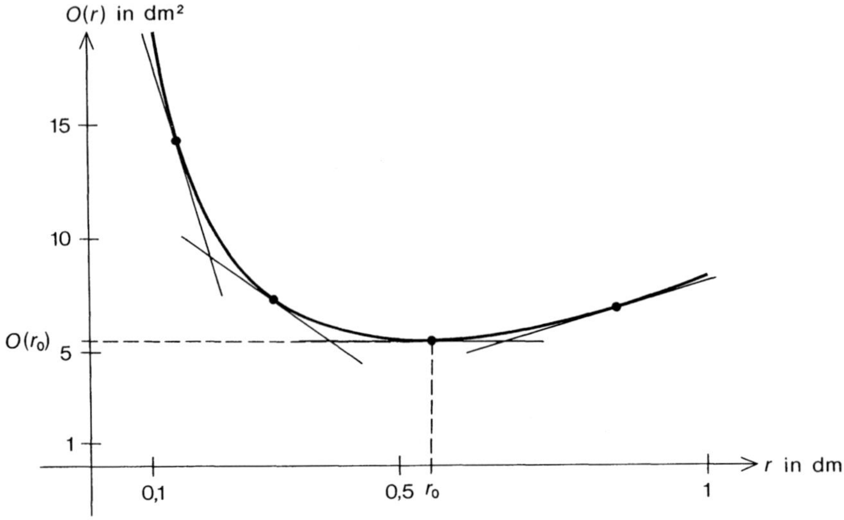

Abbildung 4

Damit können wir die Stelle r_0 problemlos berechnen, denn aus

$$O'(r) = 2\left(2\pi r - \frac{1}{r^2}\right) = 4\pi \frac{r^3 - \frac{1}{2\pi}}{r^2}$$

läßt sich das Vorzeichenverhalten von O' leicht erkennen. Da nämlich der Nenner stets positiv ist, kann O' nur dort das Vorzeichen wechseln, wo der Zähler gleich Null wird, d.h. bei

$$r_0 = \sqrt[3]{\frac{1}{2\pi}}\,.$$

Man erkennt, daß O' an dieser Stelle das Vorzeichen von Minus nach Plus wechselt, was auch in der letzten Abbildung zum Ausdruck kommt.

Das mit so großem Erfolg angewendete Kriterium formulieren wir allgemein:

Monotoniekriterium

Eine auf einem Intervall differenzierbare Funktion mit überall positiver Ableitung ist dort streng monoton wachsend.

Wir werden uns jetzt der nicht ganz einfachen Aufgabe stellen, diesen grundlegenden Satz zu beweisen.

Nehmen wir an, eine in einem Intervall I differenzierbare Funktion f ist auf I *nicht* streng monoton wachsend. Dann gibt es wenigstens ein in I gelegenes Paar x_1, x_2 mit $x_1 < x_2$ und $f(x_1) \geq f(x_2)$. Die Sekante durch die Punkte $(x_1, f(x_1))$ und $(x_2, f(x_2))$ hat also eine nichtpositive Steigung (s. Abb. 5).

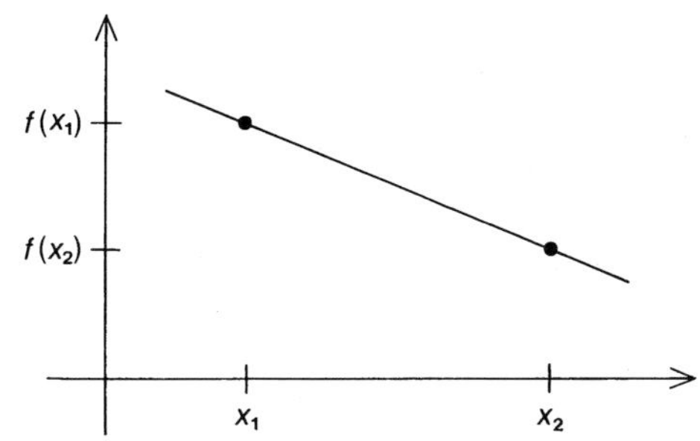

Abbildung 5

Egal, welchen Wert f in der Mitte z_1 des Intervalls $[x_1, x_2]$ annimmt, wenigstens eine der beiden neuen Sekanten wird ebenfalls eine nichtpositive Steigung haben (s. Abb. 6).

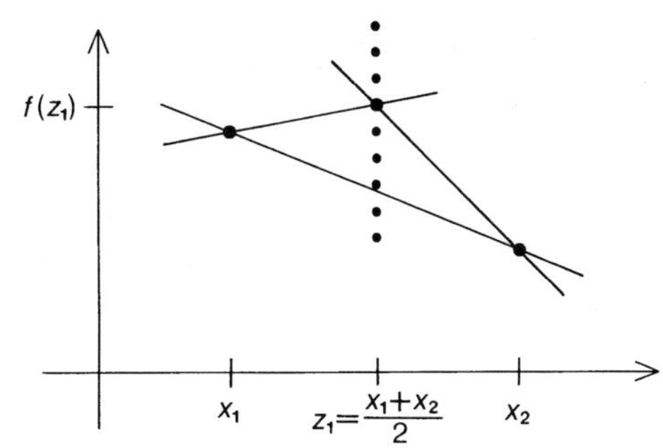

Abbildung 6

Damit ist die *Beweisidee* umrissen:

Intervall-halbierungs-methode

Durch fortgesetzte Intervallhalbierung verschafft man sich eine Folge von Sekanten nichtpositiver Steigung, die schließlich zu einer Stelle $x_0 \in I$ führt, an der die Tangente an f ebenfalls nichtpositive Steigung hat. Dann ist aber $f'(x_0) \leq 0$, d.h. f' ist *nicht* auf *ganz* I positiv.

Jetzt ist fast schon klar, wie man zu x_0 gelangt. Aus dem Startintervall $[x_1, x_2]$ entsteht im ersten Schritt das Teilintervall $[z_1, x_2]$ mit halber Länge, aus diesem mit demselben Argument wiederum ein Teilintervall halber Länge usw. So etwa könnte die Situation aussehen:

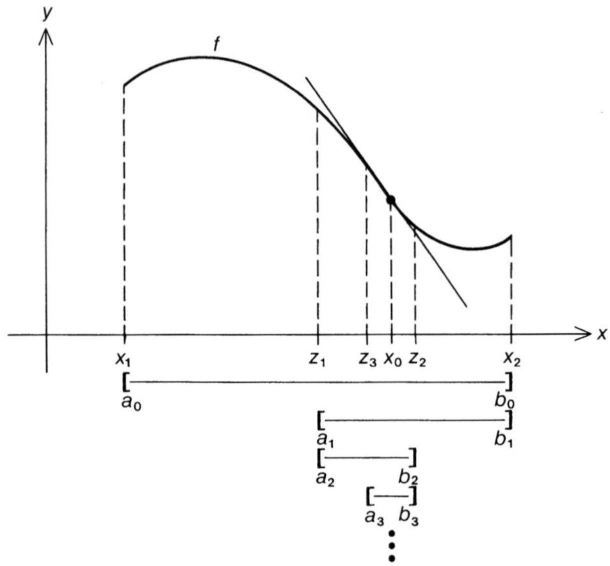

Abbildung 7

Die Intervallschachtelung $[a_n, b_n]$ zieht sich auf eine Stelle x_0 zusammen, an der die Tangentensteigung $f'(x_0)$ deshalb nichtpositiv sein kann, weil die sie approximierenden Sekantensteigungen nach Konstruktion sämtlich nichtpositiv sind.

Wer es gerne genauer hätte, kann diesen Prozeß so formalisieren: Um griffiger formulieren zu können, nennen wir im folgenden Paare (a, b) mit $a < b$ und $f(a) \geq f(b)$ *Ausnahmepaare*; für sie hat also die Sekante eine nichtpositive Steigung.

Das Startintervall wird vom Ausnahmepaar (x_1, x_2) gebildet: $[a_0, b_0] := [x_1, x_2]$. Für die Intervallmitte $z_1 = \dfrac{x_1 + x_2}{2}$ gilt dann: Entweder ist $f(z_1) \geqq f(x_2)$ oder $f(z_1) < f(x_2)$. Im ersten Fall ist (z_1, x_2) ein neues Ausnahmepaar, und man setzt $[a_1, b_1] := [z_1, x_2] \subset [a_0, b_0]$, im zweiten Fall ist (x_1, z_1) Ausnahmepaar (wegen $f(x_0) \leqq f(x_1)$), und es wird $[a_1, b_1] := [x_1, z_1] \subset [a_0, b_0]$ gesetzt (im Beispiel der Figur tritt der erste Fall ein). Derselbe Halbierungsprozeß wird nun auf $[a_1, b_1]$ angewendet, und so fort. Man gewinnt so eine Intervallschachtelung $([a_n, b_n])$, die wegen der Vollständigkeit von $\mathbb{R}$ gegen eine Zahl $x_0 \in D$ konvergiert. Dabei ist für jedes n (a_n, x_0) oder (x_0, b_n) Ausnahmepaar, denn sonst wäre $f(a_n) < f(x_0) < f(b_n)$, im Widerspruch dazu, daß (a_n, b_n) Ausnahmepaar war. Bildet man jetzt die Folge

$$c_n := \begin{cases} a_n & \text{falls } (a_n, x_0) \text{ Ausnahmepaar} \\ b_n & \text{falls } (x_0, b_n) \text{ Ausnahmepaar,} \end{cases}$$

dann ist $\dfrac{f(c_n)-f(x_0)}{c_n - x_0} \leqq 0$ für jedes n, und da c_n gegen x_0 konvergiert, folgt $f'(x_0) = \lim\limits_{n\to\infty} \dfrac{f(c_n)-f(x_0)}{c_n - x_0} \leqq 0$.

Damit haben wir gezeigt: Wenn f auf I *nicht* streng monoton wächst, so ist f' *nicht* auf *ganz* I positiv. Das bedeutet: *Wenn f' auf ganz I positiv ist, so wächst f auf I streng monoton.* Das aber ist das Monotoniekriterium. □

Vollständigkeit von $\mathbb{R}$

Dies ist das erste Mal, daß wir von der Eigenschaft der reellen Zahlen haben Gebrauch machen müssen, daß es *zu jeder Intervallschachtelung eine Zahl gibt, die in allen Intervallen enthalten ist.* Diese Eigenschaft bedeutet anschaulich die Lückenlosigkeit der Zahlengeraden. Sie macht den Kern dessen aus, was der Mathematiker die *Vollständigkeit* der reellen Zahlen nennt. Auf ihr beruhen weitere wichtige Ergebnisse der Analysis. Man kann sogar soweit gehen zu sagen, daß erst sie das Treiben von Analysis ermöglicht.

Aufgaben

*1. Man zeige ohne Rückgriff auf die Ableitung, daß die Funktion O rechts von $r_0 = \sqrt[3]{\dfrac{1}{2\pi}}$ streng monoton wächst.

2. Zeige: Die durch

$$f(x) = \frac{x^3 - 1}{x^2 - 1}$$

definierte Funktion ist links von -2 streng monoton wachsend.

3. Man begründe die strenge Monotonie der Wurzelfunktion ($f(x) = \sqrt{x}$, $x \geq 0$).

4. Zeige: Für $x > 1$ ist

$$x^3 - x^2 + 2x - 2 > 0.$$

(Anleitung: Man wende das Monotoniekriterium auf eine geeignete Funktion an.)

5. An welchen Stellen des Mathematikunterrichts ist Ihnen das Intervallschachtelungsprinzip bereits begegnet?

6. Welche Länge l_n hat das n-te Teilintervall $[a_n, b_n]$ aus dem Beweis des Monotoniekriteriums? Warum wird l_n mit wachsendem n beliebig klein?

7. a) Man skizziere den Beweis für das Kriterium: *Eine auf einem Intervall differenzierbare Funktion mit überall negativer Ableitung ist dort streng monoton fallend.*

   b) Läßt sich dieses Kriterium auch direkt aus dem schon bewiesenen Monotoniekriterium gewinnen?

8. Die kubische Normalparabel ($f(x)=x^3$) wächst auf ganz $\mathbb{R}$ streng monoton. Dennoch ist $f'(0)=0$. Widerspricht dies dem Monotoniekriterium?

● **Vorsicht im Umgang mit dem Monotoniekriterium!**

Erste Warnung

Wie das Beispiel der kubischen Normalparabel zeigt, ist das Monotoniekriterium nicht umkehrbar, d.h. von der streng wachsenden Monotonie auf I kann nicht auf die Positivität der Ableitung auf ganz I geschlossen werden.

Immerhin gilt noch:
Ist f streng monoton wachsend auf I, so ist f' auf ganz I nichtnegativ.

Zweite Warnung

Man könnte versucht sein anzunehmen, daß eine Funktion, deren Ableitung an einer Stelle x_0 positiv ist, in einer genügend kleinen Umgebung von x_0 auch streng monoton wächst. Schließlich schmiegt sich ja die Kurve der Tangente besonders gut an, und die Tangente *ist* streng monoton wachsend. Daß dem nicht so ist, zeigt das

Beispiel

Wenn uns unsere Intuition (Vorstellungskraft) so im Stich läßt, so ist nicht zu erwarten, daß ein Gegenbeispiel von einfacher Natur ist. Doch man sehe selbst (Abb. 8).
f bleibt zwischen den beiden »einhüllenden« Kurven und oszilliert um so schneller, je näher man der Null kommt. Die Ableitung von f an der Stelle 0 ist positiv, und dennoch ist f in keiner auch noch so kleinen Nullumgebung streng monoton wachsend. (Die zugehörige Funktion werden wir erst später kennenlernen; siehe Kap. 4.2, Aufgabe 20.)

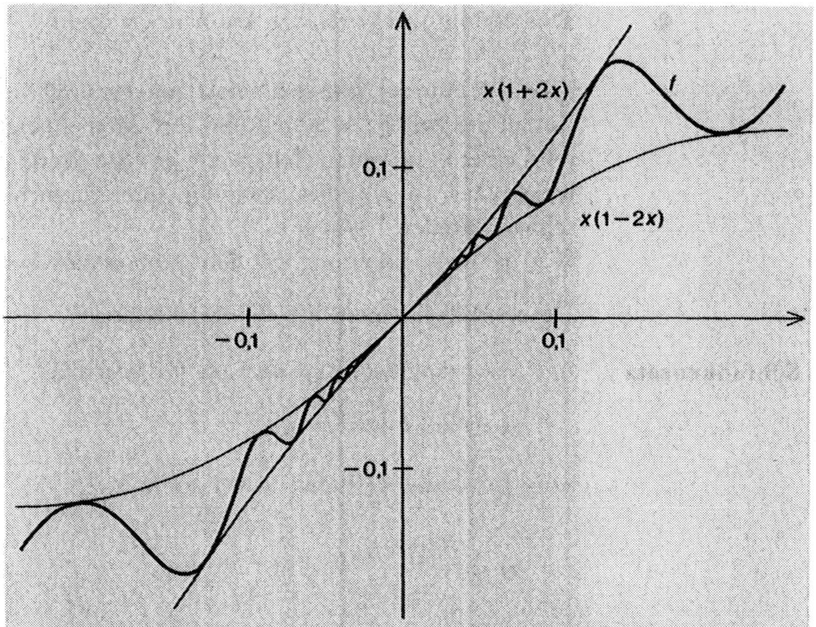

Abbildung 8: $f(x) = \begin{cases} x + 2x^2 \sin \frac{1}{x} & \text{für } x \neq 0 \\ 0 & \text{für } x = 0 \end{cases}$

Immerhin hat f noch die Eigenschaft, beim Durchgang durch die Stelle 0 zu wachsen. In der Tat gilt allgemein:
Ist $f'(x_0) > 0$, so sind in einer hinreichend kleinen Umgebung von x_0 alle Funktionswerte links von x_0 kleiner und alle rechts von x_0 größer als $f(x_0)$, d.h. *f wächst beim Durchgang durch die Stelle x_0*.

*9. Zeige, daß die Ableitung einer auf I streng monoton wachsenden Funktion auf ganz I nichtnegativ ist.
(Anleitung: Man überlege sich, daß für jede Stelle in I die zu untersuchenden Differenzenquotienten positiv sind.)

*10. Man zeige: Ist $f'(x_0) > 0$, so wächst f beim Durchgang durch x_0. (Vergleiche obigen Kasten.)
(Anleitung: Man überlege, warum es eine Umgebung U von x_0 geben muß, so daß für alle $x \in U$ der Differenzenquotient $\frac{f(x) - f(x_0)}{x - x_0}$ positiv ist.)

● **Das Monotoniekriterium kann noch mehr**

Folgende Aussage läßt sich sofort aus der Erfahrung bestätigen: Wenn Sie auf der Autobahn fahren und Ihre Momentangeschwindigkeit während einer bestimmten Zeitspanne gewisse Werte nicht über- bzw. unterschreitet, so gilt dies auch für Ihre sämtlichen Durchschnittsgeschwindigkeiten.
Was hat diese Erfahrung mit dem Monotoniekriterium zu tun?

Dazu verallgemeinern wir die obige Aussage:

Schrankensatz

Ist f auf I differenzierbar und gilt für jedes $x \in I$

$$m < f'(x) < M,$$

so ist für je zwei Werte $x_1, x_2 \in I$ mit $x_1 < x_2$

$$m < \frac{f(x_2) - f(x_1)}{x_2 - x_1} < M.$$

Dieser sogenannte *Schrankensatz* ist eine Folgerung aus dem Monotoniekriterium, was wir jetzt zeigen wollen.

Die Voraussetzung $m < f'(x)$ läßt sich schreiben als

$$0 < f'(x) - m$$

oder $0 < (f - m \cdot id)'(x)$ mit $id(x) = x$.

Nach dem Monotoniekriterium ist daher die Funktion $f - m \cdot id$ streng monoton wachsend auf I, d.h. aus $x_1 < x_2$ folgt

$$f(x_1) - m \cdot x_1 < f(x_2) - m \cdot x_2$$

oder $m(x_2 - x_1) < f(x_2) - f(x_1)$.

Division durch $x_2 - x_1$ sichert die eine Ungleichung der Behauptung. Die andere folgt analog (Aufgabe 11). □

Der Schrankensatz ist ein starkes Hilfsmittel der Analysis. Mit seiner Hilfe läßt sich das globale Wachstum von Funktionen abschätzen (s. Aufgabe 12). Wir werden noch häufiger von ihm Gebrauch machen.

11. Man vervollständige den Beweis des Schrankensatzes (Kasten).

12. Inwiefern veranschaulicht Abbildung 9 den Schrankensatz?
Hinweis: Schreibe

$$m < \frac{f(x_2)-f(x_1)}{x_2-x_1} < M$$

in der Form

$$m(x_2-x_1) < f(x_2)-f(x_1) < M(x_2-x_1).$$

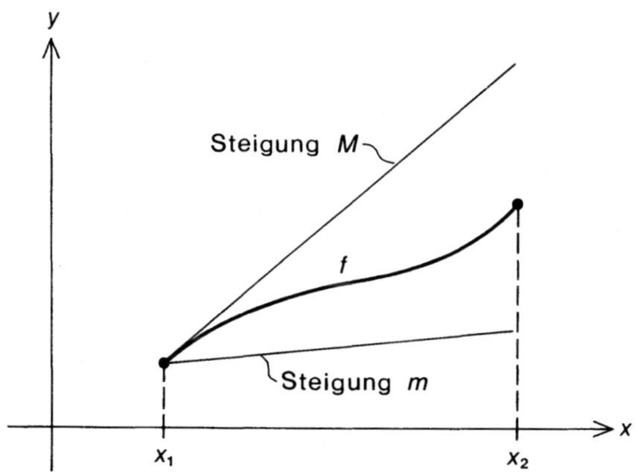

Abbildung 9

Der Mittelwertsatz

Was bedeutet das Monotoniekriterium geometrisch? Es besagt: *Wenn in einem Intervall alle Tangenten positive Steigung haben, so gilt dies auch für alle in diesem Intervall gebildeten Sekanten* (s. Abb. 10).

Diese Deutung eröffnet eine neue Möglichkeit, das Monotoniekriterium zu begründen.

Wüßte man nämlich, daß es zu jeder Sekante eine Tangente gleicher Steigung gibt (vgl. Abb. 7), so könnte man wie folgt schließen:
Hätte irgendeine *Sekante* eine nichtpositive Steigung, so gäbe es auch eine *Tangente* nichtpositiver Steigung – im Widerspruch zur Voraussetzung.

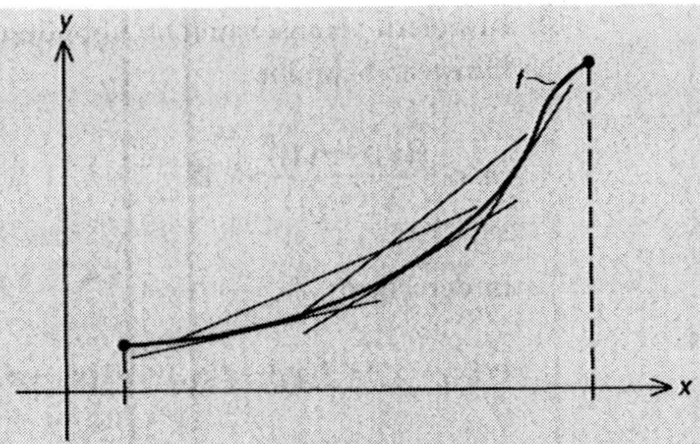

Abbildung 10

Die Aussage, daß es zu jeder Sekante eine zu ihr parallele Tangente gibt, nennt man den erst seit Ende des 18. Jahrhunderts bekannten *Mittelwertsatz* (Abb. 11).

Mittelwertsatz

Ist f eine auf dem Intervall [a, b] differenzierbare Funktion, so gibt es eine Stelle x_0 im Innern von [a, b] mit der Eigenschaft

$$\frac{f(b)-f(a)}{b-a}=f'(x_0).$$

Der so selbstverständliche Mittelwertsatz läßt sich mit Hilfe des Schrankensatzes gewinnen; wir verzichten hier darauf.

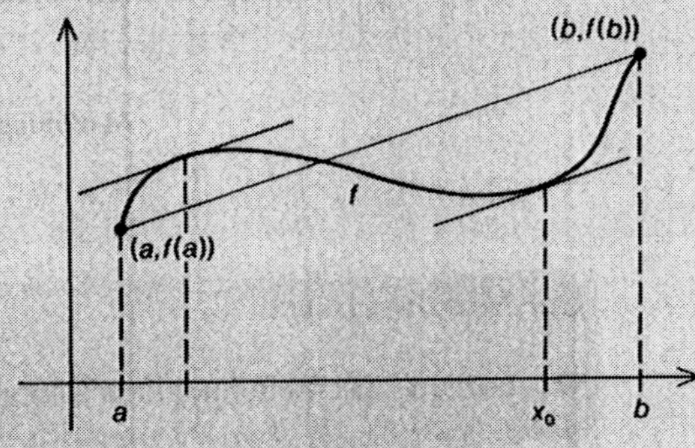

Abbildung 11

13. Fährt jemand in einem bestimmten Zeitraum mit der Durchschnittsgeschwindigkeit 50 km/h, so ist er sicher irgendwann zwischendurch genau 50 km/h gefahren. Was hat diese Erfahrungstatsache mit dem Mittelwertsatz zu tun?
14. Ist f eine auf $[a, b]$ differenzierbare Funktion, so ist die *mittlere* Änderungsrate von f auf $[a, b]$ wenigstens gleich *einer lokalen* Änderungsrate von f. Wieso ist das der Mittelwertsatz? (Diese Formulierung erklärt den Namen des Satzes.)

15. a) An einem selbstgewählten Beispiel zeige man, daß die Stelle x_0 im Mittelwertsatz nicht eindeutig bestimmt ist.

    b) Für $f(x)=x^3$ im Intervall $[-2,3]$ sind die x_0 aus dem Mittelwertsatz gesucht.

*16. Man leite das Monotoniekriterium und den Schrankensatz aus dem Mittelwertsatz her.

17. a) *(Satz von* ROLLE *(1652–1719)) Die Ableitung f' einer auf $[a, b]$ differenzierbaren Funktion mit $f(a)=f(b)$ hat im Innern von $[a, b]$ wenigstens eine Nullstelle.*
    Man deute diesen Satz geometrisch und beweise ihn.

    b) *(Satz vom Pferderennen) Zwei Pferde starten zum selben Zeitpunkt und erreichen gleichzeitig das Ziel. Dann sind sie irgendwann zwischendurch gleich schnell gewesen.*
    Beweis!

3.2 Lokale Extrema und Wendepunkte

Lokale Extrema
Wir erinnern: Eine Funktion f hat an der Stelle x_0 ein *lokales Minimum,* wenn – bezogen auf eine geeignete Umgebung von x_0 – der Funktionswert $f(x_0)$ am kleinsten ist ($f(x) \geq f(x_0)$ für alle x aus dieser Umgebung). Unter solchen Umgebungen stelle man sich offene Intervalle vor, die x_0 enthalten.

lokales Extremum

Lokale Maxima sind entsprechend definiert. Zusammenfassend spricht man von *lokalen Extrema.*

Man beachte, daß $f(x_0)$ kleinster oder größter Funktionswert *nur relativ zu einer Umgebung von x_0* ist. Weiter draußen kann f durchaus noch kleinere oder größere Werte annehmen. Dies erklärt, weshalb man von *lokalen* Extrema spricht (Abb. 1).

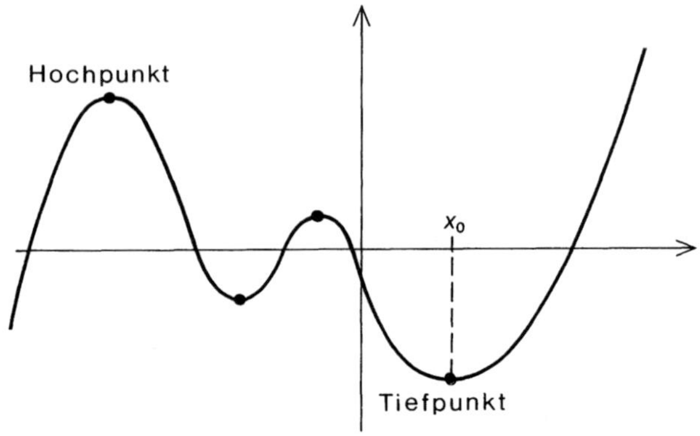

Abbildung 1: An den *lokalen Extremstellen* liegen die lokalen *Extrempunkte* von f (Hoch- und Tiefpunkte); ihre Ordinaten sind die lokalen Extrema von f.

notwendige Bedingung

Im Falle differenzierbarer Funktionen können *nur dort lokale Extrema* auftreten, wo die Tangenten waagerecht verlaufen, d.h. *wo die erste Ableitung verschwindet.* Bei der Suche nach lokalen Extremstellen von f sind also nur die Nullstellen von f' zur Konkurrenz zugelassen (Abb. 2).

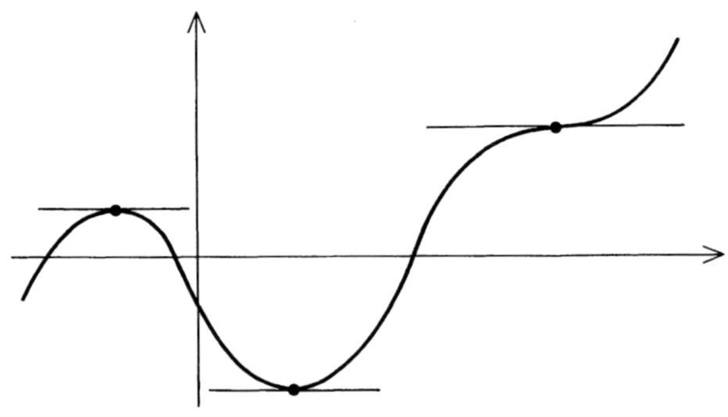

Abbildung 2

Diese wichtige Feststellung gilt für Stellen im Innern des Definitionsbereichs und läßt sich leicht allgemein begründen: An Stellen x_0 mit $f'(x_0) \neq 0$ wächst oder fällt f beim Durchgang durch x_0, also kann x_0 auch keine lokale Extremstelle sein.

Nun ist leider nicht automatisch jede Nullstelle von f' auch lokale Extremstelle von f, wie schon das Beispiel der kubischen Normalparabel zeigt ($f(x)=x^3$). Uns fehlt ein Kriterium, das uns hilft, die »richtigen« Nullstellen von f' herauszufischen.

Die Strategie ist bekannt: Man durchmustere die Nullstellen von f' daraufhin, ob f' das Vorzeichen wechselt.

hinreichende Bedingung

Erstes Kriterium für lokale Extrema
Ist f in x_0 differenzierbar und $f'(x_0)=0$, wechselt weiterhin f' bei x_0 das Vorzeichen von $-$ nach $+$, so hat f bei x_0 ein lokales Minimum, bei Vorzeichenwechsel von $+$ nach $-$ ein lokales Maximum.

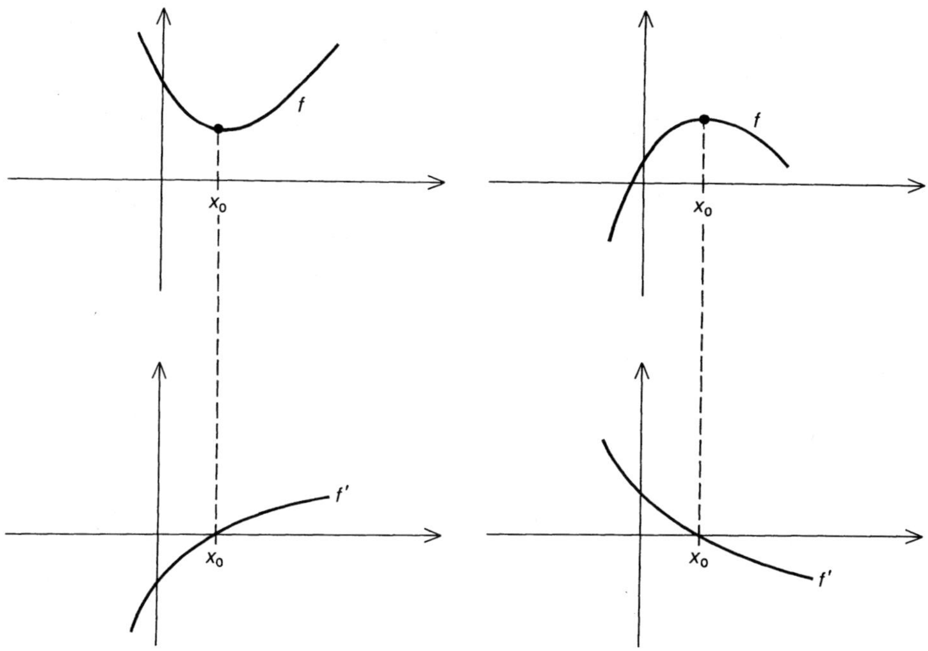

Abbildung 3

Der *Beweis* dieses anschaulich so selbstverständlich erscheinenden Kriteriums (Abb. 3) beruht auf dem Monotoniesatz.

Dieses Kriterium hat eine Schwäche: Man kann sich bei der Untersuchung von f' nicht auf die *Stelle* x_0 beschränken, sondern muß eine ganze Umgebung von x_0 einbeziehen. Das ist in der Praxis oft mühsam. Wünschenswert wäre daher ein Kriterium für den Vorzeichenwechsel von f', das sich ausschließlich der Stelle x_0 bedient.

Nun wechselt f' bei x_0 das Vorzeichen sicher dann, wenn die Ableitung von f', also f'', an der Stelle x_0 von Null verschieden ist. Denn ist etwa $f''(x_0)>0$, so wächst f' beim Durchgang durch x_0, d.h. lokal ist f' links von x_0 kleiner als $f'(x_0)=0$ und rechts von x_0 größer. Das aber bedeutet einen Wechsel des Vorzeichens der Ableitung von $-$ nach $+$ in x_0.

Damit ist ein weiteres *hinreichendes* Kriterium für lokale Extrema gewonnen, das in der Praxis in vielen Fällen leichter handhabbar ist.

hinreichende Bedingung

Zweites Kriterium für lokale Extrema
Ist f in x_0 zweimal differenzierbar, existiert also $f''(x_0)$, so folgt aus

$$f'(x_0)=0 \quad \textit{und} \quad f''(x_0)>0,$$

daß f bei x_0 ein lokales Minimum besitzt.
Entsprechend folgt aus

$$f'(x_0)=0 \quad \textit{und} \quad f''(x_0)<0$$

die Existenz eines lokalen Maximums in x_0.

Wendepunkte
An Wendestellen ändert sich das Krümmungsverhalten, der Graph von f geht etwa von einer Links- in eine Rechtskurve über (Abb. 4): Lokal links von x_0 nehmen also die Tangentensteigungen zu, rechts davon ab.

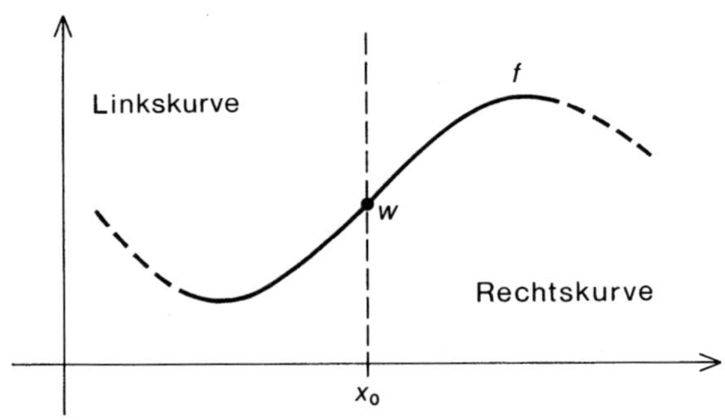

Abbildung 4

Wendepunkt

Deshalb definieren wir:
x_0 heißt *Wendestelle* einer (differenzierbaren) Funktion f, wenn die Ableitung f' lokal links von x_0 streng monoton wächst und rechts von x_0 streng monoton fällt oder umgekehrt links fällt und rechts wächst; $(x_0, f(x_0))$ heißt *Wendepunkt.*

notwendige Bedingung

Im Falle zweimal differenzierbarer Funktionen können *nur dort Wendestellen* auftreten, *wo die zweite Ableitung verschwindet.* Denn an Stellen

x_0 mit $f''(x_0) \neq 0$ würde f' beim Durchgang durch x_0 wachsen oder fallen, kann dann also lokal um x_0 sein Monotonieverhalten nicht ändern (wie es die Definition einer Wendestelle verlangt). Bei der Suche nach Wendestellen von f sind also nur die Nullstellen von f'' zur Konkurrenz zugelassen.

Da nicht automatisch jede Nullstelle von f'' auch Wendestelle von f ist (Gegenbeispiel $f(x) = x^4$ in $x_0 = 0$), fehlt wieder ein Kriterium, um die »richtigen« Nullstellen von f'' herauszufischen. Die Strategie ist klar: Man durchmustere die Nullstellen von f'' daraufhin, ob f'' das Vorzeichen wechselt.

hinreichende Bedingung

Erstes Kriterium für Wendepunkte
Ist f lokal um x_0 zweimal differenzierbar mit $f''(x_0) = 0$, und wechselt f'' in x_0 das Vorzeichen, so hat f in x_0 einen Wendepunkt.

Nun kennen wir bereits eine hinreichende Bedingung dafür, daß eine Funktion an einer Nullstelle das Vorzeichen wechselt. Ist nämlich ihre Ableitung dort ungleich Null, so wächst bzw. fällt sie beim Durchgang durch diese Stelle, d.h. wechselt ihr Vorzeichen.

Diese Kenntnis wenden wir auf die Funktion f'' an und erhalten ein

hinreichende Bedingung

Zweites Kriterium für Wendepunkte
Ist f in x_0 dreimal differenzierbar und gilt

$$f''(x_0) = 0 \quad \textit{und} \quad f'''(x_0) \neq 0,$$

so hat f in x_0 einen Wendepunkt.

Aufgaben

1. Hat die Ableitung von $\frac{1}{f}$ an denselben Stellen einen Vorzeichenwechsel wie die Ableitung von f? Nutzen bei der Anwendung des Ersten Kriteriums?

2. Berechne die lokalen Extrempunkte von f.

   a) $f(x) = x + \dfrac{1}{x}$

   b) $f(x) = \dfrac{x^2 - 3x + 2}{x^2 + 3x + 2}$

   c) $f(x) = x\sqrt{1 - x}$

Vorsicht mit den Kriterien für lokale Extrema

Erste Warnung

Ein Vorzeichenwechsel von f' ist lediglich *hinreichend* für die Existenz lokaler Extrema von f. Er ist *nicht notwendig*, wie das Beispiel dieses Graphen zeigt:

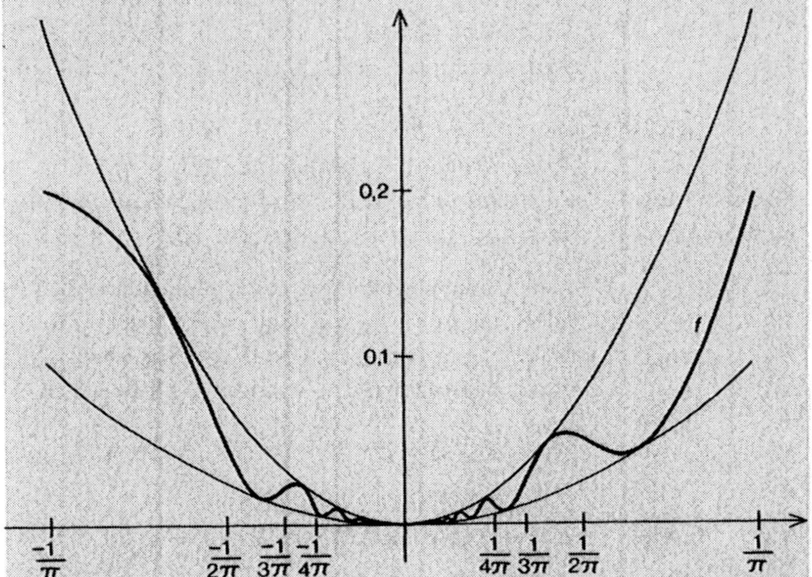

Abbildung 5: $f(x)=\begin{cases} 2x^2+x^2\sin\frac{1}{x} & \text{für } x\neq 0 \\ 0 & \text{für } x=0 \end{cases}$

f liegt zwischen zwei Parabeln und hat an der Stelle 0 ein lokales Minimum. Die Steigung von f wechselt aber um so rascher von positiven zu negativen Werten, je näher man der 0 kommt. Also gibt es keine Nullumgebung U, so daß für alle $x\in U$ gilt

$$f'(x)<0 \quad \text{für } x<x_0 \quad \textit{und} \quad f'(x)>0 \quad \text{für } x>x_0$$
$$\text{oder} \quad f'(x)>0 \quad \text{für } x<x_0 \quad \textit{und} \quad f'(x)<0 \quad \text{für } x>x_0.$$

Mit anderen Worten: f hat bei $x_0=0$ ein lokales Minimum, ohne daß f' bei x_0 einen Vorzeichenwechsel hat (Näheres in Kap. 4.2, Aufgabe 21).

Zweite Warnung
Die Bedingung »$f'(x_0)=0$ *und* $f''(x_0)\neq 0$« ist bei in x_0 zweimal differenzierbaren Funktionen *hinreichend,* aber *nicht notwendig* für die Existenz eines lokalen Extremums von f an der Stelle x_0 (s. Aufgabe 3).

3. a) Man zeige am Beispiel $f(x)=x^4$, daß das Zweite Kriterium nicht notwendig ist.

   b) Zugleich zeigt dieses Beispiel, daß man das lokale Minimum über das *Erste* Kriterium noch erschließen kann, während das Zweite bereits versagt. Wieso?
   Das *Zweite* Kriterium ist also schwächer.

4. Verfeinerung des Kriteriums für Wendepunkte: Was läßt sich aus

$$f''(x_0)=0 \quad \textit{und} \quad f'''(x_0)>0$$

bzw. $$f''(x_0)=0 \quad \textit{und} \quad f'''(x_0)<0$$

schließen?

5. Berechne die Wendepunkte von f.

   a) $f(x)=\frac{1}{8}x(x-6)^2$ b) $f(x)=\dfrac{x^2-1}{x^2+1}$ c) $f(x)=x^2+\dfrac{1}{x^2}$

6. a) Zeige, daß ein Polynom dritten Grades

$$f(x)=ax^3+bx^2+cx+d, \quad a\neq 0$$

   stets genau einen Wendepunkt hat.

   *b) Zeige, daß f punktsymmetrisch zum Wendepunkt ist.

7. a) Unter welcher Bedingung hat ein Polynom 4. Grades genau zwei (keine) Wendepunkte?

   b) Kann ein solches Polynom genau einen Wendepunkt haben?

● **Vorsicht mit den Kriterien für Wendepunkte**

Erste Warnung
Beide Kriterien sind *hinreichend,* aber *nicht notwendig* (s. Aufgabe 8).

Zweite Warnung
Wendestelle von f sein ist *nicht gleichbedeutend* mit lokale Extremstelle von f' sein. Zwar ist jede Wendestelle von f auch lokale Extremstelle von f', aber nicht umgekehrt.

Als Gegenbeispiel brauchen wir nur eine Funktion zu wählen, die den Graphen im letzten Kasten als Ableitung hat (Aufgabe 9).

8. Man zeige am Beispiel $f(x)=x^5$ die Berechtigung der ersten Warnung im obigen Kasten.

9. Eine lokale Extremstelle von f' ist nicht notwendig auch eine Wendestelle von f (Existenz von f'' vorausgesetzt). Zur Begründung ziehe man eine Funktion heran, deren Ableitung der Graph im Kasten des letzten Abschnitts ist.
(Anleitung: Zu zeigen ist, daß f' in 0 zwar ein lokales Minimum hat, aber nicht der Forderung in der Wendepunktdefinition genügt.)

BERNOULLIS Verständnis von Wendepunkten

Was spricht eigentlich dagegen, Wendestellen als lokale Extremstellen der ersten Ableitung zu definieren? Immerhin könnte man dann mit den vertrauten Kriterien für lokale Extrema arbeiten.

Hören wir, was J. BERNOULLI, ein berühmter Mathematiker der beginnenden Neuzeit, im Jahre 1691 zum Begriff des Wendepunktes sagt:

Es gibt gewisse Kurven, die eine zwiefache Krümmung haben, zuerst nämlich gegen die Achse konkav und nachher konvex gegen sie oder umgekehrt, erst konvex und dann konkav; derjenige Punkt, der die beiden Krümmungen trennt, der das Ende der ersten und der Anfang der zweiten ist, heißt Wendepunkt.

Dabei ist in BERNOULLIS Verständnis ein Kurvenstück konkav (konvex) gekrümmt, wenn *jede* Sehne ganz oberhalb (unterhalb) der Kurve verläuft.

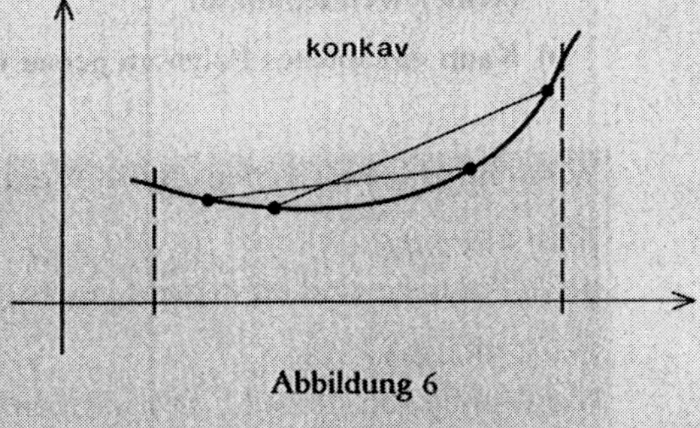

Abbildung 6

Man sieht: BERNOULLI definiert Wendepunkte ohne Rückgriff auf die Ableitung.

Jetzt kommt der entscheidende Punkt, der zeigt, warum wir Wendepunkte über die Änderung des Monotonieverhaltens der ersten Ableitung und *nicht* über ihre lokalen Extremstellen definiert haben: Für differenzierbare Funktionen fällt nämlich BERNOULLIS Definition nur mit unserer zusammen. Den Beweis dafür übergehen wir.

3.3 Ein Musterbeispiel zur Kurvendiskussion

Vielfach gelingt es, die funktionale Abhängigkeit zweier Größen in einer Gleichung auszudrücken. (Man denke etwa an das Konservendosenbeispiel aus dem ersten Abschnitt dieses Kapitels.) Selten läßt sich allerdings aus einer Funktionsgleichung der *Verlauf* der Funktion direkt ablesen.

Steht ein Rechner zur Verfügung, so scheint dies kein großes Problem zu sein: In kürzester Zeit erstellt er eine Wertetabelle gewünschter Schrittweite und zeichnet danach den Funktionsgraphen (Plotterbild). Unbefriedigend dabei bleibt, daß der Computer - wie klein die Schrittweite auch gewählt war - stets nur *endlich* viele Funktionswerte berechnet; über den Verlauf *zwischen* zwei Stützstellen erfährt man nichts. Zudem lassen sich ausgezeichnete Kurvenpunkte (wie Hoch-, Tief- und Wendepunkte) oft auf diese Weise nicht *exakt* ermitteln.

Hier erweisen sich die bekannten Kriterien zur Kurvendiskussion als nützlich. Wir entfalten das Vorgehen an einem Musterbeispiel.

Zu diskutieren sei die durch

(1) $f_a(x) = x^2\sqrt{2x+a}, \quad a > 0$

gegebene *Funktionenschar.* (Man mache sich klar, wieviel wir uns vorgenommen haben: Für *jedes* positive a definiert (1) eine neue Funktion. Wir haben es also mit unendlich vielen Funktionen zu tun!)

Definitionsbereich
Für festes a ist der Radikand $2x+a$ nur dann nichtnegativ, wenn

$$x \geq -\frac{a}{2} \quad \text{ist.}$$

Nullstellen

$$f_a(x)=0 \Leftrightarrow x=0 \vee x=-\frac{a}{2}.$$

Lokale Extrema

In Frage kommen nur Nullstellen der ersten Ableitung. Es ist

$$\begin{aligned} f'_a(x) &= 2x\sqrt{2x+a}+x^2\cdot\frac{1}{2\sqrt{2x+a}}\cdot 2 \\ &= \frac{5x^2+2ax}{\sqrt{2x+a}}, \qquad x>-\frac{a}{2}. \end{aligned}$$

$$\begin{aligned} f'_a(x)=0 &\Leftrightarrow 5x^2+2ax=0 \\ &\Leftrightarrow x(5x+2a)=0 \\ &\Leftrightarrow x=0 \vee x=-\tfrac{2}{5}a. \end{aligned}$$

Um zu prüfen, ob an diesen Stellen Extrema liegen und welcher Art sie sind, benutzen wir die zweite Ableitung (*Zweites Kriterium*).

$$\begin{aligned} f''_a(x) &= \frac{(10x+2a)\sqrt{2x+a}-(5x^2+2ax)\dfrac{1}{2\sqrt{2x+a}}\cdot 2}{2x+a} \\ &= \frac{15x^2+12ax+2a^2}{(2x+a)\sqrt{2x+a}}. \end{aligned}$$

Da $f''_a(0)=\dfrac{2a^2}{a\sqrt{a}}>0$ und $f''_a(-\tfrac{2}{5}a)=-\dfrac{\tfrac{2}{5}a^2}{\tfrac{a}{5}\sqrt{\tfrac{a}{5}}}<0$ ist, hat f_a an der

Stelle 0 ein lokales Minimum und an der Stelle $-\tfrac{2}{5}a$ ein lokales Maximum:

Tiefpunkt $T_a(0,0)$

Hochpunkt $H_a(-\tfrac{2}{5}a,\ \tfrac{4}{25}a^2\sqrt{\tfrac{a}{5}})$.

Wendepunkte

In Frage kommen nur Nullstellen der zweiten Ableitung.

$$f''_a(x)=0 \Leftrightarrow 15x^2+12ax+2a^2=0$$

$$\Leftrightarrow x^2 + \tfrac{4}{5}ax + \tfrac{2}{15}a^2 = 0$$
$$\Leftrightarrow x = \left(-\tfrac{2}{5} + \sqrt{\tfrac{2}{75}}\right)a \quad \vee \quad x = \left(-\tfrac{2}{5} - \sqrt{\tfrac{2}{75}}\right)a$$

Der zweite Wert ist näherungsweise gleich $-0{,}56a$ und damit kleiner als $-\dfrac{a}{2}$, also nicht im Definitionsbereich von f_a.

Um zu prüfen, ob der erste Wert eine Wendestelle ist, benutzen wir die dritte Ableitung (*Zweites Kriterium*). Es ist

$$f_a'''(x) = 3\,\frac{5x^2 + 6ax + 2a^2}{(2x+a)^2\sqrt{2x+a}},$$

wie man mit etwas Mühe selbst nachrechnen kann. Da

$f_a'''\left(\left(-\tfrac{2}{5} + \sqrt{\tfrac{2}{75}}\right)a\right) \neq 0$ ist, hat f_a bei $x = \left(-\tfrac{2}{5} + \sqrt{\tfrac{2}{75}}\right)a$

einen Wendepunkt. Seine Ordinate ist näherungsweise gleich $0{,}04a^2\sqrt{a}$.

Geometrischer Ort der Hochpunkte

Auf welcher Kurve liegen die Hochpunkte von f_a, wenn a alle positiven Zahlen durchläuft? Dazu versuchen wir die Ordinate des Hochpunkts H_a als Funktion seiner Abszisse zu schreiben:

$$\tfrac{4}{25}a^2\sqrt{\tfrac{a}{5}} = \left(-\tfrac{2}{5}a\right)^2\sqrt{\left(-\tfrac{1}{2}\right)\left(-\tfrac{2}{5}a\right)}.$$

Also ist der geometrische Ort aller Hochpunkte die Kurve g mit der Gleichung

$$g(x) = x^2\sqrt{-\frac{x}{2}}, \qquad x < 0.$$

(Alternativer Weg: Man eliminiere den Parameter a:

$x = -\tfrac{2}{5}a \Rightarrow a = -\tfrac{5}{2}x$, also $y = \tfrac{4}{25}a^2\sqrt{\tfrac{a}{5}} = \tfrac{4}{25}\left(-\tfrac{5}{2}x\right)^2\sqrt{-\tfrac{x}{2}} = x^2\sqrt{-\tfrac{x}{2}}$.)

Skizze

Abbildung 1 (S. 76) zeigt den Verlauf von f_a für $a = 1$, 2, 4 und 5 sowie die Ortslinie g.

Aufgaben

1. Allem Anschein nach hat der Graph von f_a an der Nullstelle $-\dfrac{a}{2}$ eine senkrechte Tangente (s. Abb. 1). Inwiefern verträgt sich diese Feststellung damit, daß die Stelle $-\dfrac{a}{2}$ nicht zum Definitionsbereich von f_a' gehört?

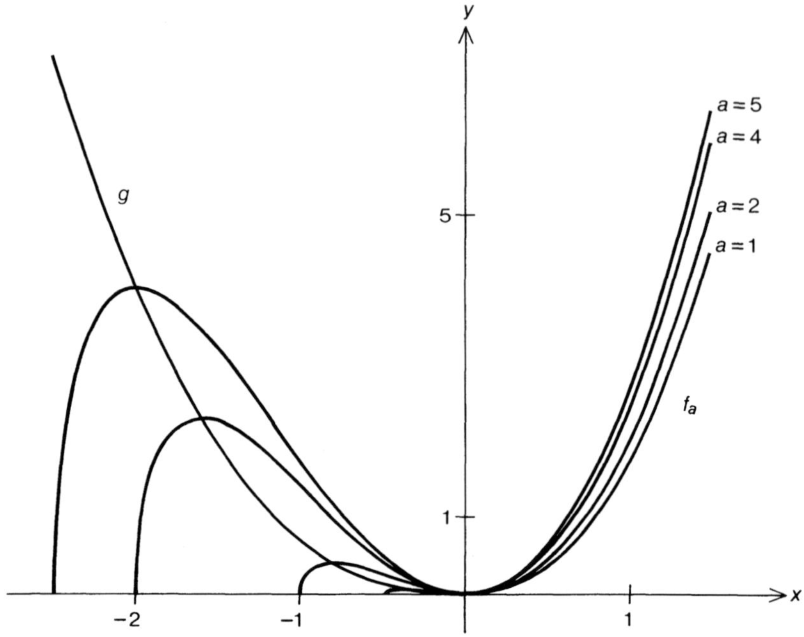

Abbildung 1

2. In der obigen Kurvendiskussion wurde $a > 0$ vorausgesetzt. Was ändert sich, wenn man auch nichtpositive Werte für a zuläßt? Man skizziere den Verlauf von f_0 und f_{-1}.

3. Man diskutiere die durch

$$f_a(x) = \tfrac{1}{12}\,x(x-a)^2, \qquad a \in \mathbb{R}$$

gegebene Funktionenschar. Welche Gleichung hat die Ortslinie der Hochpunkte?

4. Gegeben sei $f_a(x) = \dfrac{4x-a}{x^2}$, $a \in \mathbb{R}$. Auf welcher Ortslinie liegen alle Punkte mit waagerechter Tangente?

5. Welches ist der geometrische Ort der Wendepunkte der Schar f_a mit

$$f_a(x) = \tfrac{1}{6}\,x^3 + a x^2 + 4, \qquad a \in \mathbb{R}?$$

6. Von der durch $f(x)=\frac{ax}{x^2+3}$ $(a \neq 0)$ gegebenen Funktion weiß man, daß der Abstand zwischen den beiden Punkten mit waagerechter Tangente gleich $2\sqrt{6}$ ist. Man bestimme den Parameter a.

7. Gegeben sei

$$f_a(x)=x^3+ax^2+(2a-1)x+5, \qquad a \in \mathbb{R}.$$

   a) Für welche a ist f_a streng monoton wachsend?

   b) Gibt es Werte für a, für die f_a streng fällt?

8. Bestimme a und b so, daß f mit $f(x)=-\frac{ax}{x^2+b}$ $(a \neq 0)$ in $(2; \frac{5}{2})$ einen Wendepunkt hat. Welche Wendepunkte hat f noch?

9. Diskutiere f mit

   a) $f(x)=x+\sqrt{1-x}$

   b) $f(x)=x^2+\frac{1}{x^2}$

   c) $f(x)=\sqrt[3]{x^2}-x.$

10. Zu diskutieren ist die durch $f(x)=x\sqrt{\frac{1-x}{1+x}}$ gegebene Funktion.

11. Im Koordinatensystem betrachten wir die Punktmenge

$$\{(x,y) \mid x^2-2x+y^2-48=0\}.$$

   a) Diese Punktmenge beschreibt eine Figur. Welche?

   b) Welcher Teil der Figur wird durch die Funktionsgleichung

$$f(x)=\sqrt{49-(x-1)^2}$$

   beschrieben?

   c) Man diskutiere f.

3.4 Asymptoten

Diskutiert man die durch

(1) $f(x)=\frac{x^2+2}{x-1}, \qquad x>1$

gegebene Funktion nach gewohntem Muster, so stellt sich schnell heraus, daß f weder Nullstellen noch Wendepunkte besitzt und sein relatives (sogar absolutes) Minimum bei $1+\sqrt{3}$ hat (Aufgabe 1). Aber es gibt etwas Neues zu entdecken:

Formt man nämlich die Funktionsgleichung (1) mittels Polynomdivision um,

(2) $f(x)=x+1+\dfrac{3}{x-1}$,

so erkennt man: Für große x wird der Summand $\dfrac{3}{x-1}$ klein, und $f(x)$ unterscheidet sich dann von $x+1$ wenig. Der Summand $x+1$ ist also eine Näherung für $f(x)$, die um so besser ist, je größer x ist. »Weit draußen« wird somit die recht komplizierte Funktion (1) durch die sehr einfache Funktion

(3) $g(x)=x+1$

approximiert (vgl. Abb. 1). Anders ausgedrückt: Es ist

$$f(x)=g(x)+\text{Rest},$$

wobei der Rest beliebig klein wird, wenn x über alle Grenzen wächst.

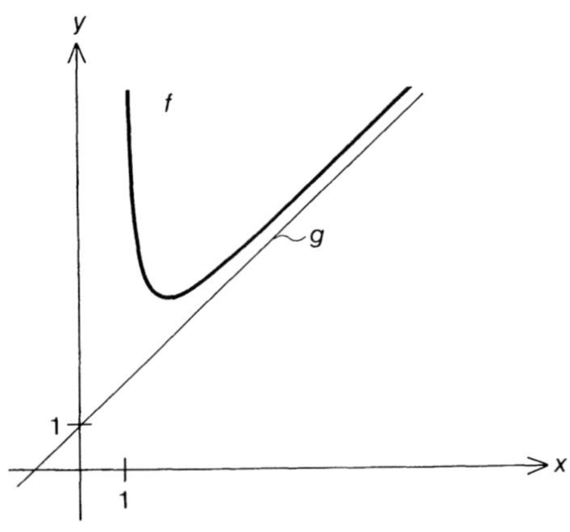

Abbildung 1

Asymptote

Definition: g heißt *Asymptote*[1] *von* f, wenn $\lim\limits_{x\to\infty}(f(x)-g(x))=0$.

Entsprechend definiert man Asymptoten für $x\to-\infty$.

[1] griechisch: nicht zusammenfallen

Die Funktion g muß übrigens nicht, wie im Beispiel, immer eine Gerade sein. Wie g aussieht, hängt - wenn $f(x)$ Quotient zweier Polynome ist - davon ab, um wieviel größer der Grad des Zählerpolynoms gegenüber dem Nennerpolynom ist. Im Beispiel ist die Graddifferenz gleich 1, die Asymptote daher vom ersten Grad, also eine Gerade. Allgemein gilt: *Ist der Grad des Zählerpolynoms größer oder gleich dem des Nennerpolynoms, so ist die Asymptote vom Grade der Differenz;* man erhält sie durch Polynomdivision.

Übertrifft dagegen der Grad des Nenners den des Zählers, so ist nichts abzuspalten; $f(x)$ verhält sich dann nämlich für große x wie der »Rest« im obigen Beispiel, geht also für $x \to \infty$ gegen Null (s. Aufgabe 5). Asymptote ist dann $g = 0$, d.h. die x-Achse.

Doch zurück zum Eingangsbeispiel: Abbildung 2 zeigt, daß die Funktion f noch eine andere Art von Grenzverhalten besitzt.

Es sieht so aus, als gäbe es eine zweite Grenzgerade, der sich f anschmiegt, und zwar für x gegen 1. In der Tat wächst $f(x)$ für $x \to 1$ über alle Grenzen. Um dies einzusehen, hilft wieder die Umformung (2): Der Summand $\frac{3}{x-1}$ wächst für $x \to 1$ über alle Grenzen, und der Summand $x+1$ ändert daran nichts, denn er strebt gegen die Konstante 2. Die Gerade mit der Gleichung $x = 1$ ist also tatsächlich eine Grenzgerade. (Obwohl sie keine Asymptote im obigen Sinne ist - denn sie ist nicht einmal eine Funktion -, nennt man sie auch Asymptote - nämlich *senkrechte Asymptote.*) Man schreibt symbolisch

senkrechte Asymptote

$$\lim_{x \to 1} f(x) = \infty .$$

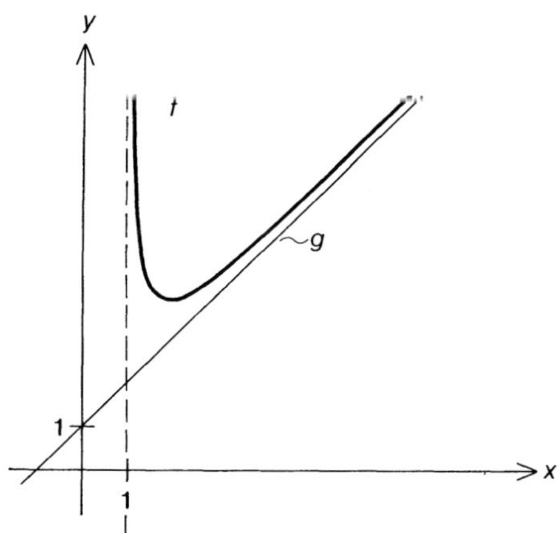

Abbildung 2

Aufgaben

1. a) Man diskutiere die durch (1) gegebene Funktion (Nullstellen, Extrema, Wendepunkte).

   b) Was ändert sich, wenn man die Beschränkung $x>1$ zugunsten $x \neq 1$ aufgibt? Erweiterter Graph?

2. a) Man führe den Übergang von (1) nach (2) mittels Polynomdivision aus.

   b) Warum kann man das Verhalten von f für große x nicht aus der Darstellung (1) ablesen?

3. Wie weit muß man »nach draußen« gehen, d.h. wie groß muß x mindestens werden, damit der Fehler der asymptotischen Näherung in unserem Beispiel kleiner ist als 10^{-3} (10^{-5}; 10^{-8}).

4. Bestimme durch Polynomdivision jeweils die Asymptote.

   a) $f(x) = \dfrac{x^3+2}{x-1}$

   b) $f(x) = \dfrac{x^4}{x-1}$

   c) $f(x) = \dfrac{2x-5}{x-3}$

5. a) Man begründe, daß $\lim\limits_{x\to\infty} \dfrac{x}{x^2-5} = 0$ ist, indem man zunächst $\dfrac{x}{x^2-5}$ in der Form $\dfrac{\frac{1}{x}}{1-\frac{5}{x^2}}$ schreibt. *(Kürzen durch die höchste Potenz des Nenners.)*

   b) Ist $f(x)$ Quotient zweier Polynome, wobei das Nennerpolynom von höherem Grad ist als das Zählerpolynom, so hat f die x-Achse zur Asymptote. (Beweis?)

6. Präziser als wir es im Text gesagt haben, läßt sich die Aussage

$$\lim_{x\to 1} f(x) = \infty\,, \qquad f(x) = \frac{x^2+2}{x-1}\,, \qquad x>1$$

so fassen: Zu jeder (noch so großen) positiven Zahl K gibt es eine (möglicherweise sehr kleine) rechtsseitige Umgebung der Stelle 1, so daß für alle x aus dieser Umgebung der Wert von $f(x) = \dfrac{x^2+2}{x-1}$ dem Betrage nach größer ist als K.

a) Man bestimme eine geeignete Umgebung von 1 für $K = 10^3$ (10^5; 10^8).

b) Wie sind die rechtsseitigen Umgebungen entsprechend zu wählen bei gleichen Werten von K, wenn man die Funktion aus Aufgabe 4c) nimmt?

7. Untersuche die bekannten Funktionen $x \mapsto \dfrac{1}{x}$ und $x \mapsto \dfrac{1}{x^2}$ auf Asymptoten.

8. Bestimme die Asymptoten und skizziere den Funktionsverlauf.

a) $f(x) = 1 - \dfrac{1}{x}$ b) $f(x) = x + \dfrac{1}{x}$ c) $f(x) = x^2 + \dfrac{1}{x}$

d) $f(x) = \dfrac{x^3}{1-x^2}$ e) $f(x) = \dfrac{x^2}{1+x^2}$ f) $f(x) = \dfrac{3x-3}{x^2-2x+2}$

g) $f(x) = \dfrac{(x+3)(x^2-1)}{x^2+1}$

9. Man gebe eine Funktion an, für die die Gerade $y = 2x+1$ Asymptote ist.

Vom Fotografieren

Vor uns liegt eine Kleinbildkamera mit Normalobjektiv (Brennweite $f = 50$ mm). Wieso beginnt die Entfernungsskala erst bei 0,7 m und endet bereits kurz nach 10 m mit dem Symbol »∞«?

Abbildung 3

Nun, mit dem Entfernungsring reguliert man den Abstand von der Linse zur Filmebene; man nennt ihn die Bildweite b (vgl. Abb. 4, die die Situation vereinfacht wiedergibt).

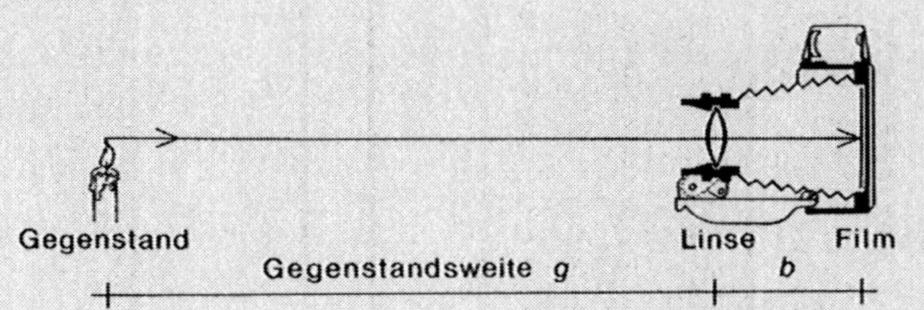

Abbildung 4: b wird in Abhängigkeit von g eingestellt.

Jetzt erinnern wir an die »Abbildungsgleichung« der geometrischen Optik. Zwischen Brennweite f, Gegenstandsweite g und Bildweite b besteht der einfache Zusammenhang:

$$\frac{1}{f} = \frac{1}{g} + \frac{1}{b}$$

(für die Herleitung siehe Aufgabe 13). Für b erhält man in Abhängigkeit von g

$$b(g) = \frac{fg}{g-f}, \qquad f = \text{const.}$$

Diese Funktionsgleichung ist der Schlüssel zum Verständnis unserer beiden Fragen. b ist nämlich eine gebrochenrationale Funktion von g mit einer (waagerechten) Asymptote für $g \to \infty$ und einer senkrechten Asymptote bei $g = f$:

$$\lim_{g \to \infty} b(g) = f \quad \text{und} \quad \lim_{g \to f} b(g) = \infty$$

(Aufgabe 14). Abbildung 5 zeigt, daß bereits ab mäßig großem g die zu wählende Bildweite $b(g)$ sich praktisch nicht mehr ändert; man kommt mit *einer* Einstellungsmarke, eben »∞«, aus. Andererseits kann man die Linse nur begrenzt vom Film entfernen, d.h. b nicht beliebig groß machen. Das aber bedeutet (s. Abb. 5), daß man g dem Wert f nicht beliebig nähern kann; realisierbar sind eben für ein scharfes Bild (bei $f = 50$ mm) gerade noch ca. 0,7 m.

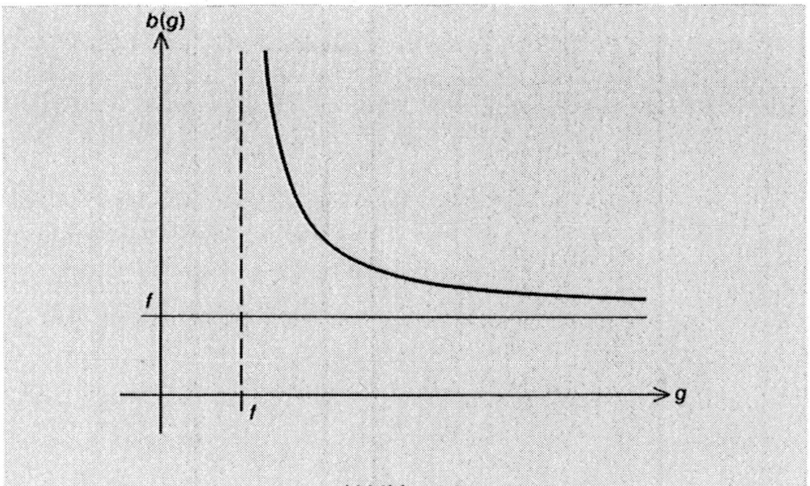

Abbildung 5

10. Man leite die Abbildungsgleichung $\frac{1}{f} = \frac{1}{g} + \frac{1}{b}$ her. Anleitung: Wende die Strahlensätze auf Abbildung 6 an, um die Beziehungen

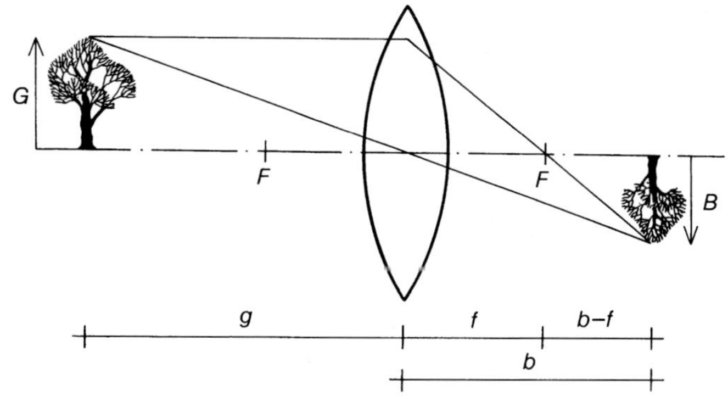

Abbildung 6

$$\frac{B}{G} = \frac{b}{g} \quad \text{und} \quad \frac{B}{G} = \frac{b-f}{f}$$

zu erhalten.

11. a) Aus der Funktionsgleichung $b(g) = \frac{fg}{g-f}$ gewinne man die Aussagen

$$\lim_{g \to \infty} b(g) = f \quad \text{und} \quad \lim_{g \to f} b(g) = \infty .$$

b) Stelle b in Abhängigkeit von g für $f = 50$ mm (35 mm, 105 mm) graphisch in *einem* Koordinatensystem dar.

c) Warum kann man mit einem 35-mm-Objektiv näher an den Gegenstand herangehen als bei einem Normalobjektiv (50 mm)?

12. a) Inwiefern veranschaulicht Abbildung 7 die Beziehung

$$\lim_{g \to f} b(g) = \infty \,?$$

b) Wie sieht die entsprechende Abbildung für $\lim_{g \to \infty} b(g) = f$ aus?

Wie läßt sich daran das Phänomen der »Schärfentiefe« erklären?

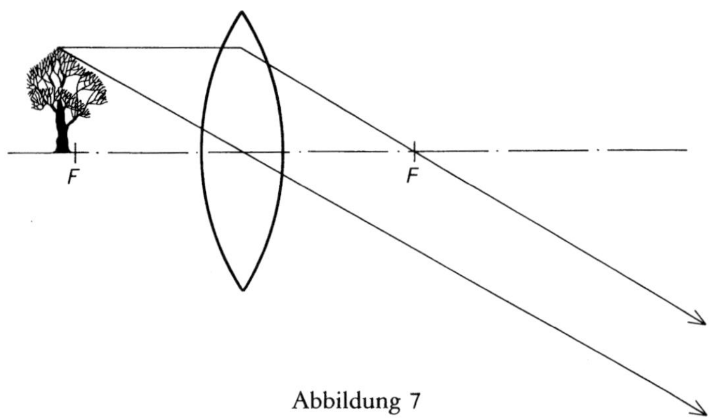

Abbildung 7

3.5 Diskussion gebrochenrationaler Funktionen

Polynomfunktionen heißen auch *ganzrationale* Funktionen, Quotienten zweier Polynome folgerichtig *gebrochenrationale* Funktionen, beide Funktionsklassen zusammen kurz *rationale* Funktionen.

gebrochen-rationale Funktion

Definition: f heißt gebrochenrationale Funktion, wenn $f(x) = \frac{p(x)}{q(x)}$, wobei $p(x)$ und $q(x)$ Polynome sind.

Bei der Diskussion gebrochenrationaler Funktionen kommt zu den üblichen Diskussionspunkten die Untersuchung des asymptotischen Verhaltens hinzu. Wir behandeln Musterbeispiele.

Beispiel 1

Zu diskutieren sei die durch

$$f(x) = \frac{x^3}{x^2-1}$$

gegebene Funktion.

Definitionsbereich

$$D_f = \mathbb{R} \setminus \{+1, -1\}.$$

Symmetrie

f ist punktsymmetrisch zum Ursprung.

Nullstellen

$$f(x) = 0 \Leftrightarrow x = 0.$$

Lokale Extrema

$$f'(x) = \frac{x^4 - 3x^2}{(x^2-1)^2},$$

$$f'(x) = 0 \Leftrightarrow x = 0 \vee x = \pm\sqrt{3}.$$

$$f''(x) = \frac{2x^3 + 6x}{(x^2-1)^3},$$

$f''(-\sqrt{3}) < 0$, also Hochpunkt $H(-\sqrt{3}, -\frac{3}{2}\sqrt{3})$;

$f''(\sqrt{3}) > 0$, also Tiefpunkt $T(\sqrt{3}, \frac{3}{2}\sqrt{3})$;

$f''(0) = 0$ und f' ohne Vorzeichenwechsel bei $x = 0$, daher mit unseren Kriterien zunächst nicht entscheidbar.

Wendepunkte

$$f''(x) = 0 \Leftrightarrow x = 0$$

$f'''(0) \neq 0$, also Wendepunkt $W(0;0)$.

Wegen $f'(0) = 0$ ist W Sattelpunkt.

Asymptoten

Wir beginnen mit der Untersuchung bei den Definitionslücken $x = -1$ und $x = +1$.

$\underline{x = -1}$

$$f(-1+h) = \frac{(-1+h)^3}{(-1+h)^2 - 1} = \frac{-1+h}{1 - \frac{1}{(-1+h)^2}} \to -\infty \quad \text{für } h \to 0^-$$

und

$$f(-1+h) = \frac{-1+h}{1-\frac{1}{(-1+h)^2}} \rightarrow +\infty \quad \text{für } h \rightarrow 0^+.$$

Die Gerade $x=-1$ ist also eine senkrechte Asymptote, an der f das Vorzeichen wechselt.

Polstelle

Eine Stelle x_0, an der f eine senkrechte Asymptote hat, heißt *Polstelle von f*. Wechselt f bei x_0 das Vorzeichen, so spricht man von einer *Polstelle mit Vorzeichenwechsel.*

$\underline{x=+1}$

Entsprechend zeigt man, daß auch $x=+1$ eine Polstelle mit Vorzeichenwechsel ist.

Um die schiefe Asymptote zu finden, formen wir $f(x)$ mittels Polynomdivision um

$$f(x) = x + \frac{x}{x^2-1},$$

also ist $g(x)=x$ (1. Winkelhalbierende) die schiefe Asymptote. Da das Vorzeichen des Summanden $\frac{x}{x^2-1}$ »weit draußen« (d.h. für große Beträge von x) mit dem von x übereinstimmt, nähert sich f der Asymptote g links *von unten* und rechts *von oben.*

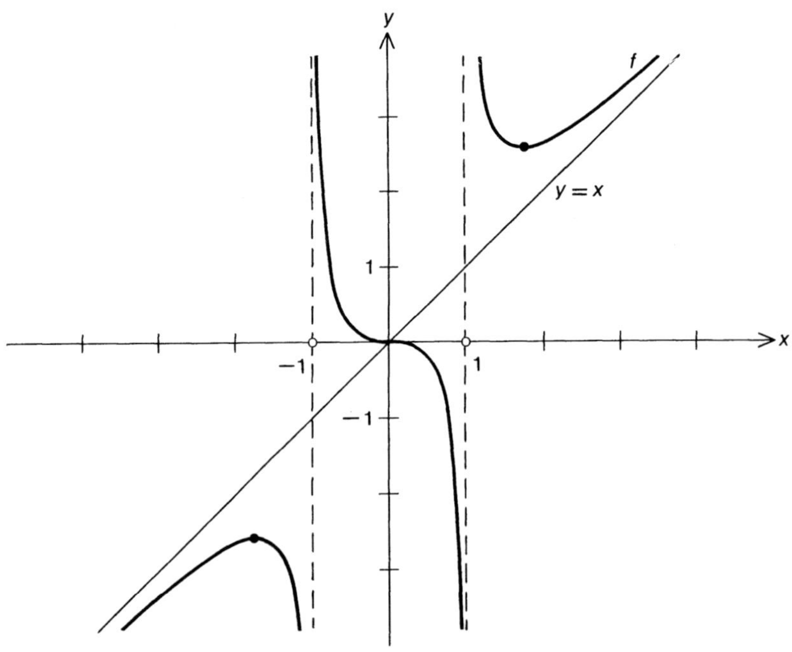

Abbildung 1

Bemerkung: Ist man nur an einem qualitativen Funktionsverlauf interessiert, so genügt es, die Asymptoten zu bestimmen und die Symmetrie auszunutzen.

Beispiel 2

$$f(x) = \frac{x^4}{x^3 - x}.$$

Es fällt auf, daß man den Term dieser Funktion erhält, wenn man den Term im vorangegangenen Beispiel 1 mit x erweitert. Solange $x \neq 0$ ist, sind beide Funktionen identisch, so daß alle in Beispiel 1 diskutierten Eigenschaften bis hin zum Graphen erhalten bleiben.

Für $x=0$ ist die neue Funktion nicht definiert; jetzt ist der *Definitionsbereich*

$$D_f = \mathbb{R} \setminus \{-1, 0, +1\}.$$

Die kritische Stelle $x=0$ ist von anderem Charakter als die beiden Polstellen ± 1. Da

$$\lim_{\substack{x \to 0 \\ x \neq 0}} f(x) = \lim_{\substack{x \to 0 \\ x \neq 0}} \frac{x^4}{x^3 - x} = \lim_{\substack{x \to 0 \\ x \neq 0}} \frac{x^3}{x^2 - 1} = \frac{0}{0-1} = 0,$$

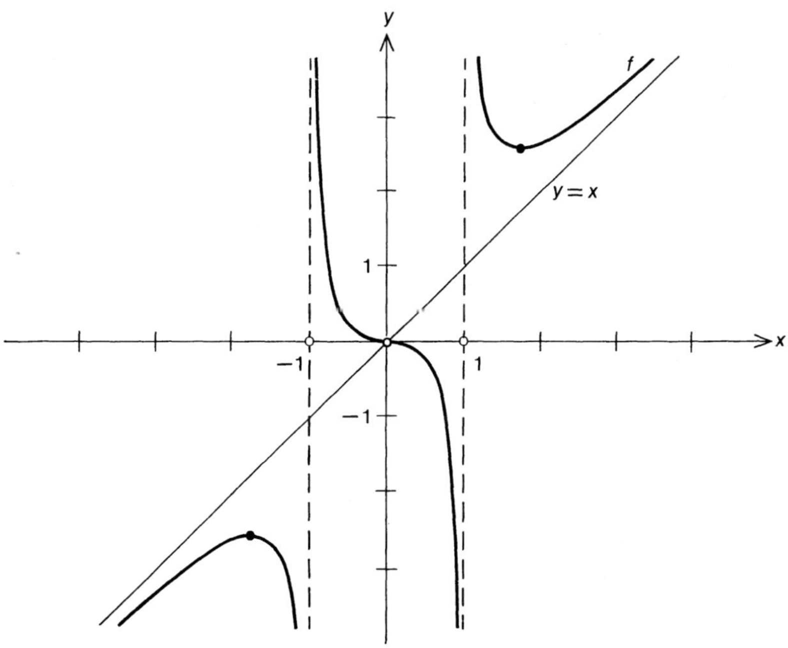

Abbildung 2

ist $x=0$ keine Polstelle. Vielmehr ist f an dieser Stelle stetig fortsetzbar. Man spricht von einer *hebbaren* Definitionslücke.

Beispiel 3

$$f(x)=\frac{x^4-x^3+x^2-1}{x^2-x}.$$

Wir untersuchen nur die kritischen Stellen, d.h. die Nullstellen des Nenners, sowie das asymptotische Verhalten für $x\to\pm\infty$.

$$x^2-x=0 \;\Leftrightarrow\; x(x-1)=0 \;\Leftrightarrow\; x=0 \vee x=1.$$

x = 0: $x=0$ ist nicht zugleich Nullstelle des Zählers und daher Polstelle. Daß es sich um eine Polstelle mit Vorzeichenwechsel handelt, kann man so einsehen: Der Zähler ist bei $x=0$ vorzeichenstabil ($x=0$ ist keine Nullstelle des Zählers); der Nenner $x(x-1)$ wechselt bei $x=0$ das Vorzeichen.

x = 1: $x=1$ ist zugleich Nullstelle des Zählers. Mittels Polynomdivision erhält man:

$$x^4-x^3+x^2-1=(x^3+x+1)(x-1).$$

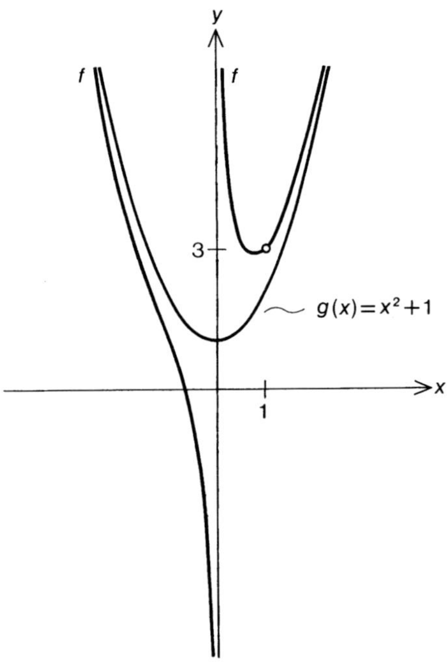

Abbildung 3

Für $x \neq 1$ ist daher

$$f(x) = \frac{x^3 + x + 1}{x};$$

$x = 1$ ist eine hebbare Definitionslücke.

$x \to \pm\infty$: Es ist $(x \neq 1)$

$$f(x) = \frac{x^3 + x + 1}{x} = x^2 + 1 + \frac{1}{x}.$$

Da $\frac{1}{x} \to 0$ für $x \to \pm\infty$, ist die Parabel

$$g(x) = x^2 + 1$$

Asymptote von f für $x \to \pm\infty$.

Merke

Die kritischen Stellen sind die Nullstellen des Nennerpolynoms. Ist x_0 eine solche, so sind zwei Fälle möglich:

Fall 1: x_0 ist nicht zugleich Nullstelle des Zählerpolynoms; dann ist x_0 Polstelle (evtl. mit Vorzeichenwechsel).

Fall 2: x_0 ist zugleich Nullstelle des Zählerpolynoms; dann läßt sich der Funktionsterm durch $x - x_0$ kürzen (evtl. mehrfach). Ist schließlich x_0 *keine* Nullstelle des Nenners mehr, so ist x_0 eine hebbare Definitionslücke; andernfalls liegt wieder eine Polstelle vor.

Aufgaben

1. Zu diskutieren ist die durch

   a) $f(x) = \frac{x^2 + 1}{x - 1}$ b) $f(x) = \frac{1}{6} \frac{x^3}{x - 2}$ c) $f(x) = \frac{x^2 - x}{x^2 - x - 6}$

   gegebene Funktion.

2. Diskutiere:

   a) $f(x) = \frac{x^2 - x - 2}{x + 2}$ b) $f(x) = \frac{x^4 + 16}{x^2}$

   c) $f(x) = \left(\frac{1 + x}{1 - x}\right)^2$ d) $f(x) = \frac{x^3}{x - 1}$

3. Skizziere qualitativ den Funktionsverlauf.

a) $f(x)=\dfrac{x^3}{1-x^2}$ b) $f(x)=x-\dfrac{1}{x}$

c) $f(x)=\dfrac{1}{1-x^2}$ d) $f(x)=\dfrac{2x^3-x^2}{x^3+x^2}$

Zur weiteren Übung

Diskutiere f mit $f(x)=$

a) $\dfrac{x^2}{x-1}$ b) $\dfrac{x^4}{x^3-x^2}$ c) $\dfrac{x^3+x^2}{x^2-1}$ d) $\dfrac{x}{x^3-x^2}$

e) $\dfrac{x^2-3x+2}{x^2+3x+2}$ f) $\dfrac{10x}{x^2+4}$ g) $\dfrac{x^4-1}{x^2}$ h) $\dfrac{x^3-2x^2-13x-10}{x^2-9}$

4. Man zeige:

   a) Mit f und g sind auch $f+g$, $f\cdot g$ und $g\circ f$ rationale Funktionen.

   b) Die Ableitung einer rationalen Funktion ist wieder eine rationale Funktion.

*5. Die Graddifferenz zwischen Zähler- und Nennerpolynom einer nichtkonstanten rationalen Funktion vermindert sich beim Ableiten wenigstens um 1 (Beweis).

6. Bestimme die Gleichung der einfachsten gebrochenrationalen Funktion mit dem Graphen der Abbildung 4.

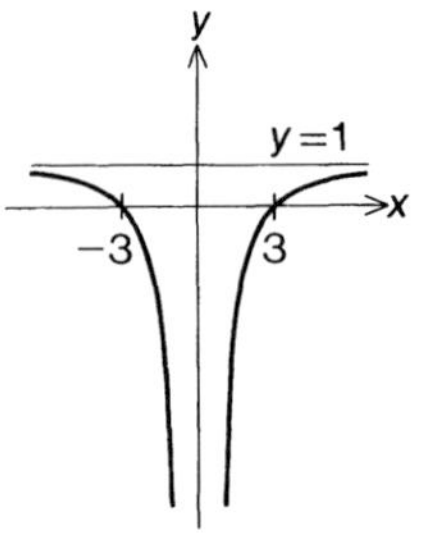

Abbildung 4

7. Die durch $f(x)=\dfrac{ax^2+bx+c}{x+d}$ definierte Funktion hat die Geraden $x=2$ und $y=\dfrac{x}{2}+3$ als Asymptoten und bei $x=4$ ein Extremum. Bestimme a, b, c und d.

8. *(Wärmepumpe)* Ein Kühlschrank »pumpt« Wärme aus seinem Inneren nach draußen. Er ist eine *Wärmepumpe.* Man kann Wärmepumpen auch zum Heizen verwenden, indem man Wärme von draußen nach innen pumpt, z. B. der Umgebung eines Hauses Wärme entzieht und ins Innere bringt. Dort kann man etwa das Wasser einer Zentralheizung aufwärmen und so auf eine gewünschte Vorlauftemperatur T_0 bringen.
Der Vorteil von Wärmepumpen liegt darin, daß sie mehr Energie in die Wohnung pumpen, als sie selbst verbrauchen. Das Verhältnis

der gepumpten zur verbrauchten Energie nennt man den *Wirkungsgrad* η der Pumpe. Er hängt von der Vorlauftemperatur T_0 und der jeweiligen »Außen«-Temperatur T ab. Theoretisch gilt der Zusammenhang

$$\eta_{T_0}(T) = \frac{1}{1 - \frac{T}{T_0}},$$

wenn T und T_0 in Kelvin gemessen sind. (Temperatur in Grad Celsius + 273 = Temperatur in Kelvin.) Die Funktionswerte von η_{T_0} geben an (in Abhängigkeit von T), wieviel Energieeinheiten man für jede hineingesteckte Energieeinheit herausbekommt. In der Praxis kann man übrigens im allgemeinen mit höchstens der Hälfte des theoretisch möglichen Wirkungsgrades rechnen.

a) Die Funktion η_{T_0} hat keine Nullstellen, ist sogar größer als 1 für $0 < T < T_0$. Was besagt das über Wärmepumpen?

b) Häufig wird mit einer Vorlauftemperatur von 60 °C ($T_0 = 333$ K) gearbeitet. Man skizziere den Graphen von η_{333} ($T \geq 0$).

c) Man zeige, daß bei festem T_0 der Wirkungsgrad immer weiter gesteigert werden kann, wenn sich T der Vorlauftemperatur T_0 nähert. Theoretisch (!) kann η_{T_0} sogar beliebig groß werden. Wieso?

d) Auf die Außentemperatur T kann man im allgemeinen keinen Einfluß nehmen. Warum ist es deswegen vorteilhaft, T_0 möglichst klein und damit nahe bei T zu wählen? Bei einem Heizungssystem mit großer Fläche für den Wärmeaustausch (wie etwa bei einer Fußbodenheizung) kann man T_0 tatsächlich klein halten, ohne auf behagliche Wärme zu verzichten.

e) Auf welchen Wert darf die Außentemperatur absinken, wenn man bei einer Vorlauftemperatur von 60 °C noch mindestens einen Energiegewinn von 100% haben will? (Die Wärmepumpe erreiche 50% des theoretisch möglichen Wirkungsgrades.)

f) Als umweltbewußter Energiesparer ist man in einem Dilemma: Einerseits sind Wärmepumpen umweltfreundlich, andererseits benötigt man für ihren Betrieb Strom, der im Kraftwerk umweltbelastend mit geringem Wirkungsgrad (25%) erzeugt wird. Bis zu welcher Außentemperatur ist für den Energiesparer der Betrieb einer Wärmepumpe gerade noch vertretbar? (Bedingungen wie in Teil e).)

3.6 Extremwertprobleme

Schon der berühmte griechische Mathematiker EUKLID (etwa 365–300 v. Chr.) hat sich mit Extremalaufgaben beschäftigt. Er bewies, daß *unter allen Rechtecken gleichen Umfangs das Quadrat den größten Inhalt hat.* Sehen wir uns seinen Beweis an.

Der Mathematiker TOEPLITZ gibt ihn so wieder:

Nebenstehend ist irgend ein Rechteck gezeichnet und dazu dasjenige Quadrat, das denselben Umfang hat. Da der Umfang des Rechtecks $2x+2y+2u$ ist, der des Quadrats $2x+2y+2v$, muß $u=v$ sein. Wie man das Quadrat zeichnet, interessiert uns nicht, dies ist keine Schwierigkeit. Aber aus der Tatsache $u=v$ folgt, daß das Rechteck A kleiner ist als das Rechteck B. Denn wenn wir v als die Grundlinie von B auffassen, wie A auf u steht, so ist x die Höhe von A, y die von B, und $y=v+x$ ist $>x$, d. h. A, B haben gleiche Grundlinien, aber B hat die größere Höhe.

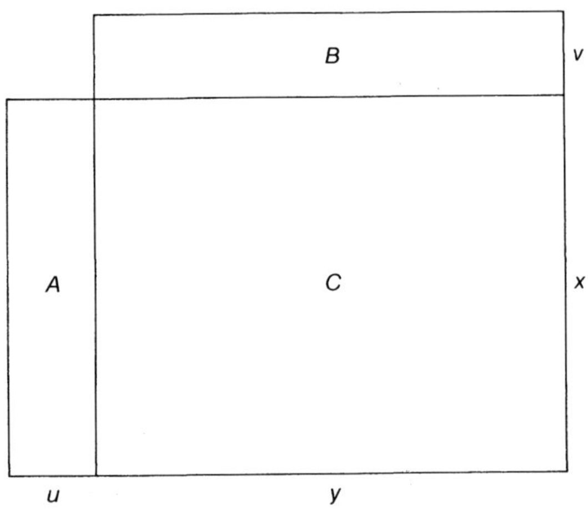

Nun ist das gegebene Rechteck $= A+C$, das Quadrat $= B+C$, und aus $A<B$ folgt $A+C<B+C$, d. h. das Quadrat gleichen Umfangs ist größer.

Das ist der griechische Beweis. Ganz anders nähert sich der große französische Mathematiker des 17. Jahrhunderts, Pierre de FERMAT (1601–1665), diesem Problem. Lassen wir wieder TOEPLITZ sprechen:

x sei die eine Seite des Rechtecks, a der halbe Umfang, so daß $a-x$ die Länge der anderen Seite beträgt. Dann ist $J=x(a-x)$ der Inhalt (Abb.). Bei allen Rechtecken von gegebenem Umfang $2a$ ist a fest, x veränderlich, J eine Funktion von x. x kann von 0 angefangen bis zu a aufsteigen. Ist x sehr klein, dann ist

$a-x$ fast $=a$; ist x nahe an a, so ist $a-x$ sehr klein. Wandert x von 0 bis a, so durchläuft das Rechteck jede Façon von dem hohen schmalen über das geläufige, über das Quadrat, bis zu dem breiten niedrigen. Frage: bei welchem x hat man das größte $J(x)$?

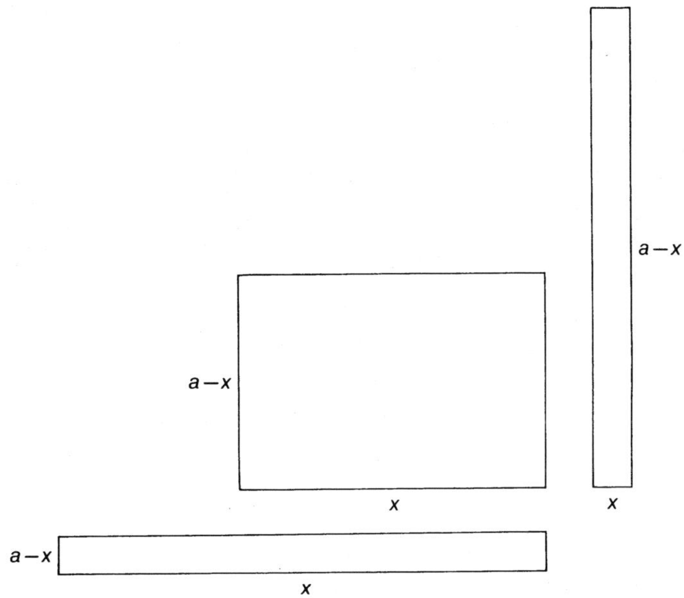

Wir tragen die Funktion $J(x)$ im Intervall $0 \leqq x \leqq a$ auf und entwerfen ihr geometrisches Bild (Abb.). Bei x beginnt $J(x)$ mit 0 und endet bei $x=a$ wieder mit $J(a)=0$. Uns interessiert die höchste Stelle, die es dazwischen erreicht, das »Maximum«. FERMAT sagt: sind x_0, x_2 zwei Werte, für die

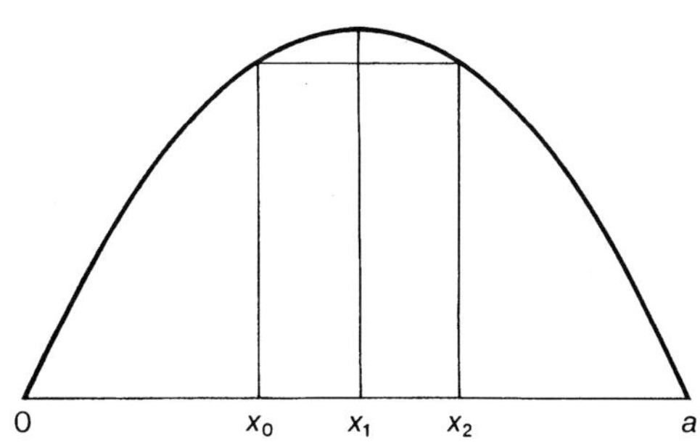

$$J(x_0)=J(x_2)$$

wird, so muß

$$x_0(a-x_0)=x_2(a-x_2)$$

sein,

$$a(x_0-x_2)=x_0^2-x_2^2; \qquad a=x_0+x_2.$$

Je näher sie aneinander rücken, desto genauer muß $x_0=x_2=\frac{a}{2}$ sein. Das ist der höchste Punkt. Für $x_1=\frac{a}{2}$ ist aber $a-x_1=a-\frac{a}{2}=\frac{a}{2}=x_1$, d.h. das Rechteck ein Quadrat.

Seien wir ehrlich: FERMATs Beweisargument erscheint – im Vergleich zu dem von EUKLID – undurchsichtig, doch ist darin eine allgemeine Lösungsmethode im Keim enthalten.

FERMAT war nämlich intuitiv klar, daß er den Punkt mit waagerechter Tangente suchte. Dabei tut er sich schwer; wir sind da heute besser dran: Wir bestimmen einfach die Nullstellen der ersten Ableitung von J, d.h. derjenigen Funktion, die den Inhalt des Rechtecks in Abhängigkeit von der einen Seite angibt.

$$J(x)=x(a-x)=ax-x^2$$
$$J'(x)=a-2x=0,$$

also erhält man, wie FERMAT,

$$x=\frac{a}{2}.$$

Da J eine nach unten geöffnete Parabel beschreibt, liefert die gefundene Nullstelle hier automatisch das Maximum von J. In komplizierteren Fällen wird man unsere Kriterien zur Kurvendiskussion anwenden.

Machen wir die Probe aufs Exempel an dem uns sattsam bekannten Beispiel der optimalen 1 l-Dose. Es ging um die Minimierung ihrer Oberfläche

$$O(r)=2\left(\pi r^2+\frac{1}{r}\right), \qquad r>0.$$

Die Ableitung ist

$$O'(r)=2\left(2\pi r-\frac{1}{r^2}\right)=4\pi\,\frac{r^3-\frac{1}{2\pi}}{r^2}$$

mit der einzigen Nullstelle

$$r = \sqrt[3]{\frac{1}{2\pi}}\,.$$

Da O' an dieser Stelle einen Vorzeichenwechsel von Minus nach Plus hat, ist die Oberfläche für diesen Radius tatsächlich minimal. Doch halt! Unser Kalkül sichert an dieser Stelle lediglich ein *lokales* Minimum. Wer garantiert uns, daß dieses Minimum auch ein *globales* Minimum ist? (Schließlich interessiert nur dieses.)

Im Falle der Funktion O ist dies zum Glück leicht zu entscheiden: Die erste Ableitung sagt uns, daß O links vom kritischen Radius streng monoton fällt, rechts streng steigt (s. Abb. 4 in Abschnitt 3.1). Wie man schwierigere Fälle behandelt, zeigt der nächste Kasten.

Aufgaben

1. Aus einem rechteckigen, 10 m langen und 1 m breiten Stück Blech soll ein Luftschacht gleicher Länge mit möglichst großem rechteckigen Querschnitt gefalzt werden.
2. Unter allen Rechtecken gleichen Inhalts hat das Quadrat den kleinsten Umfang (Beweis).

Überraschungen am Rande

100 m eines Zaunes stehen schon. 200 m sollen so hinzugefügt werden, daß ein Rechteck möglichst großer Fläche eingezäunt wird (s. Abb. 1).

Sehen wir, wie unser Verfahren arbeitet.

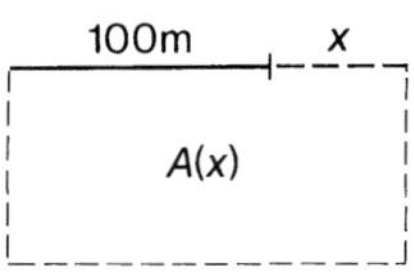

Abbildung 1

Die eine Rechteckseite ist $(100+x)$ Meter lang, die andere, da der halbe Umfang 150 m beträgt, $(50-x)$ Meter. Dann ist

$$\begin{aligned} A(x) &= (100+x)(50-x) \\ &= -x^2 - 50x + 5000 \end{aligned}$$

und

$$A'(x) = -2x - 50.$$

Die Gleichung $A'(x)=0$ liefert $x=-25$, und da die zweite Ableitung stets negativ ist, liegt bei $x=-25$ in der Tat ein Maximum! Das negative Vorzeichen bedeutet aber: Von dem bereits bestehenden Zaunstück sind 25 m abzureißen. Davon war aber nicht die Rede!

Wie ist denn nun x zu wählen, damit $A(x)$ maximal wird?

Vom Problem her ist klar, daß x nichtnegativ ist. Da

$$A(x) = 5000 - (x^2 + 50x)$$

ist, nimmt $A(x)$ seinen größten Wert an, wenn die Klammer am kleinsten, d.h. wenn $x = 0$ ist! *Unsere Funktion A nimmt also das Maximum am Rand ihres Definitionsbereiches an* (Abbildung 2).

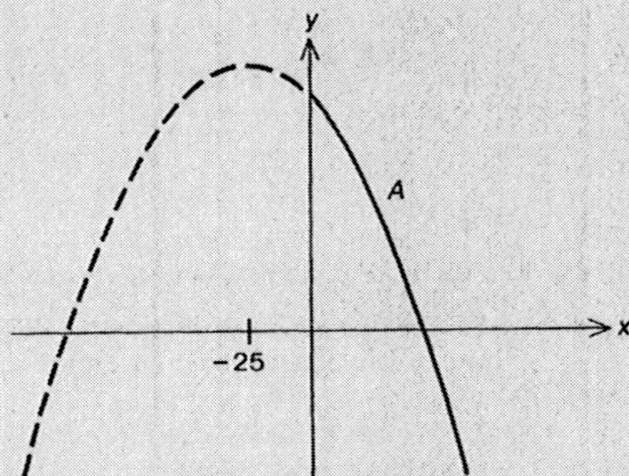

Abbildung 2

Allgemein gilt: Selbst wenn eine Funktion *innerhalb* des fraglichen Bereichs lokale Extrema besitzt, kann das globale Extremum auf dem Rande liegen.

Fazit: Auf die Untersuchung der Funktionswerte am Rande *(Randwerte)* kann nicht verzichtet werden.

3. Man zeige: Unter allen Rechtecken mit derselben Diagonalen hat das Quadrat die größte Fläche.

4. Ein Sportplatz mit 400 m-Bahn hat die Form eines Rechtecks mit zwei angesetzten Halbkreisen. Wie ist die längere Seite des rechteckigen Spielfeldes zu wählen, damit seine Fläche möglichst groß wird?

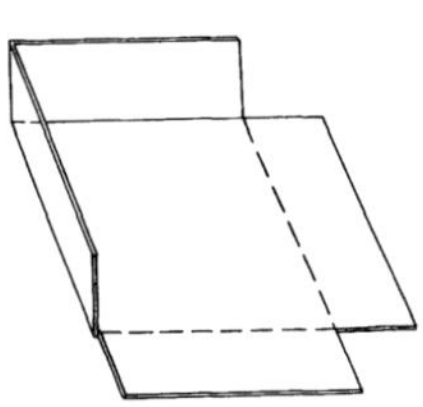

Abbildung 3

5. Von einem quadratischen Stück Pappe sind vier quadratische Ecken so abzuschneiden, daß aus dem Rest eine oben offene Schachtel möglichst großen Inhalts gebaut werden kann (Abb. 3).

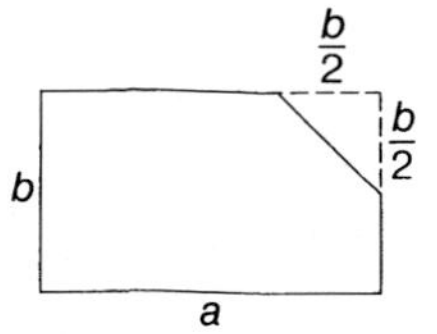

Abbildung 4

6. Von einer rechteckigen Glasplatte ist eine Ecke abgebrochen (s. Abb. 4). Aus dem Rest soll eine neue rechteckige Platte maximaler Fläche geschnitten werden.
7. Aus einem kreisrunden Baumstamm ist ein Balken größtmöglicher Tragkraft zu schneiden. (Die Tragfähigkeit eines Balkens ist proportional zu seiner Breite und zum Quadrat seiner Höhe.)
8. Welcher Kegel hat bei gegebenem Volumen minimale Oberfläche?
9. Einem gleichschenkligen Dreieck (einem Kegel) ist das Rechteck (der Zylinder) größten Inhalts einzubeschreiben. Man vergleiche Lösungswege und Ergebnisse.

KEPLER empört sich

Der Mathematiker TOEPLITZ berichtet, wie der Astronom und Mathematiker Johannes KEPLER (1571–1630) zu seiner »Faßrechnung« kam.

KEPLER ist Württemberger und kaiserlicher Hofastrolog in Linz an der Donau. Als er sich zum zweitenmal verheiratet, kauft er Wein vom Faß. Der Küfer kommt und will zur Berechnung des Preises das Faß ausmessen. Und die Art, wie er das macht, erregt KEPLERs Empörung. Der Küfer nimmt nämlich eine Meßrute (Zollstab), steckt sie zum Spundloch S hinein, so daß ihr Ende bei D an den Faßdeckel reicht (Abb.), liest die Länge $SD=d$ ab und setzt danach den

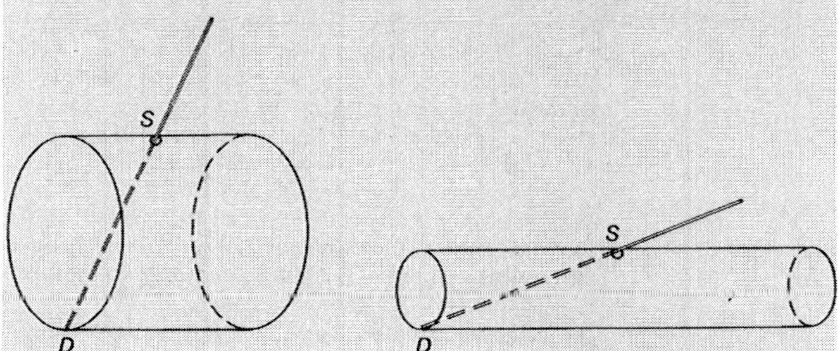

Preis fest. Es ist klar, warum KEPLER sich darüber ärgert. Er sagt sich, ein ganz hohes schmales Faß, bei dem SD die gleiche Länge hat, würde danach zu dem gleichen Preise berechnet werden wie meines, obgleich sein Inhalt doch minimal wäre. Je nach Façon des Fasses schwankt der Inhalt bei festem d doch kolossal; diese Methode der Preisberechnung ist also betrügerisch.
Er setzt sich hin und beginnt das Volumen des Fasses genauer zu bestimmen. Er nimmt zuerst ganz grob an, das Faß sei ein Zylinder, r der Radius der Grundfläche, h die Höhe. Dann ist $\left(\frac{h}{2}\right)^2+(2r)^2=d^2$ und das Volumen ist $V=r^2\pi h$. Daher ist

$$4r^2 = d^2 - \frac{h^2}{4}; \quad r^2 = \frac{d^2}{4} - \frac{h^2}{16},$$

$$V = h\pi\left(\frac{d^2}{4} - \frac{h^2}{16}\right) = \pi\frac{d^2}{4}h - \frac{\pi}{16}h^3.$$

Für welches h wird V am größten sein? V ist ein Polynom von h, die Ableitung

$$V'(h) = \pi\frac{d^2}{4} - 3\frac{\pi}{16}h^2.$$

Wenn V ein Maximum erreicht, muß sie 0 sein, also

$$\frac{3\pi}{16}h^2 = \frac{\pi d^2}{4}, \quad 3h^2 = 4d^2, \quad h = \frac{2}{\sqrt{3}}d.$$

Das gibt eine bestimmte Façon von Fässern. Und nun bemerkt KEPLER folgendes: In seiner oberrheinischen Heimat sind die Fässer höher und schmäler als in Österreich. Das österreichische Faß hat merkwürdig genau diejenige Façon, die den maximalen Inhalt bei festem d gibt. So merkwürdig genau, daß KEPLER nicht an einen Zufall glauben mag, sondern annimmt, vor Jahrhunderten habe schon einmal ein Mann dasselbe überlegt wie er und die Österreicher gelehrt, die Fässer in dieser Façon zu bauen. Denn – und nun kommt die Überlegung, die uns eigentlich interessiert – die Façon sei in der Tat sehr praktisch. Denn wenn ein Faß nicht ganz genau mathematisch der Regel $3h^2 = 4d^2$ entspreche, sondern ein wenig davon abweiche, so habe sich sein Volumen noch wenig geändert, da eine Funktion in der Nähe ihres Maximums sich nur sehr langsam ändert – ebenso wie um den längsten Tag die Tageslänge sich vom 12. Juni bis 22. Juni im ganzen kaum um eine Minute ändert, während sich die Tageslänge um die Zeit der Tag- und Nachtgleiche um fast zwei Minuten täglich ändert. Wäre also das österreichische Preisrechnungsverfahren bei rheinischen Fässern tatsächlich ein glatter Betrug, so ist es bei den österreichischen durchaus reell, und es ist eben der Vorteil der österreichischen Façon, eine so einfache Preisberechnung zu gestatten. So beruhigte sich KEPLER, und er beruhigt sich noch mehr, da er zwecks genauerer Berechnung weniger vergröberter Faßformen zum ARCHIMEDES griff und entdeckt, daß er dessen in mühsamen Beweisen erlangte Resultate mit der Indivisibilienmethode viel einfacher herleiten könne und noch viele weitere. Er ahnte nicht, daß ARCHIMEDES selbst sein Resultat auf diesem Wege gefunden hatte (denn der Ἔφοδος war bis 1906 verloren), und er arbeitete das Ganze zu einem Buch aus, das viele Volumbestimmungen enthielt.

10. Wieviel Prozent des Volumens einer Halbkugel bleiben frei, wenn man ihr einen Zylinder möglichst großen Inhalts einbeschreibt?

11. Die Rechnung im obigen Kasten (die *so* sicher nicht von KEPLER stammt, schließlich wußte er noch nichts von Ableitungen) zeigt lediglich, daß die Volumenfunktion an der Stelle $h = \frac{2}{\sqrt{3}}d$ eine waa-

gerechte Tangente hat. Man weise nach, daß V dort tatsächlich maximal ist.

*12. Aus einem kreisrunden Stück Filterpapier soll ein Sektor so herausgeschnitten werden, daß ein kegelförmiger Filter möglichst großen Volumens entsteht.

13. Eine Größe wird n-mal gemessen. Die Meßergebnisse sind $x_1, x_2, x_3, \ldots, x_n$. Für welchen Wert $\bar{x}$ wird die Summe der »Fehlerquadrate«

$$f(x) = (x - x_1)^2 + (x - x_2)^2 + (x - x_3)^2 + \ldots + (x - x_n)^2$$

minimal?

14. Eine Schachtel Streichhölzer ist 5 cm lang, 3,5 cm breit und 1,2 cm hoch. Sind dies vernünftige Abmessungen, wenn die Länge durch die Streichhölzer festliegt?

15. Zwei Straßen laufen rechtwinklig aufeinander zu. Auf der einen fährt ein Auto mit der Geschwindigkeit $90 \frac{\text{km}}{\text{h}}$, auf der anderen eines mit $72 \frac{\text{km}}{\text{h}}$. Beide sind gerade je 1 km von der Kreuzung entfernt. Wie nahe kommen sie sich höchstens (Luftlinie), und wie weit ist der langsamere Wagen noch von der Kreuzung entfernt, wenn der schnellere sie gerade überquert?

16. Die x-Achse schneidet aus der durch

$$f(x) = 4 - ax^2, \qquad a > 0$$

gegebenen Parabel ein Segment heraus. Diesem ist ein Rechteck maximalen Umfangs (Inhalts) so einzubeschreiben, daß eine Seite auf der x-Achse liegt. Für welche a überschreitet der maximale Umfang (Inhalt) den Wert von 10 Längeneinheiten (Flächeneinheiten)?

17. Der Parameter a in der quadratischen Gleichung

$$a^2 x^2 + (2a - 3)x + \frac{1}{a+2} = 0$$

ist so zu bestimmen, daß die Summe der Kehrwerte ihrer Lösungen maximal wird.

18. Abbildung 5 zeigt das Netz einer Schachtel für Puffreis (Maße in cm). Man sieht, daß es so gemacht ist, daß möglichst wenig Materialverschnitt anfällt, wenn viele Schachteln geschnitten werden. (Woran liegt das?)

a) Auf eine große Menge von Schachteln gesehen ist der Materialverbrauch pro Schachtel gegeben durch

$$A = (4x + 1)(h + x + 2).$$

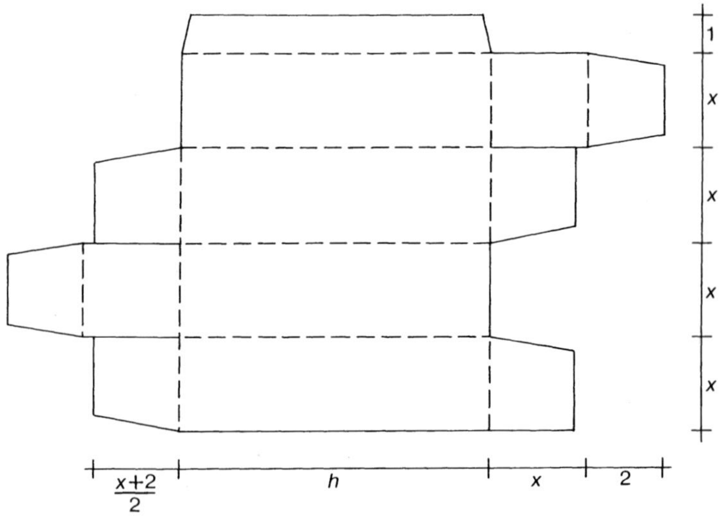

Abbildung 5

b) Die Schachtel habe ein Volumen von 150 cm^3. Zeige: Der Materialverbrauch in Abhängigkeit von x ist dann

$$A(x) = 4x^2 + 9x + 2 + \frac{600}{x} + \frac{150}{x^2}.$$

c) Aus einer sorgfältigen Zeichnung entnehme man näherungsweise denjenigen x-Wert, der $A(x)$ minimiert. Warum ist es günstig, auch A' mit einzuzeichnen? Wie findet man für die Zeichnung ein geeignetes Intervall?

d) Welche Abmessungen hat die optimale Schachtel?

19. Zwei punktförmige Lichtquellen, deren Lichtstärken sich wie 8 : 27 verhalten, stehen im Abstand s. Wo ist die gesamte Lichtintensität extremal? (Die Lichtintensität ist umgekehrt proportional zum Quadrat der Entfernung von der Lichtquelle.)

Unsere Methode stößt an Grenzen

Wir wissen, daß *unter allen Rechtecken* gleichen Umfangs das Quadrat den größten Inhalt hat. Diese Feststellung ist selbst dann richtig, wenn wir nicht nur alle Rechtecke, sondern sogar *alle Vierecke* zur Konkurrenz zulassen. Es ist hoffnungslos, diesen verschärften Satz mit unserem Verfahren beweisen zu wollen, denn jetzt variieren Seiten *und* Winkel. Dennoch läßt er sich auf elementarem – wenn auch genialem – Wege beweisen:

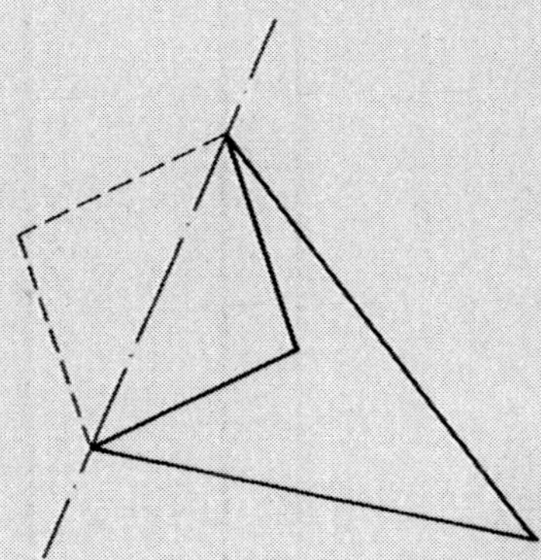

Abbildung 6: Zu jedem nichtkonvexen Viereck läßt sich ein konvexes *flächengrößeres* Viereck gleichen Umfangs finden.

Zunächst kann man sich auf konvexe Vierecke beschränken, d.h. auf solche, in denen die Verbindungslinie je zweier Punkte das Viereck nicht verläßt (Abbildung 6).

Hat man nun ein konvexes Viereck, so werden wir zeigen, daß seine Fläche nicht größer sein kann als die eines Quadrats desselben Umfangs und sie nur dann erreicht, wenn das Viereck selbst ein Quadrat ist. Genauer: Ist $PQRS$ ein konvexes Viereck mit den Seiten a, b, c, d, so gilt für seine Fläche A

$$(1) \quad A \leq \frac{(a+b+c+d)^2}{16}$$

mit Gleichheit genau dann, wenn das Viereck ein Quadrat ist. (Beachte, daß ein Quadrat des Umfangs $a+b+c+d$ die Seitenlänge $\frac{a+b+c+d}{4}$ und die Fläche $\frac{(a+b+c+d)^2}{16}$ hat.)

Zerlegt man das Viereck in die Teildreiecke *PQS* und *SQR*, so ergibt sich

(2) $A \leq \frac{1}{2}ab + \frac{1}{2}cd$

mit Gleichheit genau dann, wenn die Winkel bei *P* und *R* rechte sind (Abbildung 7). Entsprechend ergibt sich bei Teilung längs *PR*

(3) $A \leq \frac{1}{2}ad + \frac{1}{2}bc.$

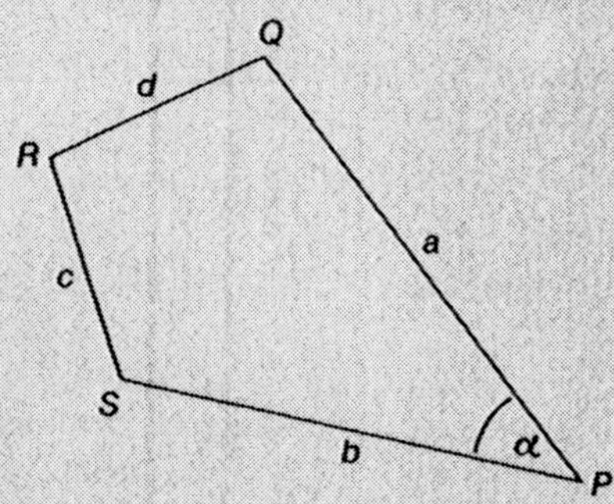

Abbildung 7: Die Fläche des Dreiecks *PQS* ist $\frac{1}{2}ab \sin\alpha$ und daher stets $\leq \frac{1}{2}ab$ mit Gleichheit genau dann, wenn $\alpha = 90°$ ist.

Addiert man (2) und (3), so erhält man

(4) $4A \leq (a+c)(b+d)$

mit Gleichheit genau dann, wenn alle Innenwinkel des Vierecks *PQRS* rechte sind.

Nun gilt für beliebige Zahlen x und y die Ungleichung

(5) $xy \leq \frac{(x+y)^2}{4}$

mit Gleichheit genau dann, wenn $x = y$ ist. (Dies ist eine Folgerung aus $(x-y)^2 \geq 0$.) Die zu beweisende Ungleichung (1) folgt nun aus (4) mit Hilfe von (5), wenn man $x = a+c$ und $y = b+d$ setzt; mit Gleichheit genau dann, wenn $a+c = b+d$, d.h. wenn das Viereck *PQRS* ein Quadrat ist. Damit ist der Satz bewiesen.

Dieser Beweis lädt dazu ein, bei der Lösung von Extremalproblemen nicht sofort nach der Ableitung zu greifen. Allerdings bedarf der Einsatz elementarer Methoden oft einer besonderen Idee.

20. Mit einem Zaun gegebener Länge soll von einem am Wasser gelegenen Grundstück ein möglichst großes Areal abgegrenzt werden (Abbildung 8).

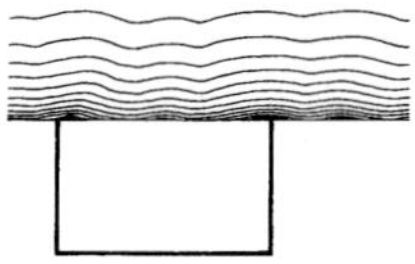

Abbildung 8

21. An einer Bahnlinie ist der Standort eines Bahnhofs so zu wählen, daß die Summe der Entfernungen von A und B minimal wird (Abbildung 9).

22. Einem Dreieck ist ein Rechteck maximalen Inhalts einzubeschreiben.

23. Welches Viereck, das einem Kreis einbeschrieben werden kann, hat den größten Flächeninhalt?

Abbildung 9

*24. *(Das Bild an der Wand)* Ein Bild hängt oberhalb der Augenhöhe des Betrachters. Von welchem Standpunkt aus ist sein Sehwinkel maximal?
(Hinweis: Man benutze den Kreis durch den gesuchten Standpunkt und den obersten und untersten Punkt des Bildes.)

Ein Tip

Wo es einfacher erscheint, kann man statt des Extremwertes einer vorgelegten (positiven) Funktion auch den einer passenden Potenz dieser Funktion ermitteln. Statt z. B. das Maximum von f zu suchen, genügt es, das Maximum von f^2 oder das von $\sqrt{f}$ bzw. das Minimum von $\frac{1}{f}$ zu suchen.

25. a) Bei welchen der bisherigen Aufgaben läßt sich dieser Tip mit Gewinn anwenden?

b) Wieso wird der Tip falsch, wenn man ihn nicht auf positive Funktionen einschränkt?

Mit Funktionsgraphen lassen sich in vielfältiger Weise Extremalprobleme verknüpfen. Beispiel:

Für welchen Kurvenpunkt P ist die rote Dreiecksfläche maximal?

Lösung:

$$A(x) = \tfrac{1}{2}(x+2)\cdot f(x), \quad x > -2$$
$$= \tfrac{1}{2}(x+2)(4-x^2) = -\tfrac{1}{2}(x^3+2x^2-4x-8)$$

$A'(x) = -\frac{1}{2}(3x^2 + 4x - 4)$, $A''(x) = -\frac{1}{2}(6x + 4)$

$A'(x) = 0 \Leftrightarrow 3x^2 + 4x - 4 = 0 \Leftrightarrow x = \frac{2}{3} (\vee\ x = -2)$.

Wegen $A''(\frac{2}{3}) < 0$ ist die rote Dreiecksfläche für $P(\frac{2}{3}, \frac{32}{9})$ maximal.

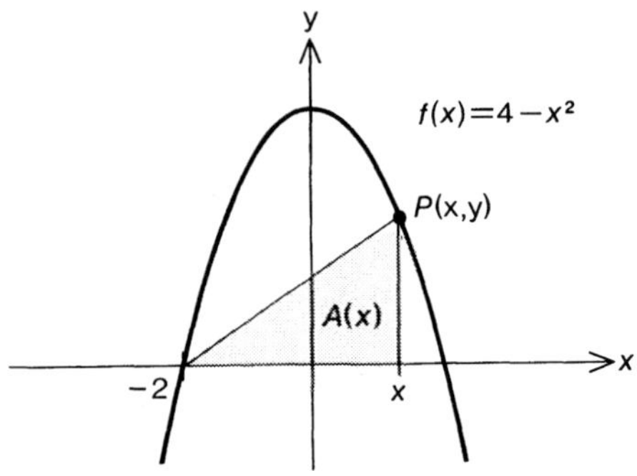

Abbildung 10

Zur weiteren Übung

a) Das obige rote Dreieck wird durch die y-Achse in ein Trapez und ein Dreieck zerlegt $(0 < x < 2)$.
Für welchen Kurvenpunkt P ist der Inhalt des Dreiecks (des Trapezes) maximal?

b) Gegeben ist die Parabel $f(x) = \frac{1}{4}x^4 - x^2$. Wie ist der Kurvenpunkt $P(x,y)$ zu wählen, damit der Inhalt des Dreiecks $A(-x, f(-x))$ $B(0, -1)$ $P(x,y)$ maximal wird?

c) Es sei $f(x) = -x^4 + 2x^3 - 2ax + a$. Für welchen Wert von a haben die beiden Wendepunkte von f den kleinsten Abstand voneinander?

d) Die Zahl a ist so zu bestimmen, daß der Scheitel der Parabel $f(x) = \frac{1}{a}x^2 + x - \frac{4}{a}$ möglichst nahe an der x-Achse liegt.

e) Berechne den Flächeninhalt des kleinsten Dreiecks, das die Tangente an die Parabel $f(x) = 3 - x^2$ mit den Koordinatenachsen einschließt.

4 Neues über bekannte Funktionen

Dieses Kapitel beschäftigt sich mit den *Exponential-* und *Sinusfunktionen.* Manch einem mögen diese Funktionen im Mathematikunterricht schon begegnet sein. Sie gehören zu den wichtigsten Funktionstypen, auch außerhalb der Mathematik.

Im Mittelpunkt steht die Frage nach der Differenzierbarkeit sowie die Gewinnung der *Ableitungen.* Da die Definitionen der Exponential- und Sinusfunktionen nur in Ausnahmefällen eine exakte Angabe der Funktionswerte gestatten, werden wir uns im Abschnitt 4.3 um leistungsfähige Formeln zu deren *näherungsweisen Berechnung* bemühen. Den Schluß bildet die allgemeine *Taylor-Abschätzung* (Abschnitt 4.4).

4.1 Exponentialfunktionen

A. Definition und Eigenschaften

Rückblick

Definition für Exponenten aus $\mathbb{N}$. Erinnern wir uns: Die Potenz a^n ist für natürliches n eine Kurzschreibweise für das Produkt aus n Faktoren a:

$$a^n = \underbrace{a \cdot a; \ldots \cdot a}_{n\text{-mal}}.$$

Ausdehnung auf $\mathbb{Z}$. Besonders wichtig war das Potenzgesetz

(1) $a^{n+m} = a^n \cdot a^m$.

Der Wunsch, daß dieses Gesetz auch für alle ganzzahligen Exponenten gültig bleibt, erzwang die *Festsetzungen* (s. Aufgabe 1)

$$\left.\begin{aligned} a^0 &= 1 \\ \text{und} \quad a^{-n} &= \frac{1}{a^n} \end{aligned}\right\} \quad (a \neq 0,\ n \in \mathbb{N}).$$

Ausdehnung auf $\mathbb{Q}$. Mehr Mühe bereitete die Definition von a^x für gebrochene x $(a>0)$.

Was ist etwa unter $a^{\frac{1}{3}}$ zu verstehen? Verlangen wir, daß das Potenzgesetz (1) weiter besteht, so muß gelten

$$a^{\frac{1}{3}+\frac{1}{3}+\frac{1}{3}} = a^{\frac{1}{3}} \cdot a^{\frac{1}{3}} \cdot a^{\frac{1}{3}}$$

und daher

$$a = a^1 = \left(a^{\frac{1}{3}}\right)^3.$$

$a^{\frac{1}{3}}$ ist also diejenige Zahl, deren dritte Potenz gleich a ist. Daß eine solche Zahl auch tatsächlich existiert, sichert die Lückenlosigkeit der Zahlengeraden (eine Eigenschaft der reellen Zahlen, die wir schon früher bemühen mußten): Derartige Zahlen lassen sich nämlich durch *Intervallschachtelungen* definieren. So wird beispielsweise die Zahl $2^{\frac{1}{3}}$ durch die Intervallschachtelung

$$\begin{gathered} 1 < 2^{\frac{1}{3}} < 2 \\ 1{,}2 < 2^{\frac{1}{3}} < 1{,}3 \\ 1{,}25 < 2^{\frac{1}{3}} < 1{,}26 \\ 1{,}259 < 2^{\frac{1}{3}} < 1{,}260 \\ 1{,}2599 < 2^{\frac{1}{3}} < 1{,}2600 \\ \dots\dots\dots\dots\dots\dots \end{gathered}$$

erklärt.

Statt $a^{\frac{1}{n}}$ schreibt man auch $\sqrt[n]{a}$, eine Schreibweise, die uns für $n=2$ wohlvertraut ist.

Erklärt man schließlich die Potenz $a^{\frac{m}{n}}$ durch die m-te Potenz von $a^{\frac{1}{n}}$,

$$a^{\frac{m}{n}} = \left(a^{\frac{1}{n}}\right)^m,$$

so läßt sich zeigen, daß für die so definierten Potenzen mit rationalen Exponenten das Gesetz (1) erhalten bleibt.

Fassen wir zusammen: Die Potenz a^x $(a>0)$ ist für alle $x \in \mathbb{Q}$ erklärt und genügt dem grundlegenden Gesetz

$$a^{x+y} = a^x a^y \qquad x, y \in \mathbb{Q}\,.$$

Läßt man nun x alle rationalen Zahlen durchlaufen, so bedeutet dies: Durch $f(x) = a^x$ wird eine Funktion f: $\mathbb{Q} \to \mathbb{R}^+$ definiert, die der Gleichung

$$(2) \quad f(x+y) = f(x) \cdot f(y), \qquad x, y \in \mathbb{Q}$$

genügt. Weil die Variable im Exponenten steht, nennt man f *Exponentialfunktion.*

Wir halten noch fest, daß für $a>1$ f streng monoton wächst und für $0<a<1$ streng monoton fällt.

Fortsetzung auf $\mathbb{R}$
Noch enthält der Graph von f Lücken, z.B. an der Stelle $x=\sqrt{2}$. Um diese zu schließen, müssen wir f auf ganz $\mathbb{R}$ fortsetzen, d.h. beispielsweise erklären, was $2^{\sqrt{2}}$ sein soll (Abbildung 1).

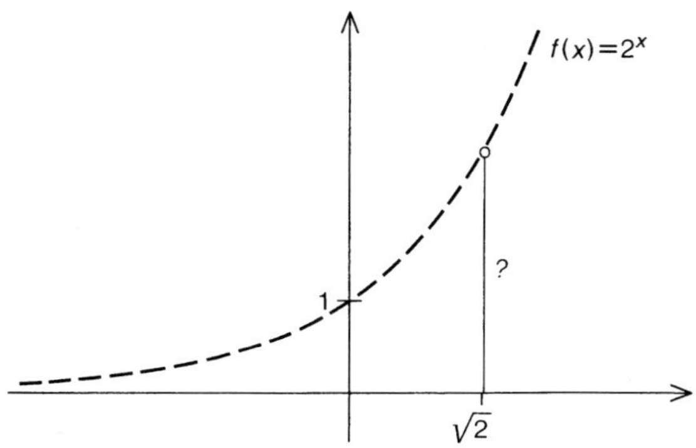

Abbildung 1

Da jede irrationale Zahl x durch eine Intervallschachtelung mit rationalen Endpunkten r_n und s_n gegeben ist,

$$x \in [r_n, s_n] \quad \text{für alle} \quad n \in \mathbb{N}\,,$$

liegt es nahe, 2^x durch die Intervallschachtelung

$$([2^{r_n}, 2^{s_n}]), \qquad n \in \mathbb{N}$$

zu definieren. Doch halt! Ist $([2^{r_n}, 2^{s_n}])$ wirklich eine Intervallschachtelung, d.h. sind die Intervalle ineinander geschachtelt und gehen ihre Längen $2^{s_n} - 2^{r_n}$ gegen Null?

Ersteres ist leicht zu sehen, denn aus $[r_{n+1}, s_{n+1}] \subset [r_n, s_n]$ folgt $r_n < r_{n+1}$ oder $s_{n+1} < s_n$ und daraus $2^{r_n} < 2^{r_{n+1}}$ oder $2^{s_{n+1}} < 2^{s_n}$. Insgesamt gilt daher, wie verlangt,

$$[2^{r_{n+1}}, 2^{s_{n+1}}] \subset [2^{r_n}, 2^{s_n}].$$

Erheblich mehr Mühe bereitet die Eigenschaft, daß $2^{s_n} - 2^{r_n}$ gegen Null strebt.

Da wir wissen, daß $s_n - r_n$ gegen Null geht, spalten wir ab:

$$2^{s_n} - 2^{r_n} = 2^{r_n}(2^{s_n - r_n} - 1).$$

Nun liegt der Faktor 2^{r_n} stets links von 2^{s_1}, kann also eine feste Zahl nicht überschreiten. Daher genügt es zu wissen, daß der zweite Faktor $(2^{s_n - r_n} - 1)$ gegen Null geht. Zu zeigen bleibt also, daß

$$2^{x_n} \to 1 \quad \text{für } x_n \to 0 \quad (x_n \in \mathbb{Q}^+).$$

Den Beweis dieser Tatsache stellen wir zurück (s. nächsten Kasten). Verschaffen wir uns hier noch einen kleinen Einblick in das Verhalten von 2^{x_n}. Betrachten wir dazu einige Werte für $x_n = \frac{1}{n}$:

$\frac{1}{n}$	1	$\frac{1}{5}$	$\frac{1}{10}$	$\frac{1}{100}$	$\frac{1}{1000}$	$\frac{1}{10\,000}$	$\frac{1}{100\,000}$
$2^{\frac{1}{n}}$	2	1,15	1,07	1,007	1,0007	1,00007	1,000007

Insgesamt wissen wir jetzt: Ist $([r_n, s_n])$ eine Intervallschachtelung für x, so läßt sich a^x durch die Intervallschachtelung $([a^{r_n}, a^{s_n}])$ erklären $(a > 1)$.

Genau genommen müßte man sich noch davon überzeugen, daß der Wert von a^x nicht von der speziellen Wahl der Intervallschachtelung für x abhängt (Aufgabe 3). Wichtig ist weiter, daß die Gleichung (2) auch bei der Fortsetzung auf $\mathbb{R}$ erhalten bleibt (Aufgabe 4).

Halten wir als Ergebnis fest: Durch $f(x) = a^x$ $(a > 1)$ wird eine Funktion $f: \mathbb{R} \to \mathbb{R}^+$ definiert, die der Gleichung

Funktionalgleichung von $\exp_a$

(3) $f(x+y)=f(x)\cdot f(y), \qquad x,y\in\mathbb{R}$

genügt und streng monoton wächst. f heißt *Exponentialfunktion* zur Basis a und die Gleichung (3) ihre *Funktionalgleichung*. Für f schreibt man

$$\exp_a.$$

Wie verhalten wir uns im Fall $0<a<1$? Die Definition von $\exp_a$ für diesen Fall läßt sich auf das Erreichte zurückspielen: Für $0<a<1$ ist nämlich $\frac{1}{a}>1$ und daher $\exp_{\frac{1}{a}}$ bereits erklärt. Wegen

$$a^x = \frac{1}{\left(\frac{1}{a}\right)^x}$$

wird daher die Exponentialfunktion für Basen $a<1$ durch

$$\frac{1}{\exp_{\frac{1}{a}}}$$

definiert. Sie ist streng monoton fallend und genügt ebenfalls der Gleichung (3).

Aufgaben

1. a) Da a^0 und a^{-n}, $n\in\mathbb{N}$, zunächst nicht erklärt waren (a^n war ja als Produkt aus n Faktoren a definiert), hätte man erweiternd vorschlagen können: $a^0:=0$ und $a^{-n}:=-a^n$. Warum wären diese Setzungen nicht sinnvoll?

   b) Man zeige, daß die Festsetzungen $a^0:=1$ und $a^{-n}:=\frac{1}{a^n}$ durch den Wunsch erzwungen werden, daß das Potenzgesetz (1) weiterbesteht.

2. Unter $a^{\frac{1}{3}}$ $(a>0)$ haben wir diejenige Zahl verstanden, deren dritte Potenz gleich a ist. Allgemein ist $a^{\frac{1}{n}}$ als diejenige *nichtnegative* Zahl erklärt, deren n-te Potenz gleich a ist. Wieso dieser – von der Definition der Wurzeln her bekannte – Zusatz?

Ein Nachtrag

Zu zeigen bleibt noch, daß für jede gegen Null strebende Folge (x_n) die Folge (2^{x_n}) gegen 1 strebt. Wir zeigen dies für die typische Situation

$$x_n = \frac{1}{n}.$$

Zunächst bemerken wir, daß $2^{\frac{1}{n}}$ stets größer ist als 1. (Aus $2^{\frac{1}{n}} \leq 1$ würde nämlich $\left(2^{\frac{1}{n}}\right)^n \leq 1^n$, also $2 \leq 1$ folgen.) Daher können wir $2^{\frac{1}{n}}$ in der Form

$$2^{\frac{1}{n}} = 1 + b, \qquad b > 0$$

schreiben. Dann ist

$$2 = (1+b)^n.$$

Jetzt erinnern wir uns, daß die Potenzfunktion $x \mapsto x^n$ im ersten Quadranten stets oberhalb ihrer Tangente im Punkt (1,1) verläuft. Also gilt

$$(1+b)^n > 1 + nb,$$

denn $1 + nb$ ist der Funktionswert dieser Tangente an der Stelle $1 + b$. Damit folgt

$$2 = (1+b)^n > 1 + nb > nb,$$

d.h. $\quad b < \frac{2}{n}$

oder $\quad 2^{\frac{1}{n}} - 1 = b < \frac{2}{n}.$

Also wird $2^{\frac{1}{n}} - 1$ mit wachsendem n beliebig klein.

*3. Man zeige, daß die Definition der Zahl a^x nicht von der speziellen Wahl der Intervallschachtelung von x abhängt.

*4. Zeige, daß die Funktionalgleichung (2) bei der Fortsetzung auf $\mathbb{R}$ erhalten bleibt. (Hinweis: Sind $([r_n, s_n])$ und $([r'_n, s'_n])$ Intervallschachtelungen für x bzw. y, so ist $([r_n + r'_n, s_n + s'_n])$ eine Intervallschachtelung für $x + y$.)

*5. Man überlege sich, daß unsere neue Definition von a^x für rationales x mit der zuvor gegebenen übereinstimmt.

6. Für $0 < a < 1$ ist $f = \exp_a$ streng monoton fallend und genügt der Funktionalgleichung (3). Beweis?

7. a) Skizziere die Graphen von $f(x)=a^x$ für $a>1$ und $0<a<1$.

   b) Sei $f(x)=a^x$ mit $a>1$ und $g(x)=b^x$ mit $0<b<1$. Wie sind a und b zu wählen, damit f und g zueinander symmetrisch sind?

Explosives Wachstum

Angenommen, einer Ihrer Vorfahren hätte zur Zeit NEWTONs – sagen wir vor genau 300 Jahren – 1 DM mit 8% festverzinslich angelegt. Seine Weitsicht hätte sich bezahlt gemacht! Jahr für Jahr wäre die Einlage um den *Faktor* 1,08 gewachsen:

$$((1 \cdot 1{,}08) \cdot 1{,}08) \cdot \ldots \cdot 1{,}08 = 1{,}08^{300} \approx 10{,}6 \text{ Milliarden.}$$

Hinter dem erstaunlichen Anwachsen der bescheidenen Einlage steht die Exponentialfunktion

$$f(x)=1{,}08^x.$$

Sie genügt, wie wir wissen, der Funktionalgleichung

$$f(x+y)=f(x)\cdot f(y).$$

Diese Gleichung aber besagt insbesondere, daß immer dann, *wenn das Argument um den gleichen Wert* $(+y)$ *vergrößert wird, der Funktionswert um den gleichen Faktor* $(\cdot f(y))$ *zunimmt.* Und genau dies bewirkt, daß exponentielles Wachstum so unerwartet explodiert.

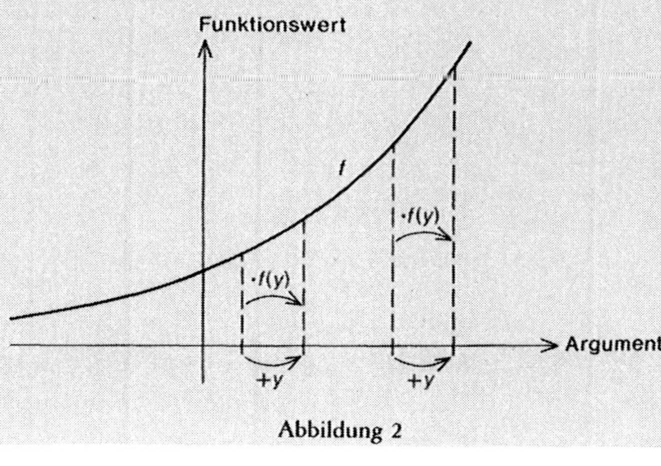

Abbildung 2

8. Im obigen Beispiel wurde aus der Mark nach 300 Jahren ein zehnstelliges Sümmchen. Wie wirkt sich eine Verdoppelung der Zinszeit auf die Stellenzahl aus?

9. Man mache sich an dem Beispiel des Kastens klar, daß es sich bei langen Laufzeiten lohnt, auch um die kleinste Anhebung des Zinssatzes zu ringen. (Wie wirken sich beispielsweise Zinssätze von 7,5 und 8,5 % aus?)

10. Wir haben die Funktionalgleichung der Exponentialfunktion $\exp_a$ für den Fall $a>1$ interpretiert. Wie ist sie für $0<a<1$ zu deuten?

11. Die Anzahl der Bakterien einer Kultur wächst ungebremst stündlich um 2%. Zu Beginn wurden 500 Bakterien gezählt. Gesucht ist eine Funktionsgleichung, mit der sich die Anzahl der Bakterien zu jedem beliebigen Zeitpunkt berechnen läßt.

12. Angenommen, die jährliche Inflationsrate eines Landes liegt über 10 Jahre hinweg bei 6%. Um wieviel Prozent verfällt in dieser Zeit der Geldwert?

13. Unterstellt man, daß die Weltbevölkerung exponentiell wächst (was für alle Zeiten unmöglich ist), welche Bevölkerungszahl ergibt sich dann für das Jahr 2000 aus folgenden Daten (Quelle: Statistisches Bundesamt Wiesbaden, Sondertabellen aus 2/75 und 9/83):

    1970: 3,64 Milliarden
    1980: 4,44 Milliarden.

14. Die Bevölkerungsabnahme in der Bundesrepublik betrug 1982 0,3% (Fischer Weltalmanach 1984). Angenommen, dieser Wert bliebe in den nächsten 30 Jahren konstant, wie würde sich dies auf die Einwohnerzahl auswirken? (1983 wurden 61,5 Millionen Einwohner gezählt.)

B. Charakterisierung

Als Schlüssel zum Verständnis der Natur *exponentiellen* Wachstums erwies sich die Eigenschaft, daß immer dann, *wenn das Argument um den gleichen Wert vergrößert wird, der Funktionswert um den gleichen Faktor zunimmt.* Wir werden jetzt sehen, daß diese Eigenschaft die Exponentialfunktionen *charakterisiert,* d.h. daß sie sich allein dadurch kennzeichnen lassen.

Angenommen, wir wüßten von einer streng monoton wachsenden Funktion $f\colon \mathbb{R} \to \mathbb{R}^+$ nichts weiter, als daß zu gleichem Zuwachs des Arguments stets der gleiche Wachstumsfaktor gehört. Kann man daraus auf den Funktionswert von f an einer beliebigen Stelle schließen?

1. Schritt:
Durchlaufen wir, von Null beginnend, die x-Achse in Einerschritten nach rechts. Nimmt dann der Funktionswert von 0 nach 1 um den Faktor a zu, so auch von 1 nach 2, von 2 nach 3 usw., d.h.

$$\begin{aligned} &f(1) = f(0)\cdot a \\ &f(2) = f(1)\cdot a = f(0)\cdot a^2 \\ &f(3) = f(2)\cdot a = f(1)\cdot a^2 = f(0)\cdot a^3 \\ &\cdots\cdots \\ &f(n) = f(0)\cdot a^n . \end{aligned}$$

Damit kennen wir die Funktionswerte von f für alle *natürlichen* Zahlen: Bis auf den konstanten Faktor $f(0)$ handelt es sich um die Exponentialfunktion zur Basis a.

2. Schritt:
Für *negative* ganze Zahlen argumentieren wir genauso:

$$f(0) = f(-1)\cdot a, \quad \text{also} \quad f(-1) = f(0)\cdot a^{-1}$$

und nach entsprechender Fortsetzung nach links

$$f(-n) = f(0)\cdot a^{-n} .$$

Folglich stimmt f auf ganz $\mathbb{Z}$ mit der Funktion $f(0)\cdot \exp_a$ überein.

3. Schritt:
Selbst an den *rationalen* Zwischenpunkten wie etwa $\frac{1}{2}$, $\frac{2}{3}$, $\frac{3}{2}$ usw. ist f gleich $f(0)\cdot \exp_a$. Machen wir uns dies am Beispiel der Stelle $\frac{1}{2}$ klar. Da von 0 nach $\frac{1}{2}$ der Funktionswert von f um denselben Faktor zunimmt wie von $\frac{1}{2}$ nach 1, muß das Quadrat dieses Faktors gerade gleich a sein, also ist der gesuchte Wachstumsfaktor gleich $\sqrt{a}$:

$$f(\tfrac{1}{2}) = f(0)\cdot\sqrt{a} = f(0)\cdot a^{\frac{1}{2}} .$$

So kann man aber mit jeder rationalen Zahl verfahren. Daher stimmt f sogar auf ganz $\mathbb{Q}$ mit $f(0)\cdot \exp_a$ überein.

4. Schritt:
Dies gilt auch für die verbleibenden *irrationalen* Stellen. Da nämlich jede solche Stelle x durch eine rationale Intervallschachtelung gegeben ist, erzwingt die Monotonie von f, daß $f(x)$ mit der Zahl $f(0)\cdot a^x$ übereinstimmt: Aus

$$r_n < x < s_n, \qquad r_n, s_n \in \mathbb{Q}$$

folgt nämlich

$$f(r_n) < f(x) < f(s_n)$$

und mit dem 3. Schritt daher

$$f(0)\cdot a^{r_n} < f(x) < f(0)\cdot a^{s_n}.$$

Durch diese Intervallschachtelung wird aber auch die Zahl $f(0)\cdot a^x$ definiert (vgl. Teil A dieses Abschnitts). Also ist $f(x) = f(0)\cdot a^x$.

Charakterisierungssatz

Damit haben wir bewiesen: *Jede streng monoton wachsende Funktion* $f\colon \mathbb{R} \to \mathbb{R}^+$,

(4) *bei der zu gleichen Zuwächsen im Argument stets der gleiche Wachstumsfaktor gehört,*

ist (bis auf einen konstanten Faktor) notwendig von der Form $\exp_a (a > 1)$.

Man sagt: Exponentialfunktionen sind durch die Eigenschaft (4) *charakterisiert.*

Aufgaben

15. Warum ist die im ersten Schritt auftretende Basis a größer als 1? (Benutze die Monotonie von f.)
16. Formuliere und beweise den Charakterisierungssatz für streng monoton fallende Funktionen.

● **Sparstrumpf-Sparen**

Nehmen wir an, ein ängstlicher Mensch hätte vor genau 300 Jahren 1 DM in einen Sparstrumpf gesteckt und dafür Sorge getragen, daß Jahr für Jahr 1 DM hinzugefügt wird. Seine Vorsicht hätte sich für seine Nachfahren kaum bezahlt gemacht: Kümmerliche 300 DM wären das Ergebnis jahrhundertelanger Mühen.

Hinter dem erbärmlichen Anwachsen des Startkapitals steht die lineare Funktion

$$f(x) = 1 \cdot x.$$

(5) Bei dieser Funktion *gehört zu gleichen Zuwächsen im Argument stets der gleiche Wachstumssummand.*

Genau dies beschreibt lineares Wachstum.

Wie die Exponentialfunktionen durch die Eigenschaft (4), so sind die linearen Funktionen durch (5) charakterisiert. Genauer:

Unter allen streng monoton wachsenden Funktionen $f\colon \mathbb{R} \to \mathbb{R}$ ist (bis auf einen konstanten Summanden) die lineare Funktion $x \mapsto cx$ ($c > 0$) die einzige, die die Eigenschaft (5) *besitzt.*

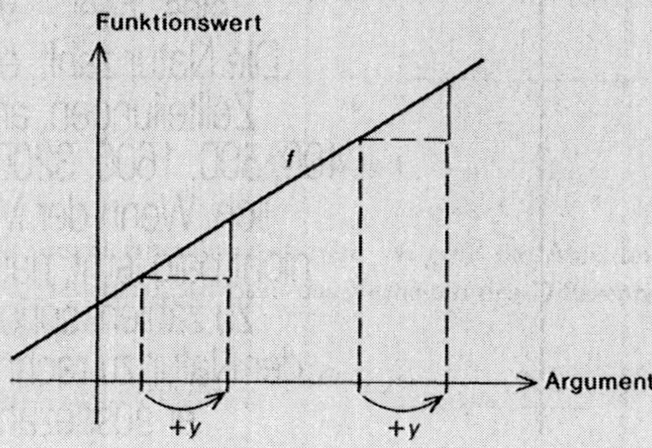

Abbildung 3

17. Man beweise den Charakterisierungssatz für lineare Funktionen, indem man wie bei den Exponentialfunktionen schrittweise dem Aufbau des Zahlensystems folgt.

18. Man finde weitere Beispiele für lineares Wachstum.

19. Naheliegend, aber leider fast immer falsch ist die »Regel«, eine Summe gliedweise zu quadrieren oder auch aus ihr summandenweise die Wurzel zu ziehen. Welcher Irrtum liegt dem zugrunde? Kennen Sie weitere Beispiele dieser Art?

20. Was hat die Eigenschaft (5) mit den aus der Geometrie bekannten Strahlensätzen zu tun?

21. Warum gibt es keine auf $\mathbb{R}$ definierte streng monotone Funktion, die gleichzeitig linear und exponentiell wächst?

> Menschen zählen
> zeitlebens wie ABC-Schützen:
> eins, zwei ... viele.
> Die Natur zählt, etwa bei
> Zellteilungen, anders:
> 400, 800, 1600, 3200 ... unend-
> lich. Wenn der Mensch
> nicht bald lernt, naturgemäß
> zu zählen, sprich: mit
> der Natur zu rechnen, wird
> er ausgezählt.

Aus dem Essay »Unfähig zu zählen« von Hoimar v. DITFURTH in der Zeitschrift »natur« 2/1985.

C. Die Ableitung

Stützen wir uns auf unsere *anschauliche* Vorstellung vom Graphen der Exponentialfunktion, so zweifeln wir nicht daran, daß er in jedem Punkt eine Tangente besitzt (Abbildung 4). Mit anderen Worten: Wir entnehmen der Anschauung, daß die Funktion $\exp_a$ überall differenzierbar ist.

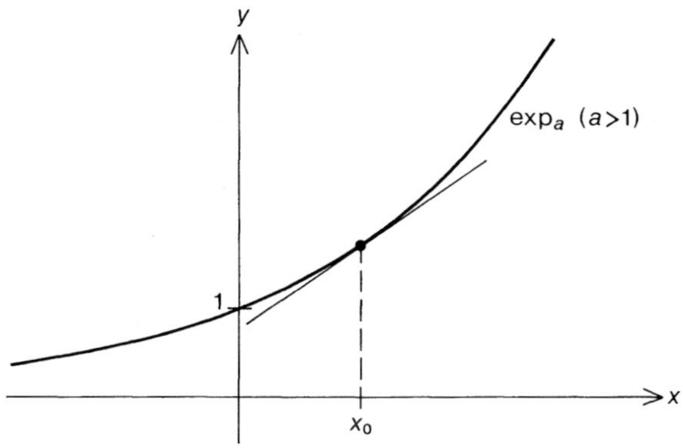

Abbildung 4

Daher soll uns hier nur interessieren, *wie groß* die Ableitung an einer Stelle ist. Untersuchen wir dazu das Verhalten des Differenzenquotienten an einer festen Stelle x_0:

$$(6) \quad \frac{\exp_a(x_0+h)-\exp_a(x_0)}{h} = \frac{a^{x_0+h}-a^{x_0}}{h} = a^{x_0}\,\frac{a^h-1}{h}.$$

Daraus folgt

$$\exp_a'(x_0) = \lim_{h\to 0}\frac{\exp_a(x_0+h)-\exp_a(x_0)}{h} = a^{x_0}\lim_{h\to 0}\frac{a^h-1}{h}.$$

Also ist *die Ableitung an der Stelle x_0 proportional zum Funktionswert an dieser Stelle:*

$$(7) \quad \exp_a'(x_0) = \left(\lim_{h\to 0}\frac{a^h-1}{h}\right)\cdot \exp_a(x_0).$$

Der Proportionalitätsfaktor ist der (von der Basis a abhängige) Grenzwert von $\frac{a^h-1}{h}$ für $h\to 0$. Kennen wir diese Zahl, so kennen wir auch die Ableitung von $\exp_a$ an jeder Stelle.

Verschaffen wir uns einen Eindruck vom Zahlenwert des (als existent vorausgesetzten) Grenzwertes $\lim\limits_{h \to 0} \frac{a^h - 1}{h}$ für einige Werte von a, indem wir h die Zahlen $\frac{1}{2^n}$ für $n = 2, 4, 8, 16$ durchlaufen lassen:

n \ a	2	2,5	3
2	0,75683	1,02973	1,26430
4	0,70838	0,94304	1,13721
8	0,69409	0,91793	1,10097
16	0,69315	0,91630	1,09862

Für die Basis 2 etwa erhält man somit

$$\exp_2'(x) \approx 0{,}693 \cdot 2^x .$$

(Wem die erzielte Genauigkeit nicht genügt, setze die Tabelle nach unten fort.) Insbesondere ist

$$\exp_2'(0) \approx 0{,}693 ,$$

d.h. die Steigung der Tangente an der Stelle 0 hat für die Basis $a = 2$ den Wert 0,693... . Mit wachsendem a nimmt diese Steigung zu, für $a = 2{,}5$ hat sie den Wert 0,916..., für $a = 3$ den Wert 1,098.

Demnach ist einleuchtend – was wir hier nicht beweisen können –, daß es zwischen 2,5 und 3 genau einen Wert für a gibt, für den diese Steigung exakt den Wert 1 hat. Für diese Basis a ist also

$$\lim_{h \to 0} \frac{a^h - 1}{h} = 1$$

und wegen (7) dann

$$\exp_a'(x) = \exp_a(x) \quad \text{für jedes } x .$$

Die letzte Gleichung zeigt die große praktische Bedeutung dieser besonderen Basis: Die Ableitung der zugehörigen Exponentialfunktion stimmt an jeder Stelle mit dem Funktionswert überein. Kurz: *Diese Exponentialfunktion reproduziert sich beim Ableiten.*

Die Basis dieser Exponentialfunktion trägt den Namen des bedeutenden Mathematikers Leonhard EULER (1707–1783); sie heißt *Eulersche Zahl* und wird mit dem Buchstaben e abgekürzt. Die Exponentialfunktion zur Basis e wird *natürliche* Exponentialfunktion genannt und mit exp bezeichnet.

$\exp' = \exp$

Fassen wir zusammen: Die Zahl e ist durch die Eigenschaft

$$(8)\quad \lim_{h \to 0} \frac{e^h - 1}{h} = 1$$

erklärt, und es ist

$$\exp' = \exp .$$

Es bleibt schließlich noch, den *Zahlenwert* von e zu *berechnen*. Wir entnehmen der Gleichung (8), daß

$$\frac{e^h - 1}{h} \approx 1 \quad \text{für kleine } |h|$$

oder

$$e^h \approx 1 + h$$

ist, und gewinnen – ohne diesen Schritt weiter zu begründen – so die Näherung

$$e \approx (1 + h)^{\frac{1}{h}} .$$

Für $h = \frac{1}{n}$ ergibt sich

$$e \approx \left(1 + \frac{1}{n}\right)^n .$$

Berechnen wir die rechte Seite dieser Näherung für $n = 10$, 10^2, 10^4, 10^8:

n	10	10^2	10^4	10^8
$\left(1 + \frac{1}{n}\right)^n$	2,59374	2,70481	2,71815	2,71828

Der Tabelle entnehmen wir den Näherungswert

$$e \approx 2{,}718 .$$

(Zur Rechtfertigung siehe Kasten.)

Aufgaben

22. Im Text haben wir der Anschauung entnommen, daß $\exp_a$ an *jeder* Stelle differenzierbar ist. Inwiefern besagt Gleichung (6), daß wir dies lediglich für die Stelle 0 hätten voraussetzen müssen?

23. Die Zahl $\lim\limits_{h\to 0} \dfrac{a^h - 1}{h}$ ist für $a > 1$ stets positiv. Inwiefern ist dann die Proportionalität (7) Ausdruck des enormen Wachstums von $\exp_a$?

24. Berechne näherungsweise die Ableitung von $\exp_a$ für $a = 2$ (3 und 5) an den Stellen $x = -1; 0; 1; 2{,}6$.

25. Zeige: Die Näherung

$e^h \approx 1 + h$ für kleine $|h|$

läßt sich unter Verwendung von (8) als lineare Approximation der Funktion exp durch ihre Tangente im Punkt (0,1) gewinnen. (Vgl. Kapitel 1.2, (5).)

Ist *e* wirklich gleich 2,718...?

Aus nur vier Werten von $\left(1 + \frac{1}{n}\right)^n$ haben wir aus der obigen Tabelle für die Zahl e drei gültige Stellen nach dem Komma entnommen. Könnte es nicht sein, daß sich für einen größeren Wert von n, etwa für $n = 10^{16}$, eine der als gültig angesehenen Ziffern noch ändert?

Daß dies nicht passieren kann, werden wir jetzt begründen. Wir stützen uns auf eine Eigenschaft der natürlichen Exponentialfunktion, die wir der Anschauung entnehmen (Abbildung 5) und die im übrigen für jede Exponentialfunktion gilt:
Der Graph von exp *verläuft – außer an der Stelle* 0 *– ganz oberhalb der Tangente in* (0,1).

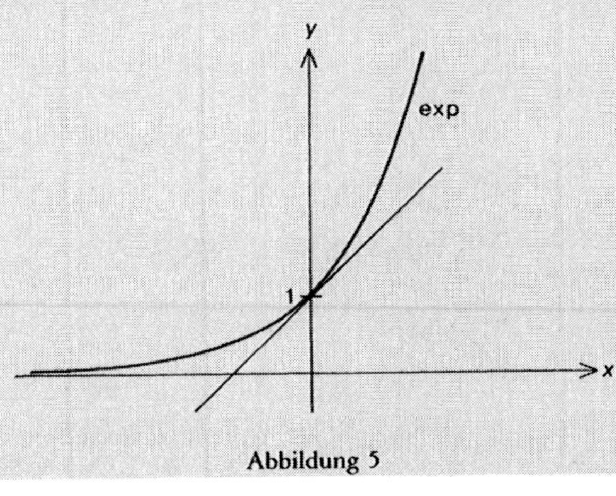

Abbildung 5

Da wir wissen, daß die natürliche Exponentialfunktion an der Stelle 0 die Steigung 1 hat (so ist exp gerade definiert!), gilt

(9) $e^x > 1 + x$ für alle $x \neq 0$.

Nähern wir uns dem Nullpunkt von rechts mit $x = \frac{1}{n}$ und von links mit $x = -\frac{1}{m}$, so folgt aus (9) *einerseits*

$$e^{\frac{1}{n}} > 1 + \frac{1}{n}$$

und daher

(10) $e > \left(1 + \frac{1}{n}\right)^n$,

andererseits

$$e^{-\frac{1}{m}} > 1 - \frac{1}{m}$$

oder

$$e^{\frac{1}{m}} < \frac{1}{1 - \frac{1}{m}} = \frac{m}{m-1}$$

und damit

(11) $e < \left(\frac{m}{m-1}\right)^m$.

Für $m = n + 1$ wird aus (11)

$$\begin{aligned} e &< \left(\frac{n+1}{n}\right)^{n+1} = \left(1 + \frac{1}{n}\right)^{n+1} = \left(1 + \frac{1}{n}\right)^n \cdot \left(1 + \frac{1}{n}\right) \\ &= \left(1 + \frac{1}{n}\right)^n + \frac{\left(1 + \frac{1}{n}\right)^n}{n} \\ &< \left(1 + \frac{1}{n}\right)^n + \frac{e}{n} \quad \text{(wegen (10))}. \end{aligned}$$

Weiter folgt aus (11) für $m = 2$ insbesondere $e < 4$ und damit schließlich

(12) $e < \left(1 + \frac{1}{n}\right)^n + \frac{4}{n}$.

(12) und (10) zusammen ergeben

(13) $\left(1+\frac{1}{n}\right)^n < e < \left(1+\frac{1}{n}\right)^n + \frac{4}{n}.$

Die Abschätzung (13) sagt uns, daß $\left(1+\frac{1}{n}\right)^n$ mit wachsendem n der Zahl e beliebig nahe kommt:

$$0 < e - \left(1+\frac{1}{n}\right)^n < \frac{4}{n}.$$

Darüber hinaus ist jetzt klar, daß e von $\left(1+\frac{1}{n}\right)^n$ um weniger als $\frac{4}{n}$ abweicht. Z.B. ist die Abweichung für $n = 10^8$ kleiner als $4 \cdot 10^{-8}$, d.h. unsere ersten drei Stellen nach dem Komma sind allemal gesichert!

26. Berechnet man $\left(1+\frac{1}{n}\right)^n$ mit dem Rechner, so machen sich mit wachsendem n Rundungsfehler immer stärker bemerkbar. Man überzeuge sich selbst! (So kommt es, daß in der Praxis der Fehler doch größer als $\frac{4}{n}$ werden kann.)

27. Die Näherung $e \approx \left(1+\frac{1}{n}\right)^n$ haben wir weiter oben aus der Aussage $e^h \approx 1+h$ durch Potenzieren mit $\frac{1}{h}$ gewonnen. Man überlege sich, daß dieser etwas kühne Schritt durch den Kasten nachträglich gerechtfertigt wird.

28. Leite die durch folgende Terme gegebenen Funktionen ab:

a) e^{3x} b) e^{2x-1} c) e^{-x}

d) e^{-x^2} e) xe^x f) x^2e^{-x}

g) $(x^2-2x)e^{-(x+1)}$ h) ae^{-bx^2} i) $\frac{e^x}{x^5+1}$

j) $\frac{1}{e^{\sqrt{x}}}$

29. Schreibe die gesuchten Ableitungen mit Hilfe von $f(x)$, $g(x)$, $f'(x)$ und $g'(x)$:

a) $f(x)e^x+g(x)$ b) $e^{f(x)+x^2}$

c) $f(x)e^{g(x)}$ d) $f(e^x+g(x))$.

30. Wie lautet die Gleichung der Tangente an $f(x)=(x+1)e^{3x^2+4x}$ im Punkt (0,1)?

In den folgenden Aufgaben geht es um die Diskussion von Funktionen mit Exponentialanteilen. Dies geschieht nach bewährtem Muster. An einem Beispiel zeigen wir, wie man bei der Bestimmung der Nullstellen (auch der der Ableitungen) zweckmäßig vorgeht.

Beispiel: $f(x) = \frac{x}{e^x}$.

$$f'(x) = 1 \cdot e^{-x} + x \cdot e^{-x} \cdot (-1) \quad \text{(Produktregel!)}$$
$$= (1-x)e^{-x}$$
$$f''(x) = (x-2)e^{-x}$$

Nullstellen: $f(x) = 0 \Leftrightarrow x \cdot e^{-x} = 0 \Leftrightarrow x = 0$ (da stets $e^{-x} \neq 0$).
$f'(x) = 0 \Leftrightarrow (1-x) \cdot e^{-x} = 0 \Leftrightarrow 1 - x = 0 \Leftrightarrow x = 1.$
$f''(x) = 0 \Leftrightarrow x - 2 = 0 \Leftrightarrow x = 2.$

Der Kunstgriff besteht darin, den Exponentialanteil jeweils als Faktor abzuspalten.

31. Skizziere den Graphen von f.

a) $f(x) = \frac{1}{2}(e^x + e^{-x})$ im Intervall $[-3,3]$ (»Kettenlinie«)

b) $f(x) = e^{-x^2}$ im Intervall $[-5,5]$ (»Gaußsche Glockenkurve«)

32. Bestimme die Nullstellen, Extrema und Wendepunkte der Gaußschen Glockenkurve (Aufg. 31 b). Was ändert sich, wenn man von f zu g mit $g(x) = 2e^{-\frac{1}{2}x^2}$ übergeht?

33. Diskutiere die durch

a) $f(x) = (x^2 - 1)e^{2x}$

b) $f(x) = x^2 e^{-x}$

gegebene Funktion.

Zur weiteren Übung

Diskutiere f mit $f(x)=$

a) xe^{-ax}	b) $(1-x)e^x$	c) $\frac{e^x}{x}$	d) $\frac{e^x}{x-1}$
e) $(1-ax^2)e^{-x}$	f) axe^x	g) $x(e^x - e^{-x})$	h) $(1-x)e^{1-x}$

34. Man suche Funktionen f mit der Eigenschaft

a) $f' = -f$

b) $f'' = af \quad (a > 0)$

c) $f'' - \frac{f}{2} = 0$

d) $\frac{f'}{f} = k.$

D. Die Differentialgleichung

Viele Größen in Natur und Wirtschaft wachsen – wenigstens zeitweise – getreu dem Motto: Ist viel da, kommt viel dazu. Eine Möglichkeit, diesen Sachverhalt mathematisch nachzubilden (zu *modellieren*), besteht darin, die *momentane Änderungsrate* ins Spiel zu bringen. Oft trifft die einfache Annahme gut zu, daß die momentane Änderungsrate von dem, was wächst, proportional ist zu dem, was bereits da ist.

Bezeichnen wir den zum Zeitpunkt t vorhandenen Bestand mit $f(t)$, so gilt dann: Zu jedem Zeitpunkt t ist die momentane Änderungsrate $f'(t)$ proportional zu $f(t)$, kurz

$$f'(t) = k \cdot f(t) \quad (k > 0 \text{ Proportionalitätskonstante})$$

oder

(14) $f' = k \cdot f.$

Bestimmt die Gleichung (14) bereits den zeitlichen Verlauf des Wachstumsprozesses, d.h. die Funktion f, wenn ihr Anfangswert α zum Zeitpunkt $t = 0$ bekannt ist?

(14) ist ein völlig neuer Gleichungstyp: Gesucht ist eine Funktion f, von der lediglich ein Zusammenhang mit ihrer Ableitung bekannt ist. Man spricht von einer *Differentialgleichung*.

Die Gleichung (14) zu gegebenem Anfangswert α zu lösen bedeutet, nach den Funktionen f zu suchen, für die $f' = k \cdot f$ und $f(0) = \alpha$ ist. Wäre $k = 1$, so könnten wir *eine* solche Funktion sofort angeben, nämlich $f(t) = \alpha \cdot e^t$; denn $f'(t) = \alpha \cdot e^t = f(t) = 1 \cdot f(t)$ und $f(0) = \alpha$. Um beim Ableiten den Faktor k zu erhalten, erinnern wir uns an die Kettenregel und versuchen es mit dem Ansatz

(15) $f(t) = \alpha \cdot e^{kt}.$

In der Tat ist dann

$$f'(t) = \alpha \cdot k \cdot e^{kt} = k \cdot f(t)$$

sowie

$$f(0) = \alpha \cdot e^0 = \alpha,$$

und wir haben eine Lösung unserer Differentialgleichung gefunden.

Schwieriger ist, sich davon zu überzeugen, daß (15) die einzige Lösung ist. Wir übergehen dies hier (Aufgabe 37).

Ergebnis: *Bei gegebenem Anfangswert* $\alpha = f(0)$ *hat die Differentialgleichung*

$$f' = k \cdot f$$

die eindeutig bestimmte Lösung

$$f(t) = \alpha \cdot e^{kt}.$$

An der Umformung $f(t) = \alpha \cdot e^{kt} = \alpha \cdot (e^k)^t = \alpha \cdot a^t$ (mit $a = e^k$) erkennt man, daß wir es hier mit der uns wohlbekannten Exponentialfunktion zur Basis a zu tun haben, und diese hatten wir über die Grundeigenschaft exponentiellen Wachstums charakterisiert (Eigenschaft (4)). Es ist nun bemerkenswert, daß sich *die Exponentialfunktionen ebensogut über die Differentialgleichung*

$$f' = k \cdot f$$

charakterisieren lassen. Beide Eigenschaften sind äquivalent (Aufgabe 38).

Aufgaben

35. Löse die Differentialgleichung

    a) $f' = 3f$ mit $f(0) = 2$

    b) $f' = 0{,}5f$ mit $f(0) = 1$

    c) Mache jeweils die Probe und berechne $f(1)$.

36. Eine Bakterienkultur wächst nach der Differentialgleichung $f' = 0{,}05f$ (Zeiteinheit: 1 Minute).

    a) Was gibt die Zahl 0,05 an?

    b) Berechne die Bakterienzahl nach 40 Minuten, wenn zu Beginn 100 Bakterien gezählt wurden.

*37. *Eindeutigkeit der Lösung von* $f' = k \cdot f$. Um zu zeigen, daß es nicht mehr als eine Lösung geben kann (bei gegebenem Anfangswert), nimmt man an, es gäbe zwei und zeigt, daß sie gleich sein müssen.

Sei also neben der Lösung f auch g eine Lösung der Differentialgleichung (14) mit $g(0)=f(0)$. Wir zeigen dann, daß $g=f$ ist.

a) Leite die durch $h(t)=\frac{g(t)}{e^{kt}}$ definierte Funktion ab, beachte $g'(t)=k\cdot g(t)$ und folgere dann, daß h konstant ist.

b) Zeige: $h(t)=f(0)$ für alle t, und daher $g(t)=f(t)$, d.h. $g=f$.

*38. *Grundeigenschaft und Differentialgleichung sind gleichwertig.* Wir haben zu zeigen, daß

a) ein f, das der Grundeigenschaft (4) genügt, auch die Differentialgleichung erfüllt, und

b) ein f, das die Differentialgleichung erfüllt, auch der Grundeigenschaft genügt.

Anleitung zu a): Wende den Charakterisierungssatz an und beachte beim Ableiten (7).
Zu b): $e^{kt}=(e^k)^t$.

39. a) Welche Lösung hat die Differentialgleichung $f'=-k\cdot f\ (k>0)$? Skizziere ihren Verlauf für $k=2$.

b) Um welche Art »Wachstum« handelt es sich hier?

40. Mit wachsender Wassertiefe x (in Meter) nimmt die *Lichtintensität* I ab, und zwar (in guter Näherung) nach dem Gesetz $I'(x)=-k\,I(x)$ mit k als Absorptionskonstante.

a) Gesucht ist I in Abhängigkeit von der Wassertiefe x.

b) Auf wieviel Prozent der Intensität an der Oberfläche ist die Lichtintensität in 5 m Wassertiefe bei klarem Wasser $\left(k\approx 0{,}9\,\frac{1}{\mathrm{m}}\right)$ gesunken?

41. *Barometrische Höhenformel.* Als Bergsteiger weiß man, daß der Luftdruck p mit wachsender Höhe h (in km) abnimmt. Genauer gilt bei 0 °C in guter Näherung der Zusammenhang

$$p'(h)=-\frac{1}{7{,}99\ \mathrm{km}}\,p(h).$$

a) Gesucht ist p in Abhängigkeit von der Höhe h.

b) Auf wieviel Prozent des Druckes auf Meereshöhe ist der Druck in 8000 m Höhe gesunken? Wie ist es, wenn man weitere 8000 m steigt?

42. Sorgfältiges Zählen ergab, daß die Anzahl der Bakterien einer Kultur stündlich (im Mittel) um 40% zunimmt. Zu Beginn wurden 500 Bakterien gezählt.

a) Stelle eine Funktionsgleichung auf, mit der sich die Anzahl $N(t)$ der Bakterien zu jedem beliebigen Zeitpunkt t berechnen läßt. (Benutze die Grundeigenschaft exponentiellen Wachstums.)

b) Zeige, daß sich $N(t)$ schreiben läßt in der Form

$N(t) = 500 \cdot e^{kt}$ mit $k = 0{,}336$ (Näherungswert).

*c) Wie lautet die zur Gleichung in b) gehörige Differentialgleichung? Warum ist k kleiner als die gegebene Zuwachsrate von $40\% = 0{,}4$?

Wie hängen *p* und *k* zusammen?

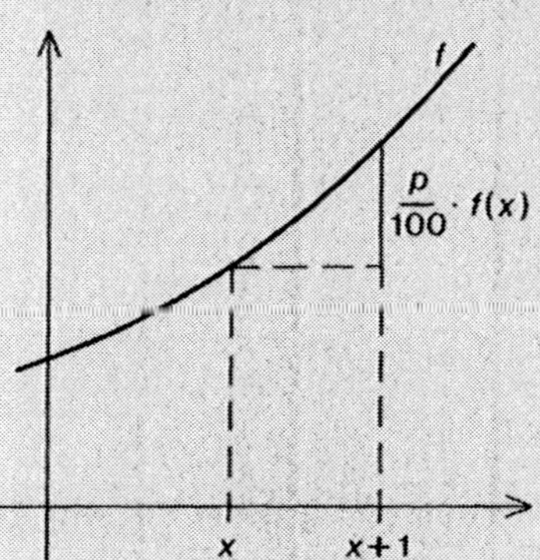

Abbildung 6a:
Die *Grundeigenschaft* besagt:
Jedes Fortschreiten um 1 Einheit bringt einen Zuwachs des Funktionswertes um p Prozent.

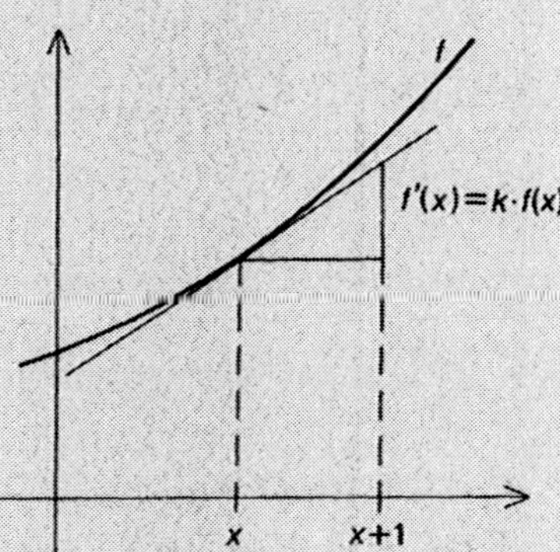

Abbildung 6b:
Die *Differentialgleichung* besagt:
Jedes Fortschreiten um 1 Einheit bringt einen Zuwachs der Tangente um das k-fache des Funktionswertes.

Da Tangenten an die Exponentialfunktion stets ganz unterhalb der Kurve verlaufen (bis auf den Berührpunkt), ist die Proportionalitätskonstante k in der Differentialgleichung $f' = k \cdot f$ immer kleiner als $\frac{p}{100}$, das ist die auf die Einheit bezogene prozentuale Zuwachsrate, die wir aus der Grundeigenschaft kennen. Dieser Unterschied macht sich übrigens um so stärker bemerkbar, je größer p ist. (Bei größerem p wird in den obigen beiden Bildern f rascher steiler, der Unterschied zwischen $\frac{p}{100} \cdot f(x)$ und $k \cdot f(x)$ und damit der zwischen $\frac{p}{100}$ und k nimmt daher zu; siehe Tabelle.)

p	$\frac{p}{100} - k$
2,5	0,0003
5	0,0012
10	0,0047
20	0,0177
40	0,0635
80	0,2122

Den genauen Zusammenhang zwischen k und p gewinnt man durch Vergleich von

$$f(x+1) = \left(1 + \frac{p}{100}\right) f(x) \quad \text{(Grundeigenschaft)}$$

und

$$\begin{aligned} f(x+1) &= a e^{k(x+1)} \qquad (f \text{ Lösung von } f' = k \cdot f) \\ &= e^k \cdot a e^{kx} \\ &= e^k f(x). \end{aligned}$$

Es gilt also

$$(16) \quad 1 + \frac{p}{100} = e^k.$$

Diese für die Anwendungen wichtige Gleichung gestattet, k und p jeweils auseinander zu berechnen.

Zurück zu den beiden Bildern: Die Konstante p ließ eine einfache Deutung zu; wie ist die Konstante k zu interpretieren? Die Umformung $k = \frac{f'}{f}$ gibt die Antwort: k ist die *relative momentane Zuwachsrate* oder die *relative Wachstumsgeschwindigkeit.*

43. Die Feststellung, daß k stets kleiner als $\frac{p}{100}$ ist, läßt sich direkt aus der Gleichung (16) gewinnen. Wie?

44. Exponentielles Wachstum ist durch die Differentialgleichung $f' = kf$ charakterisiert. (Die *relative* Wachstumsgeschwindigkeit ist konstant.) Welche Differentialgleichung gehört zu linearem Wachstum? (Interpretation?)

*45. *Stetige Verzinsung.* Bei einem jährlichen Zinssatz von $p\%$ ist ein Anfangskapital K_0 nach t Jahren angewachsen auf

$$K(t) = K_0 \left(1 + \frac{p}{100}\right)^t .$$

Man stelle sich vor, das Jahr wäre in n gleiche Teile geteilt und am Ende eines jeden Zeitabschnittes werden statt $p\%$ jetzt $\frac{p}{n}\%$ zugeschlagen. (Man beachte, daß dann der *jährliche* Zinssatz nicht mehr $p\%$ beträgt.)

a) Zeige: Nach 1 Jahr ist K_0 angewachsen auf

$$K_0 \cdot \left(1 + \frac{p}{n \cdot 100}\right)^n .$$

b) Frage: Was passiert mit dem Faktor $\left(1 + \frac{p}{n \cdot 100}\right)^n$ für $n \to \infty$? (»Stetige Verzinsung«)
(Anleitung: Wegen $\lim\limits_{n \to \infty} \left(1 + \frac{1}{n}\right)^n = e$ setzen wir $\frac{p}{n \cdot 100} = \frac{1}{m}$ und formen um:

$$\left(1 + \frac{p}{n \cdot 100}\right)^n = \left(1 + \frac{1}{m}\right)^{\frac{p \cdot m}{100}} = \left[\left(1 + \frac{1}{m}\right)^m\right]^{\frac{p}{100}}.)$$

c) Nach Teil b) ist das Kapital nach 1 Jahr angewachsen auf

$$K_0 \cdot e^{\frac{p}{100}},$$

wenn man stetige Verzinsung zum Zinssatz p unterstellt. Auf welchen Betrag ist das Kapital nach t Jahren angewachsen?

d) *Stetige* Verzinsung zum Zinssatz p wird beschrieben durch

$$K(t) = K_0 e^{\frac{p}{100} \cdot t} \quad (t \text{ in Jahren}).$$

Welchem *jährlichen* Zinssatz $\bar{p}$ (in %) entspricht das?

4.2 Sinusfunktionen

A. Definition und Eigenschaften

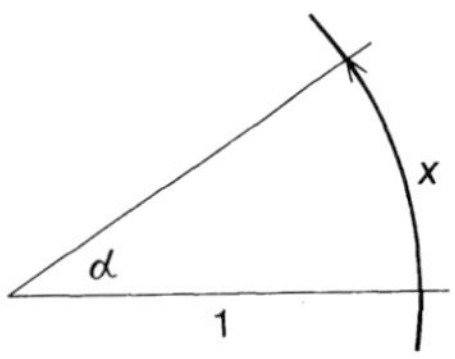

Abbildung 1

Winkel werden in verschiedenen Einheiten gemessen. Im täglichen Leben benutzt man meist das bekannte Gradmaß, bei dem der Vollwinkel 360° beträgt. Für unsere Zwecke ist das sogenannte *Bogenmaß* (Radiand) günstiger (Aufgabe 13). Hier mißt man die Größe eines Winkels durch die Länge des zugehörigen Bogens im Einheitskreis (s. Abb. 1)[1]. Das Bogenmaß ist eine *positive* Zahl, wenn die Drehung gegen den Uhrzeigersinn erfolgt, sonst ist es eine negative Zahl.
Da sich das Gradmaß α eines Winkels zum Vollwinkel 360° verhält wie der zugehörige Bogen x zum vollen Umfang des Einheitskreises $(=2\pi\cdot 1)$, gilt

$$\frac{\alpha}{360^\circ}=\frac{x}{2\pi}$$

oder

$$x=\frac{\pi}{180^\circ}\alpha.$$

Bekanntlich lassen sich die Sinus- und Kosinusfunktion am Einheitskreis erklären:

Für einen Winkel x (im Bogenmaß) sind die Zahlen $\cos x$ und $\sin x$ definiert als die Koordinaten des zu x gehörigen Punktes P auf dem Einheitskreis (s. Abb. 2).

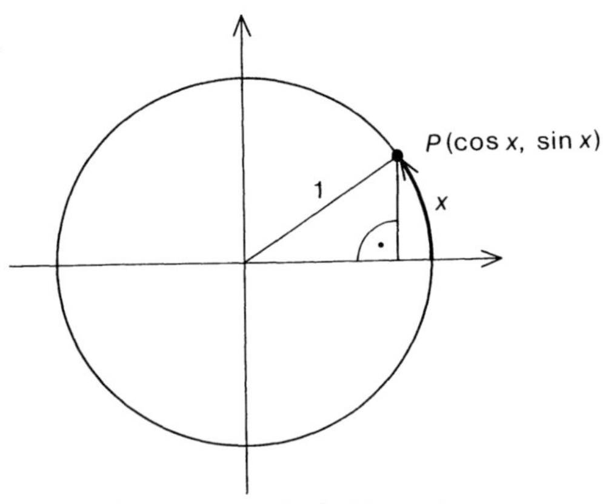

Abbildung 2

[1] Die Einheit Radiand wird meistens weggelassen; man schreibt also statt $\frac{\pi}{3}$ rad kurz $\frac{\pi}{3}$.

Dieser Definition entnimmt man sofort die wichtige Beziehung

$$\sin^2 x + \cos^2 x = 1 .$$

Weiter liest man am Einheitskreis ab (s. Aufgabe 2):

$$\sin\left(x + \frac{\pi}{2}\right) = \cos x,$$

(1)
$$\sin(-x) = -\sin x \quad \textit{(Punktsymmetrie zum Ursprung)},$$
$$\sin(\pi - x) = \sin x \quad \textit{(Achsensymmetrie zur Geraden } x = \frac{\pi}{2}\textit{)},$$
$$\sin(x + 2\pi) = \sin x \quad \textit{(Periodizität)}.$$

Diese Eigenschaften spiegeln sich in den Graphen der Funktionen sin und cos wider (Abb. 3).

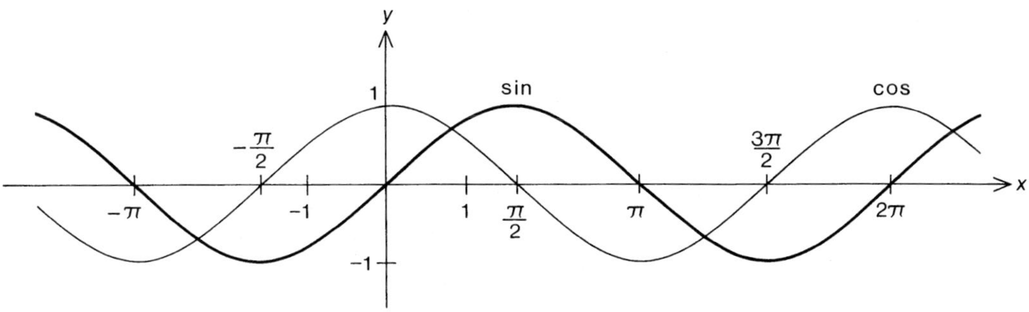

Abbildung 3

Besonders wichtig ist noch das sogenannte *Additionstheorem* der Sinusfunktion:

$$\sin(x+y) = \sin x \cos y + \cos x \sin y .$$

(Zum Beweis siehe nächsten Kasten.)

Aufgaben

1. a) Welches Bogenmaß haben die Winkel 0°, 30°, 45°, 90°, 180°, 270°, 360°, 540°?

   b) Nach welcher Formel läßt sich das Bogenmaß ins Winkelmaß umrechnen?

2. Man begründe die Formeln (1) am Einheitskreis.

3. Mit den Definitionen von sin und cos begründe man die Formeln

$$\cos x = -\sin\left(x - \frac{\pi}{2}\right),$$

$$\begin{aligned} &\cos(-x) = \cos x, \\ (2)\quad &\cos(\pi - x) = -\cos x, \\ &\sin(x + k \cdot 2\pi) = \sin x, \\ &\cos(x + k \cdot 2\pi) = \cos x. \end{aligned} \qquad k \in \mathbb{Z}.$$

4. Interpretiere die Formeln (1) und (2) am Graphen der Sinus- und Kosinusfunktion.

5. Oft wird unter dem Sinus eines Winkels im rechtwinkligen Dreieck das Verhältnis von Gegenkathete zu Hypotenuse verstanden. Verträgt sich diese Definition mit der unsrigen?

Das Additionstheorem

Leider ist die naheliegende Gleichung $\sin(x+y) = \sin x + \sin y$ im allgemeinen falsch. Beispielsweise ist $\sin\left(\frac{\pi}{4} + \frac{\pi}{4}\right) = \sin\frac{\pi}{2} = 1$, aber $\sin\frac{\pi}{4} + \sin\frac{\pi}{4} = 2 \cdot \sin\frac{\pi}{4} = 2 \cdot \frac{1}{2}\sqrt{2} = \sqrt{2}$. Stattdessen gilt der erheblich kompliziertere Zusammenhang

$$\sin(x+y) = \sin x \cos y + \cos x \sin y.$$

Wir beweisen ihn für den Fall, daß x und y Winkel zwischen 0 und $\frac{\pi}{2}$ sind, anhand folgender Figur:

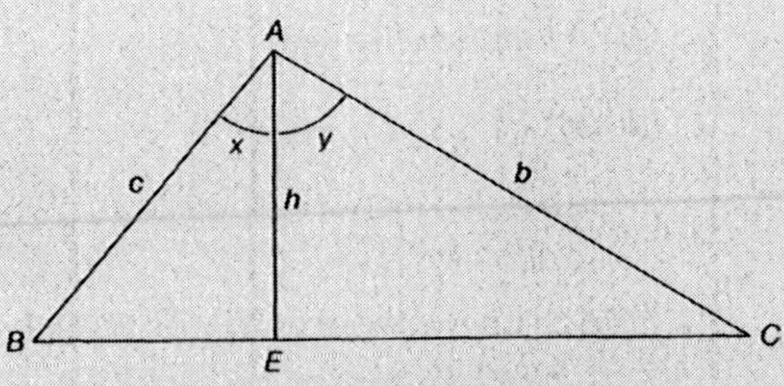

Abbildung 4

Nach einer bekannten Formel ist die Fläche des Dreiecks ABC einerseits

$$\frac{1}{2}bc\sin(x+y)$$

und andererseits, wenn man sie als Summe der Flächen der Teildreiecke ABE und ACE sieht, gleich

$$\frac{1}{2}ch\sin x+\frac{1}{2}bh\sin y.$$

Also ist

$$bc\sin(x+y)=ch\sin x+bh\sin y,$$

und nach Division durch bc erhält man:

$$\sin(x+y)=\frac{h}{b}\sin x+\frac{h}{c}\sin y=\sin x\cos y+\cos x\sin y.$$

6. Man finde weitere Gegenbeispiele für die *falsche* Formel $\sin(x+y)=\sin x+\sin y$. In welchem Zusammenhang steht dies alles mit der Aufgabe 19 aus Abschnitt 4.1?

7. Man entwickle eine Formel für $\sin(x-y)$ und $\cos(x+y)$.

B. Die Ableitung

Setzen wir arglos den Differenzenquotienten der Sinusfunktion für eine beliebige Stelle x_0 an:

$$\frac{\sin(x_0+h)-\sin x_0}{h}.$$

Zur Weiterverarbeitung dieses Quotienten bietet sich das Additionstheorem an:

$$\begin{aligned}\frac{\sin(x_0+h)-\sin x_0}{h}&=\frac{\sin x_0\cos h+\cos x_0\sin h-\sin x_0}{h}\\&=\sin x_0\frac{\cos h-1}{h}+\cos x_0\frac{\sin h}{h}.\end{aligned}\tag{3}$$

Wir erkennen, daß wir uns »lediglich« um Existenz und Bestimmung der Grenzwerte

$$\lim_{h\to 0}\frac{\cos h-1}{h}\tag{4}$$

und

$$(5)\quad \lim_{h\to 0} \frac{\sin h}{h}$$

kümmern müssen.

Bevor wir uns an diese nicht ganz leichte Aufgabe machen, verschaffen wir uns einen Einblick in das Grenzverhalten, indem wir $h = \frac{1}{n}$ einige Werte durchlaufen lassen:

$h = \frac{1}{n}$	$\frac{1}{10}$	$\frac{1}{100}$	$\frac{1}{1000}$
$\frac{\cos h - 1}{h}$	$-0{,}04996$	$-0{,}00450$	$-0{,}00050$
$\frac{\sin h}{h}$	0,99833	0,99998	1,00000

Es scheint so, daß die Grenzwerte (4) und (5) existieren und die Werte 0 bzw. 1 haben.

Sehen wir näher hin (Abb. 5). Die Sehne $\overline{AP}$ ist sicher nicht länger als der Bogen h. Für die Länge von $\overline{AP}$ gilt nach dem Satz des Pythagoras

$$\overline{AP}^2 = \overline{AC}^2 + \overline{CP}^2 = (1-\cos h)^2 + (\sin h)^2$$

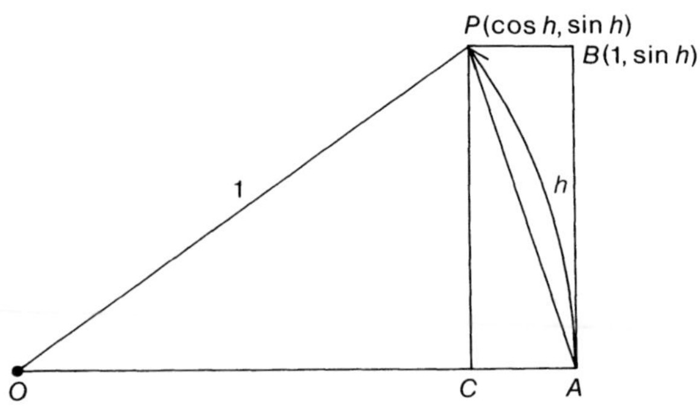

Abbildung 5

und daher ist

$$0 \le (1-\cos h)^2 + (\sin h)^2 \le h^2 .$$

Wir vereinfachen:

$$\begin{aligned} 0 &\le 1-2\cos h+\cos^2 h+\sin^2 h &&\le h^2 \\ 0 &\le 1-2\cos h+1 &&\le h^2 \\ 0 &\le \frac{1-\cos h}{h} &&\le \frac{h}{2} . \end{aligned}$$

Also strebt $\dfrac{1-\cos h}{h}$ für $h \to 0$ gegen Null, und damit existiert der Grenzwert (4) und hat den Wert null!

Mit derselben Figur zeigen wir nun noch, daß auch der Grenzwert (5) existiert und zwar mit dem Wert eins.

$$\overline{PC} \le \overline{PA} \le h \le \overline{PB} + \overline{BA} .$$

Daher gilt

$$\sin h \le h \le 1-\cos h + \sin h \le 1 - \cos h + h$$

und nach Division durch $h\,(>0)$

$$1 \le \frac{1-\cos h}{h} + \frac{\sin h}{h} \le \frac{1-\cos h}{h} + 1 .$$

Subtrahiert man noch $\dfrac{1-\cos h}{h}$, so ist

$$1 - \frac{1-\cos h}{h} \le \frac{\sin h}{h} \le 1 .$$

Da - wie wir bereits wissen - $\lim\limits_{h\to 0} \dfrac{1-\cos h}{h} = 0$ ist, existiert auch der Grenzwert (5) und hat in der Tat den Wert eins!

Ergebnis:

(6) $$\lim_{h\to 0} \frac{\cos h - 1}{h} = 0 \quad \text{und} \quad \lim_{h\to 0} \frac{\sin h}{h} = 1 .$$

Mit (6) schließen wir aus (3) auf die Differenzierbarkeit der Sinusfunktion an der Stelle x_0; es ist

$$\begin{aligned}\sin'(x_0) &= \lim_{h\to 0} \frac{\sin(x_0+h)-\sin x_0}{h}\\ &= (\sin x_0)\cdot \lim_{h\to 0}\frac{\cos h-1}{h} + (\cos x_0)\cdot \lim_{h\to 0}\frac{\sin h}{h}\\ &= (\sin x_0)\cdot 0 + (\cos x_0)\cdot 1\\ &= \cos x_0\,.\end{aligned}$$

sin′ = cos

Kurz: *Die Ableitung der Sinusfunktion ist die Kosinusfunktion,* sin′ = cos.

Aufgaben

8. Die geometrische Begründung von (6) haben wir auf die Abbildung 5 und damit auf die Voraussetzung $h>0$ gestützt. Weshalb gilt (6) auch für $h\to 0$ von links?

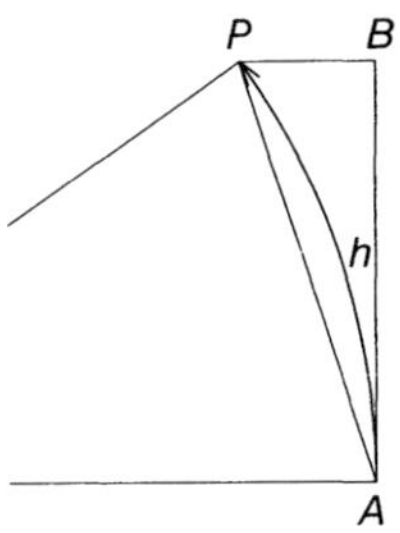

Abbildung 6

*9. Unser Beweisargument für (6) machte wesentlich davon Gebrauch, daß die *Länge* eines Kreisbogens stets eingeschlossen ist von den Längen der zugehörigen Sehne und eines außerhalb verlaufenden Streckenzuges (s. Abb. 6):

$\overline{AP} < h < \overline{AB} + \overline{BP}.$

Auch für die Berechnung des Kreisumfangs kann man von einer entsprechenden Eigenschaft Gebrauch machen (wie?).

10. Da sich der Kosinus in einfacher Weise durch den Sinus ausdrücken läßt $\left(\cos x = \sin\left(x+\frac{\pi}{2}\right)\right)$, zieht die Differenzierbarkeit der Sinusfunktion die der Kosinusfunktion nach sich; es gilt

$\cos' = -\sin\,.$

Man beweise dies!

11. Die Aussage

$$\lim_{h\to 0}\frac{\cos h-1}{h} = 0$$

bedeutet die Differenzierbarkeit der Kosinusfunktion an der Stelle 0 (warum?).
Rückblickend stellen wir fest: Aus der Existenz von $\cos'(0)$ haben wir auf die Differenzierbarkeit der Sinusfunktion an der Stelle 0 ge-

schlossen $\left(\sin'(0) = \lim\limits_{h\to 0} \frac{\sin h}{h} = 1\right)$ und aus der Existenz beider Ableitungen mit Hilfe des Additionstheorems auf die Ableitung des Sinus an *jeder* Stelle. Inwiefern ähnelt dieses Vorgehen dem bei den Exponentialfunktionen?

12. Wie läßt sich aus den Eigenschaften (1) der Sinusfunktion und der Lage ausgezeichneter Punkte plausibel machen, daß die Ableitung der Sinusfunktion gerade die Kosinusfunktion ist?

13. *(Rechtfertigung der Wahl des Bogenmaßes)* Angenommen, wir hätten die Winkel statt im Bogenmaß im Gradmaß gemessen. Da wir die Winkelfunktionen für Bogenmaß definiert haben, hätten wir das Gradmaß α ins Bogenmaß x umzurechnen: $x = \frac{\pi}{180^\circ}\alpha$; beispielsweise hätten wir statt $\sin x$ jetzt $\sin\left(\frac{\pi}{180^\circ}\alpha\right)$ zu schreiben.

Leonhard EULER

Leonhard EULER wurde am 4. April 1707 in Basel als Sohn eines Pastors geboren. Er studierte zunächst Theologie, wechselte aber bald zur

Mathematik über. EULER ist der produktivste Mathematiker des achtzehnten Jahrhunderts. Noch mit über siebzig Jahren diktierte er, längst völlig erblindet, einem Schreiber seine Entdeckungen, wobei ihm sein phänomenales Gedächtnis sehr von Nutzen war. Als er am 18. September 1783 in Petersburg starb, waren 530 Bücher und Arbeiten von ihm erschienen. Noch 47 Jahre nach seinem Tode veröffentlichte die Petersburger Akademie hinterlassene Manuskripte. Heute werden EULER insgesamt 886 wissenschaftliche Abhandlungen zugeschrieben.

Leonhard EULER leistete vor allem auf dem Gebiet der Analysis Bahnbrechendes. Doch auch seine Lehrbücher wurden viel gelesen, unter anderem von so bedeutenden Mathematikern wie LAGRANGE, LAPLACE und GAUSS, und haben die Entwicklung der Mathematik nachhaltig beeinflußt. Zu ihnen gehört das zweibändige Werk »Introductio in analysis infinitorum« (Einführung in die Analysis des Unendlichen) aus dem Jahre 1748. Hier findet sich unter anderem eine Darstellung der Trigonometrie, die bis hin zur Schreibweise der trigonometrischen Funktionen bis heute Gültigkeit besitzt.

Damit haben wir eine *neue* Winkelfunktion f erhalten: $f(\alpha)= \sin\left(\frac{\pi}{180°}\alpha\right)$.

a) Bestimme die höheren Ableitungen von f.

b) Definiere entsprechend die »Sinus«funktion für Neugrad. (Ein rechter Winkel entspricht 100 Neugrad.)

14. Man bestimme sämtliche Nullstellen, Extrema und Wendepunkte der Sinus- und Kosinusfunktion.

15. Für den Quotienten $\frac{\sin}{\cos}$ ist die Abkürzung tan üblich (*Tangens*funktion), für $\frac{1}{\tan}$ die Abkürzung cot (*Kotangens*funktion).
Man diskutiere beide Funktionen (Definitionsbereich, Symmetrie, Periodizität, Nullstellen, Extrema, Wendepunkte, Asymptoten, Skizze).

Diskussion von Sinusfunktionen

Zu untersuchen sei f mit

$$f(x)=2\sin(2x+\tfrac{\pi}{2}).$$

Die Periodizität von Funktionen dieses Typs gestattet, die Untersuchung auf ein Intervall der Länge der Periode zu beschränken.

Periode: sin durchläuft eine volle Periode, wenn das Argument $(2x+\frac{\pi}{2})$ das Intervall $[0, 2\pi]$ durchläuft. Daher setzen wir an

$$2x+\tfrac{\pi}{2}=0 \quad \text{bzw.} \quad 2x+\tfrac{\pi}{2}=2\pi,$$
$$\text{d.h.} \quad x=-\tfrac{\pi}{4} \quad \text{bzw.} \quad x=\tfrac{3}{4}\pi.$$

x durchläuft also ein Intervall der Länge $\frac{3}{4}\pi-(-\frac{\pi}{4})=\pi$. f hat daher die Periode π, wir wählen daher für die Untersuchung das Intervall $[0, \pi]$.

Nullstellen: $f(x)=0 \Leftrightarrow 2x+\frac{\pi}{2}=k\cdot\pi, \quad k\in\mathbb{Z}$

$$\Leftrightarrow \quad 2x=(k-\tfrac{1}{2})\pi, \quad k\in\mathbb{Z}$$
$$\Leftrightarrow \quad x=(k-\tfrac{1}{2})\tfrac{\pi}{2}=(2k-1)\tfrac{\pi}{4}, \quad k\in\mathbb{Z}.$$

Von diesen Nullstellen liegen im Untersuchungsintervall $[0, \pi]$ die Nullstellen $x=\frac{\pi}{4}$ $(k=1)$ und $x=\frac{3}{4}\pi$ $(k=2)$.

Lokale Extrema: $f'(x)=2\cos(2x+\frac{\pi}{2})\cdot 2=4\cos(2x+\frac{\pi}{2})$

$$f''(x)=-8\sin(2x+\tfrac{\pi}{2})$$
$$f'''(x)=-16\cos(2x+\tfrac{\pi}{2})$$

$$f'(x)=0 \Leftrightarrow 2x+\tfrac{\pi}{2}=(2k+1)\tfrac{\pi}{2}, \quad k\in\mathbb{Z}$$
$$\Leftrightarrow \quad x=k\tfrac{\pi}{2}, \quad k\in\mathbb{Z}$$

In $[0, \pi]$ liegen $x=0$, $x=\frac{\pi}{2}$ (und $x=\pi$).

$f''(0)=-8<0$, also Hochpunkt $H(0, 2)$.
$f''(\frac{\pi}{2})=+8>0$, also Tiefpunkt $T(\frac{\pi}{2}, -2)$.

Wendepunkte: $f''(x)=0 \Leftrightarrow 2x+\frac{\pi}{2}=k\pi, \quad k\in\mathbb{Z}$

$$\Leftrightarrow \quad x=(2k-1)\tfrac{\pi}{4}, \quad k\in\mathbb{Z}.$$

In $[0, \pi]$ liegen $x=\frac{\pi}{4}$ und $x=\frac{3}{4}\pi$.

$f'''(\frac{\pi}{4}) = 16\neq 0$, also Wendepunkt $W_1(\frac{\pi}{4}, 0)$
$f'''(\frac{3}{4}\pi)=-16\neq 0$, also Wendepunkt $W_2(\frac{3}{4}\pi, 0)$.

Bemerkung: Man kann sich den Graphen von f mit

$$f(x)=2\sin(2x+\tfrac{\pi}{2})$$

aus der Sinuskurve entstanden denken und so die Funktionsdiskussion abkürzen:

Die Änderung

$$x \mapsto 2x + \frac{\pi}{2}$$

im Argument des Sinus bewirkt, daß die Sinuskurve um $\frac{\pi}{2}$ nach links verschoben und dann mit dem Faktor $\frac{1}{2}$ in x-Richtung gestaucht wird (d.h. die Sinuskurve selbst erfährt gerade die umgekehrte Transformation $x \mapsto \frac{1}{2}(x - \frac{\pi}{2})$).

Die 2 vor dem Sinus schließlich bewirkt eine Streckung der Kurve in y-Richtung mit dem Faktor 2.

Skizze:

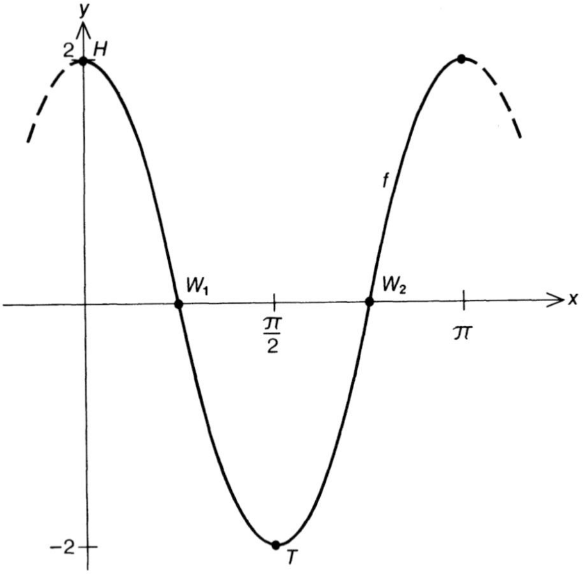

Abbildung 7

Zur Übung

Diskutiere die Funktionen f mit

a) $f(x) = \sin(x - \frac{\pi}{4})$ b) $f(x) = \sin(x + \frac{\pi}{4})$ c) $f(x) = \cos\frac{x}{2}$

d) $f(x) = 3\sin(2x - \frac{\pi}{2})$ e) $f(x) = -4\cos(\frac{3}{2}x + \frac{\pi}{2})$ f) $f(x) = \tan 2(x - \frac{\pi}{4})$

g) $f(t) = \sin(at + \frac{\pi}{4})$ h) $f(t) = a\cos(\pi - x)$ i) $f(x) = 2 + \sin\frac{x}{2}$.

16. Man untersuche

$$f(x) = x + \sin x$$

auf Monotonie, Extrema und Wendepunkte.

*17. Man diskutiere

$$f(x) = \sin x - \tfrac{1}{2}\sin 2x.$$

(Hinweis: Aus dem Additionstheorem gewinnt man $\sin 2x = 2\sin x\cos x$.)

18. Mit Hilfe des Newtonverfahrens (s. Kapitel 1.2, Aufg. 13) bestimme man näherungsweise die Nullstellen von $f(x) = \frac{1}{10}x + \sin x$.

Zur weiteren Übung

Diskutiere f mit $f(x) =$

a) $x - \sin x$	b) $\sin x + \cos x$	c) $\sin(x - \pi)$	d) $3\sin(\frac{x}{2} - \pi)$
e) $\cos(-2x)$	f) $(\sin x + 1)^2$	g) $a\sin(bx + c)$	h) $x\sin x$

19. Man suche Funktionen f mit der Eigenschaft

a) $f'' + f = 0$ b) $f'' = -af$ *c) $f'' + 2f' + 2f = 0$.
(Vgl. Aufgabe 34 aus 4.1.)

*20. Im Kasten »Vorsicht im Umgang mit dem Monotoniekriterium!« (Kapitel 3.1) haben wir anhand eines Funktionsgraphen begründet, daß es Funktionen gibt, deren Ableitung an einer Stelle positiv ist und die dennoch in keiner Umgebung dieser Stelle streng monoton wachsen. Die zu diesem Graphen gehörige Funktionsgleichung können wir jetzt angeben:

$$f(x) = \begin{cases} x + 2x^2 \sin\dfrac{1}{x} & \text{für } x \neq 0 \\ 0 & \text{für } x = 0\,. \end{cases}$$

a) Bilde $f'(x)$ für $x \neq 0$.

b) Man zeige, daß f auch im Nullpunkt differenzierbar ist, indem man den Differenzenquotienten ansetzt und überlegt, weshalb $\lim\limits_{h\to 0} h\sin\dfrac{1}{h} = 0$ ist. (Hinweis: $\left|\sin\dfrac{1}{h}\right| \leq 1$.)

c) Man begründe, daß zwar $f'(0)$ positiv ist, aber f in keiner Nullumgebung streng wächst. (Hinweis: Man überzeuge sich, daß f' in jeder noch so kleinen Umgebung der Null auch negative Werte annimmt.)

*21. Im Kasten »Vorsicht mit den Kriterien für lokale Extrema!« (Kapitel 3.2) haben wir anhand eines Funktionsgraphen begründet, daß ein

Vorzeichenwechsel von f' *nicht notwendig* ist für die Existenz lokaler Extrema. Die zu diesem Graphen gehörige Funktionsgleichung ist

$$f(x) = \begin{cases} 2x^2 + x^2 \sin \frac{1}{x} & \text{für } x \neq 0 \\ 0 & \text{für } x = 0 . \end{cases}$$

a) Man begründe, daß f im Nullpunkt ein lokales (sogar globales) Minimum besitzt. (Hinweis: Am Funktionsterm lese man ab, daß für $x \neq 0$ stets $f(x) > 0$ ist.)

b) Man zeige, daß f' in jeder noch so kleinen einseitigen Nullumgebung sowohl positive als auch negative Werte annimmt.

Schwierige Grenzwerte

Die Grenzwerte $\lim\limits_{h \to 0} \frac{\cos h - 1}{h}$ und $\lim\limits_{h \to 0} \frac{\sin h}{h}$ haben uns so zu schaffen gemacht, weil Zähler und Nenner für $h = 0$ jeweils den Wert 0 haben. Man kommt, wie man sagt, zu dem *unbestimmten Ausdruck* »$\frac{0}{0}$«. Auf solche Grenzwerte trifft man häufiger: Zu untersuchen ist

$$\lim_{x \to x_0} \frac{f(x)}{g(x)},$$

wobei $f(x_0) = 0$ und $g(x_0) = 0$ ist.

Seit dem 17. Jahrhundert ist bekannt, daß man solche Grenzwerte dadurch findet, daß man die Ableitungen von f und g an der Stelle x_0 berechnet und durcheinander teilt:

$$\lim_{x \to x_0} \frac{f(x)}{g(x)} = \frac{f'(x_0)}{g'(x_0)}$$

(Spezialfall *der Regel von* DE L'HOSPITAL (1661–1704)).

***Beweis:* Es ist**

$$\frac{f(x)}{g(x)} = \frac{f(x) - f(x_0)}{g(x) - g(x_0)} = \frac{\dfrac{f(x) - f(x_0)}{x - x_0}}{\dfrac{g(x) - g(x_0)}{x - x_0}} \quad (f(x_0) = g(x_0) = 0\ !)$$

Nun strebt der Differenzenquotient im Zähler für $x \to x_0$ gegen $f'(x_0)$ und der Nenner gegen $g'(x_0)$, ihr Quotient daher gegen $\frac{f'(x_0)}{g'(x_0)}$ (falls $g'(x_0) \neq 0$), folglich strebt auch $\frac{f(x)}{g(x)}$ gegen $\frac{f'(x_0)}{g'(x_0)}$. □

Eine kleine Bemerkung zum Schluß: Bisher haben wir Grenzwerte gebildet, um Ableitungen zu bestimmen. Die Regel von DE L'HOSPITAL zeigt, daß man umgekehrt mit Vorteil Ableitungen benutzen kann, um Grenzwerte zu berechnen.

22. Berechne die Grenzwerte $\lim\limits_{h \to 0} \frac{\cos h - 1}{h}$ und $\lim\limits_{h \to 0} \frac{\sin h}{h}$ mit Hilfe der Regel von DE L'HOSPITAL und bestätige so das Ergebnis (6).

23. Wieso haben wir im Text zur Gewinnung von (6) nicht einfach die Regel von DE L'HOSPITAL angewendet?

24. Berechne

a) $\lim\limits_{x \to 0} \frac{e^x - 1}{\sin x}$ b) $\lim\limits_{x \to 0} \frac{\sin(x^2)}{x}$ c) $\lim\limits_{x \to \frac{\pi}{2}} \frac{\sin^2 x - 1}{\cos x}$

C. Die Differentialgleichung

Wie könnte eine Differentialgleichung für die Sinusfunktion aussehen?

Wir wissen, daß sich der Sinus beim zweimaligen Ableiten (bis aufs Vorzeichen) reproduziert. Also erfüllt er die Differentialgleichung

(7) $f'' = -f.$

Statt (7) untersuchen wir allgemeiner die Differentialgleichung

(8) $f'' = -kf \quad (k > 0).$

Die Kettenregel im Hinterkopf setzt man an

(9) $f(x) = \sin ax$

und rechnet: $f'(x) = a \cos ax$ und $f''(x) = -a^2 \sin ax = -a^2 f(x)$. Wir sehen: (9) ist eine Lösung von (8), wenn man $a = \sqrt{k}$ wählt.

Da ein konstanter Faktor beim Ableiten erhalten bleibt, scheint

(10) $f(x) = A \sin \sqrt{k}\, x$

die allgemeine Lösung der Differentialgleichung (8) zu sein. Doch halt! Auch der Kosinus reproduziert sich beim zweimaligen Ableiten bis aufs Vorzeichen. Daher ist auch

(11) $f(x) = B \cos \sqrt{k}\, x$

eine Lösung. Mehr noch: Auch die Summe von (10) und (11) löst (8) (Aufgabe 25).

Ist nun die Summe von (10) und (11)

(12) $f(x) = A \sin \sqrt{k}\, x + B \cos \sqrt{k}\, x$

endlich die *allgemeine Lösung* von (8), ist also *jede* Lösung unserer Differentialgleichung von der Form (12)? Dem ist tatsächlich so, was wir hier nicht beweisen werden.

Die Lösung (12) läßt sich noch in die knappere Form

(13) $f(x) = C \cos(\sqrt{k}\, x - b)$

bringen. Um zu sehen, daß (13) von der Form (12) ist, wenden wir das Additionstheorem für den Kosinus an (vgl. Aufgabe 7) und erhalten $f(x) = C \cos(\sqrt{k}\, x - b) = C \cos \sqrt{k}\, x \cdot \cos b + C \sin \sqrt{k}\, x \cdot \sin b$. Mit $A := C \sin b$ und $B := C \cos b$ erhält man (12). Daß umgekehrt (12) auf die Form (13) gebracht werden kann, überlassen wir dem Leser als Aufgabe 26.

Aufgaben

25. Zeige: Mit f_1 und f_2 ist auch $f_1 + f_2$ eine Lösung der Differentialgleichung (8).

26. Bringe die Lösung (12) auf die Form (13).

27. Diskutiere:

    a) $f(x) = \sin 2x$ b) $f(x) = \sin(x - \frac{\pi}{3})$

    c) $f(x) = 2 \sin(2x - \frac{\pi}{4})$ d) $f(x) = \cos(-\frac{x}{2})$

    e) $f(x) = \tan(\frac{\pi}{6} - x)$ f) $f(x) = 2 \cos x - \cos 2x$

28. Diskutiere die durch $f(x) = \sin \sqrt{2x}$ gegebene Funktion (ohne Wendestellen). Warum ist f nicht periodisch?

29. Bestimme die Periode:

    a) $f(x) = \sin 3x$ b) $f(x) = \cos^2 x$ c) $f(x) = \tan 2x + 2 \sin 3x$

30. Bestimme den größten und kleinsten Funktionswert von

    $f(x) = \sin^2 x - 20 \cos x + 1$.

31. Skizziere den Graph von $f(x) = 2^{\sin x}$.

Eine gängige Deutung

Wir stellen uns vor, die Lösung f der Differentialgleichung $f'' = -kf$ beschreibt für einen geradlinigen Bewegungsvorgang den zurückgelegten Weg s in Abhängigkeit von der Zeit t:

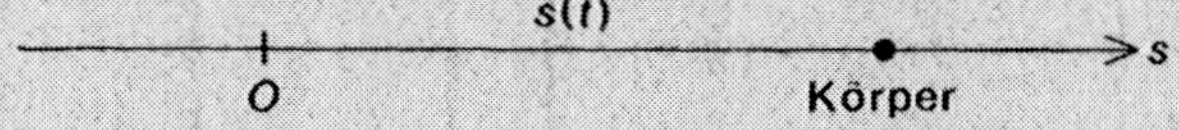

Die Differentialgleichung lautet dann

$$s''(t) = -k \cdot s(t)$$

mit der Lösung

$$s(t) = C\cos(\sqrt{k}\,t - b).$$

Wie können wir diese Lösung deuten?

Der Körper schwingt um die Nullage (Gleichgewichtslage) bis zur maximalen Entfernung C vom Nullpunkt. (Der Kosinus schwankt zwischen -1 und $+1$.) Was sagen uns die verbleibenden Konstanten $\sqrt{k}$ und b über den Schwingungsvorgang? Die Konstante b bestimmt, an welcher Stelle der s-Achse der Schwingungsvorgang zum Zeitpunkt $t=0$ beginnt: $s(0) = C\cos b$. Die Konstante $\sqrt{k}$ bestimmt, wie schnell der Körper hin und her schwingt. Da der Kosinus die Periode 2π hat, wiederholt sich nämlich nach einer bestimmten Zeit T der Bewegungsvorgang.

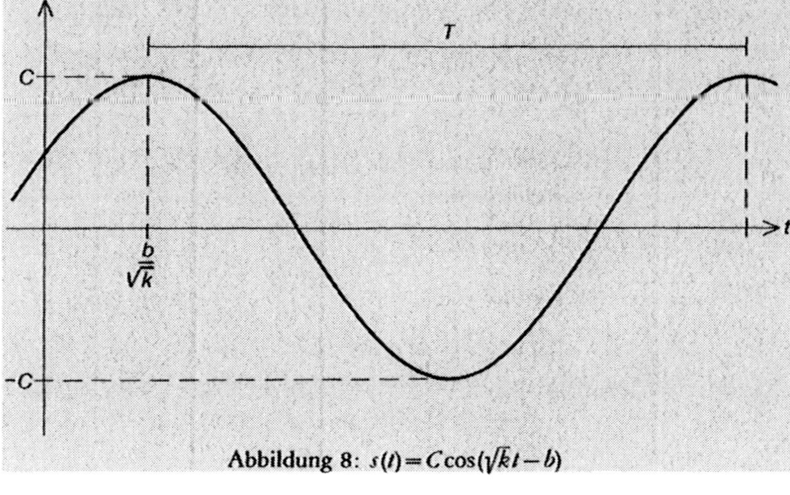

Abbildung 8: $s(t) = C\cos(\sqrt{k}t - b)$

Die Lage des Körpers zur Zeit $t+T$ ist dieselbe wie zur Zeit t, d.h. es gilt $s(t+T)=s(t)$ und daher

$$\cos(\sqrt{k}(t+T)-b)=\cos(\sqrt{k}\,t-b).$$

Da dies für jeden Zeitpunkt t gelten soll, müssen sich die beiden Argumente des Kosinus um die Periode 2π unterscheiden:

$$(\sqrt{k}(t+T)-b)-(\sqrt{k}\,t-b)=2\pi.$$

Also gilt $\sqrt{k}\,T=2\pi$

oder $\sqrt{k}=\dfrac{2\pi}{T}.$

Man sieht: Für große k ist die Schwingungsdauer T klein, für kleine groß.

32. Skizziere den Verlauf von $s(t)=C\cos(\sqrt{k}\,t-b)$ für $C=10$ cm, $T=5$ s und $b=\dfrac{\pi}{4}$.

33. Skizziere die Lösung der Schwingungsgleichung $s''(t)+9s(t)=0$ mit den Anfangsbedingungen $s(0)=1$ m und $v(0)=s'(0)=6\,\dfrac{\text{m}}{\text{s}}$.

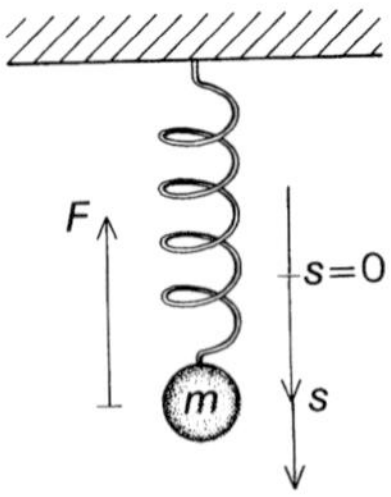

Abbildung 9

34. *(Federpendel)* Aus der Erfahrung weiß man, daß die Rückstellkraft F einer Schraubenfeder proportional zu ihrer Auslenkung s ist:

$F=-Ds$ (D konstant).

(Das Minuszeichen bringt zum Ausdruck, daß Rückstellkraft und Auslenkung entgegengesetzt gerichtet sind.)

Nun gilt das allgemeine Newtonsche Kraftgesetz

$F=m\cdot s''$

(»Kraft gleich Masse mal Beschleunigung«). Also gilt die Differentialgleichung

$ms''=-Ds$

oder

$s''(t)=-k\cdot s(t)$ mit $k=\dfrac{D}{m}$.

a) Löse die Differentialgleichung des Federpendels und skizziere die Lösung.

b) Sei $m=100$ g und $D=0{,}2\ \frac{\mathrm{N}}{\mathrm{cm}}$. Wie lautet die Bewegungsgleichung ($s(t)=?$), wenn $s(0)=5{,}0$ cm und $v(0)=s'(0)=1{,}0\ \frac{\mathrm{m}}{\mathrm{s}}$ ist?

*35. *(Gedämpfte Schwingung)* Jeder Schwingungsvorgang ist bei näherem Hinsehen mit Energieverlusten verbunden. Ergebnis sind *gedämpfte* Schwingungen, die (näherungsweise) beschrieben werden durch die Bewegungsgleichung $s(t)=A\,e^{-\lambda t}\sin(\omega t+\varphi)$.

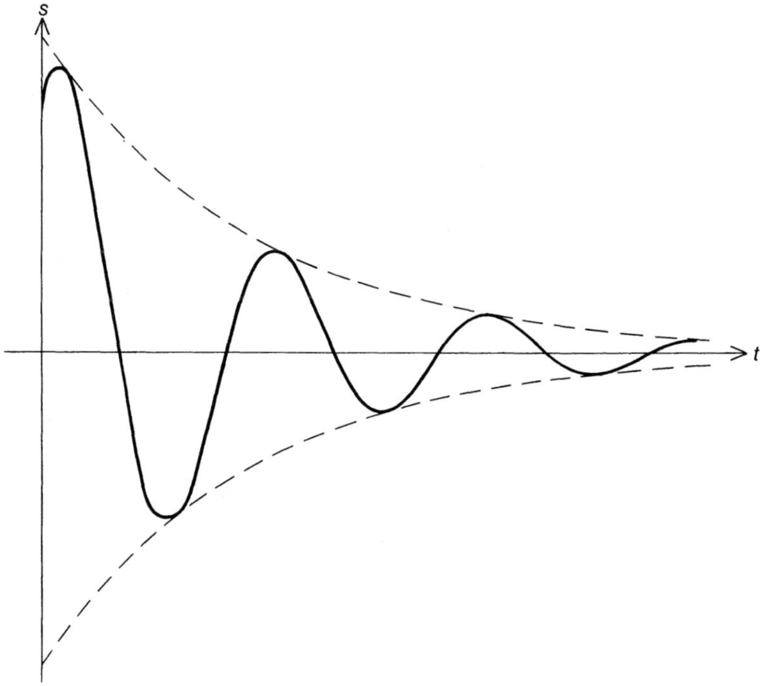

Abbildung 10: Die Berührpunkte mit der Einhüllenden fallen nicht mit den Extremalpunkten der Schwingungskurve zusammen.

Man überzeuge sich von der Richtigkeit folgender Feststellungen:

(1) Nullstellen bei $\frac{k\pi-\varphi}{\omega}$ $(k\in\mathbb{Z})$

(2) Extrema bei $\frac{k\pi-\varphi+\arctan\frac{\omega}{\lambda}}{\omega}$ $(k\in\mathbb{Z})$

(3) Wendepunkte bei $\dfrac{k\pi - \varphi + 2 \arctan \dfrac{\omega}{\lambda}}{\omega}$ $(k \in \mathbb{Z})$.

Der Dämpfungsterm $Ae^{-\lambda t}$ gibt die Einhüllenden der Schwingungskurve.

4.3 Näherungsweise Berechnung von exp und sin

Unsere Definitionen der Exponential- und Sinusfunktion gestatten nur in Ausnahmefällen eine *exakte* Berechnung der Funktionswerte. (Daran ändert auch ein vielstelliger Taschenrechner nichts!) Solche Ausnahmefälle sind z. B. $e^0 = 1$, $e^1 = e$, $\sin 0 = 0$, $\sin \dfrac{\pi}{2} = 1$.

Allerdings kann man (uns bereits bekannte) Methoden der Analysis einsetzen, um beliebige Funktionswerte mit jeder gewünschten Genauigkeit näherungsweise zu berechnen.

Benützt wird eine Folgerung aus dem Monotoniekriterium, die eine einleuchtende anschauliche Deutung erlaubt:

Satz vom Zuwachsvergleich

Sind zwei Funktionen f und g für $x \geq 0$ erklärt und dort differenzierbar, so folgt aus

$$f'(x) \leq g'(x) \quad \textit{für alle } x \geq 0$$
$$f(x) - f(0) \leq g(x) - g(0) \quad \textit{für alle } x \geq 0.$$

Deutung: Ist die lokale Änderungsrate von f nie größer als die von g, so ist auch der auf den Anfangswert bezogene Zuwachs von f nie größer als der von g (zum Beweis siehe Aufgabe 2).

Diesen Satz werden wir mehrfach anwenden, um schrittweise *Polynome* immer höheren Grades zu gewinnen, die sich den Funktionen exp und sin immer besser annähern. Damit wird der Gedanke der *linearen* Approximation aus Kapitel 1.2 aufgenommen und fortgeführt; denn Geraden sind Polynome ersten Grades.

A. Berechnung von exp

Für $x \geq 0$ ist

$$1 \leq e^x.$$

Wendet man daher den Satz vom Zuwachsvergleich auf die Funktionen $f(x)=x$ und $g(x)=e^x$ an, so folgt

$$x-0\leq e^x-e^0,$$

d.h.

$$1+x\leq e^x.$$

Wendet man den Satz erneut an, diesmal auf $f(x)=x+\frac{x^2}{2}$ und $g(x)=e^x$, so folgt

$$x+\frac{x^2}{2}-0\leq e^x-1,$$

d.h.

$$1+x+\frac{x^2}{2}\leq e^x.$$

Für $f(x)=x+\frac{x^2}{2}+\frac{x^3}{2\cdot 3}$ und $g(x)=e^x$ folgt dann weiter

$$1+x+\frac{x^2}{2}+\frac{x^3}{2\cdot 3}\leq e^x.$$

Fährt man so fort, so erhält man für jedes $n\in\mathbb{N}$:

$$(1)\quad 1+x+\frac{x^2}{2!}+\frac{x^3}{3!}+\ldots+\frac{x^n}{n!}\leq e^x.$$

(Dabei haben wir für das Produkt $1\cdot 2\cdot 3\cdot\ldots\cdot(n-1)\cdot n$ die übliche Kurzschreibweise $n!$ - gelesen: n Fakultät - verwendet.)

Das auf der linken Seite von (1) auftretende Polynom n-ten Grades nennen wir p_n. Die Funktion exp wird also *von unten* durch die Polynome p_n angenähert. Wie gut diese Approximation ist, zeigt Abbildung 1.

Zwar kann man (1) entnehmen, daß für festes $x>0$ die Werte $p_n(x)$ mit wachsendem n dem Wert e^x immer näher kommen. Daß darüber hinaus aber die Differenz $e^x-p_n(x)$ beliebig klein wird, ist plausibel und richtig, können wir hier jedoch nicht beweisen. Den Fehler $e^x-p_n(x)$ nicht explizit im voraus abgeschätzt zu haben, hat den Nachteil, daß man nicht von vornherein weiß, wie groß n zu wählen ist, um bei der Berechnung von e^x eine vorgegebene Genauigkeit zu erzielen. Hier sind wir bei der Sinusfunktion besser dran.

Den Praktiker kümmert dieser Nachteil wenig. Denn er testet hier nur, ob der Abstand zweier aufeinander folgender Näherungen seiner Fehlertoleranz genügt.

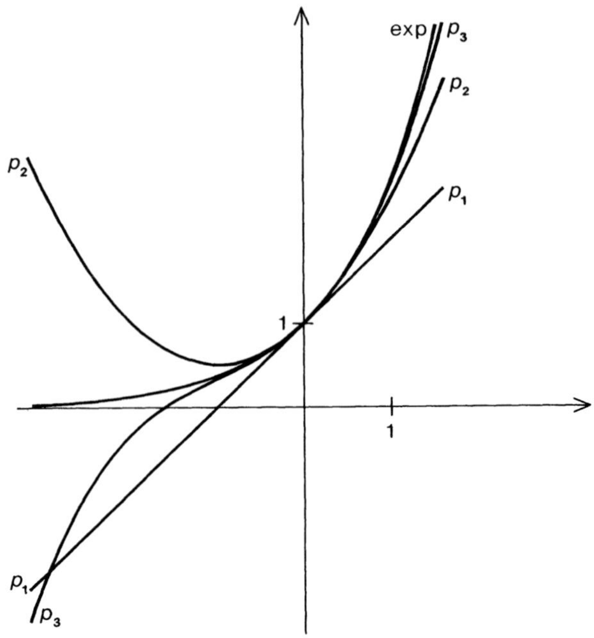

Abbildung 1

B. Berechnung von sin

Aus $\cos x \leq 1$ gewinnt man für $x \geq 0$

(2) $\sin x \leq x$

(Satz von Zuwachsvergleich für $f(x) = \sin x$ und $g(x) = x$), und daraus (für $f(x) = -\cos x$ und $g(x) = \frac{x^2}{2}$)

$$-\cos x - (-1) \leq \frac{x^2}{2}$$

oder

(3) $1 - \cos x \leq \frac{x^2}{2}$.

Wenden wir den Satz auf $f(x) = x - \sin x$ und $g(x) = \frac{x^3}{3!}$ an, so entsteht

(4) $x - \sin x \leq \frac{x^3}{3!}$.

Im nächsten Schritt erhält man daraus

$$(5)\quad \frac{x^2}{2}+\cos x-1\leq\frac{x^4}{4!}.$$

Daraus schließlich

$$(6)\quad \frac{x^3}{3!}+\sin x-x\leq\frac{x^5}{5!},$$

und so weiter.

Jetzt sammeln wir auf: Aus (2) und (4) folgt

$$(7)\quad x-\frac{x^3}{3!}\leq\sin x\leq x.$$

Aus (7) und (6)

$$x-\frac{x^3}{3!}\leq\sin x\leq x-\frac{x^3}{3!}+\frac{x^5}{5!}.$$

Fährt man so fort, so erhält man für *beliebiges gerades n*, wobei die Plus- und Minuszeichen wechseln:

$$(8)\quad x-\frac{x^3}{3!}+\frac{x^5}{5!}-\ldots\pm\frac{x^{2n-1}}{(2n-1)!}\leq\sin x\leq x-\frac{x^3}{3!}+\frac{x^5}{5!}-\ldots\mp\frac{x^{2n+1}}{(2n+1)!}.$$

Das auf der linken Seite von (8) auftretende Polynom $(2n-1)$ten Grades nennen wir p_{2n-1}. Eine Vorstellung der Güte der Approximation von sin durch p_{2n-1} vermittelt Abbildung 2.

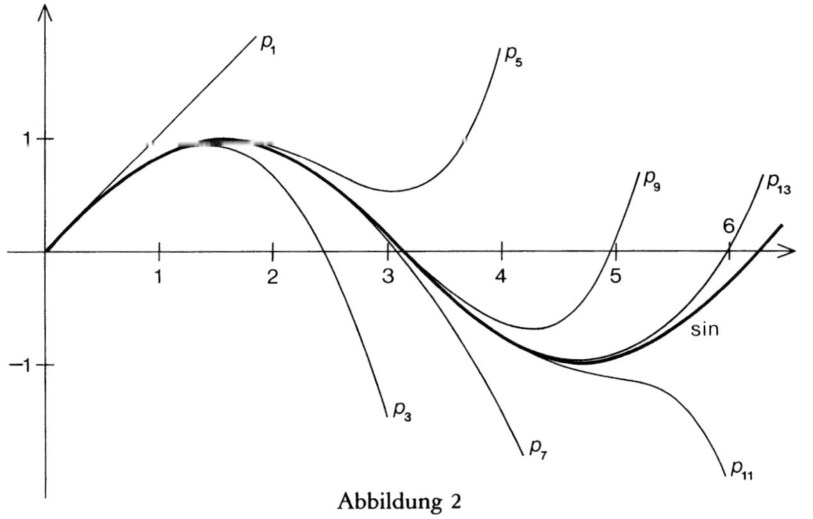

Abbildung 2

Im Gegensatz zur Exponentialfunktion sind wir hier in der Lage, den Approximationsfehler $|\sin x - p_{2n-1}(x)|$ abzuschätzen. Wegen (8) ist nämlich

$$(9)\quad |\sin x - p_{2n-1}| \leq \frac{x^{2n+1}}{(2n+1)!}\,.$$

Wie man mit dieser Fehlerabschätzung praktisch umgeht, zeigt der nächste Kasten.

Aufgaben

1. Welches sind die exakten Werte von $\sin\frac{\pi}{6}$, $\sin\frac{\pi}{4}$, $\sin\frac{\pi}{3}$?

*2. Hätten wir das Monotoniekriterium in der Form

$$(10)\quad (h'(x) \geq 0 \quad \text{für alle } x \in I) \Rightarrow (h \text{ auf } I \text{ monoton wachsend}),$$

so wäre der Satz vom Zuwachsvergleich eine leichte Folgerung: Denn aus $f'(x) \leq g'(x)$ folgt $(g-f)'(x) \geq 0$ und daher $(g-f)(0) \leq (g-f)(x)$, d.h. – wie verlangt – $f(x)-f(0) \leq g(x)-g(0)$. Daher bleibt nur noch zu überlegen, wieso (10) aus unserem Monotoniekriterium (d.h. (10) mit $>$ statt $\geq$) folgt.
Zu zeigen ist: Ist $h'(x) \geq 0$ auf ganz I, so folgt für $x_1, x_2 \in I$ mit $x_1 < x_2$ stets $h(x_1) \leq h(x_2)$.

Anleitung: Aus $h'(x) \geq 0$ folgt, wenn r eine *beliebige* positive Zahl ist, $h'(x)+r > 0$. Man wende nun das alte Monotoniekriterium aus Kapitel 3.2 auf die Funktion $\varphi(x) = h(x) + rx$ an und gewinne daraus für $x_1 < x_2$ die Ungleichung

$$\frac{h(x_1)-h(x_2)}{x_2-x_1} < r.$$

Dann verwende man folgende Schlußweise: Ist ein reeller Zahlenwert kleiner als *jede* positive reelle Zahl, so kann er nur kleiner oder gleich Null sein.

3. Wie sieht die (8) entsprechende Näherung für negative x aus?

4. Man interpretiere den Satz vom Zuwachsvergleich für den Fall, daß f und g Weg-Zeit-Funktionen sind.

5. Berechnen Sie e mit Hilfe von (1) so genau, wie es Ihr Taschenrechner zuläßt.

6. Aus (1) folgt – bei festem n – für jedes $x \geq 0$

$$\frac{x^n}{n!} \leq e^x \quad \text{(warum?)}$$

und daraus

$$\frac{x^{n-1}}{e^x} \leq \frac{n!}{x}.$$

Wieso folgt daraus, daß e^x für genügend große x jede Potenz von x übertrifft? Kurz: *Die Funktion* exp *wächst schneller als jede Potenzfunktion.*

7. Man entwickle, ausgehend von den Ungleichungen (3) und (5), eine (8) und (9) entsprechende Abschätzung für $\cos x$.

Wie man Fehler abschätzt

Mit welcher prozentualen Genauigkeit kann man im Bereich $0 < x \leq \frac{\pi}{4}$ *den Wert* $\sin x$ *durch* $x - \frac{x^3}{3!}$ *ersetzen?*

Für den relativen Fehler $r(x) = \dfrac{\sin x - \left(x - \frac{x^3}{3!}\right)}{\sin x}$ gilt wegen $\sin x > 0$ und (8) für $n = 2$:

$$0 \leq r(x) \leq \frac{x^5}{5! \sin x}.$$

Für $0 < x \leq \frac{\pi}{4}$ ist nun

$$\sin x \geq x - \frac{x^3}{3!} = x\left(1 - \frac{x^2}{3!}\right) \geq x\left(1 - \frac{\pi^2}{4^2 \cdot 3!}\right),$$

also

$$0 \leq r(x) \leq \frac{x^4}{5!\left(1 - \frac{\pi^2}{4^2 \cdot 3!}\right)}$$

$$\leq \frac{\pi^4}{4^4 \cdot 5!\left(1 - \frac{\pi^2}{4^2 \cdot 3!}\right)} < 0{,}0036 \quad \text{(Taschenrechner).}$$

Der Fehler ist mithin kleiner als 0,36%.

8. a) Mit welcher prozentualen Genauigkeit kann man im Bereich $0 < x \leq \frac{\pi}{2}$ den Wert $\sin x$ durch $x - \frac{x^3}{3!}$ ersetzen?

   b) Warum genügt es, über eine gute Näherung von $\sin x$ nur für $0 < x \leq \frac{\pi}{2}$ zu verfügen?

9. a) Bis zu welchem n muß die linke Seite von (8) berücksichtigt werden, um $\sin \frac{\pi}{5}$ auf 10 Stellen genau zu berechnen?

   b) Angenommen, ein Taschenrechner liefert das Ergebnis $\sin \frac{\pi}{7} =$ 0,4338837, und der Zahlenwert ist bis zur letzten Stelle genau. Wo dürfte man dann die linke Seite von (8) frühestens abbrechen, damit die Genauigkeit des Taschenrechners übertroffen wird?

4.4 Die Taylor-Abschätzung

Im vorigen Abschnitt haben wir eine Möglichkeit gefunden, die Funktionswerte der Exponential- und Sinusfunktion näherungsweise zu berechnen. Jetzt soll es um die Entwicklung einer *allgemeinen* Methode gehen.

Dem Grundgedanken, eine »komplizierte« durch eine einfache Funktion lokal zu approximieren, sind wir bereits am Anfang des Buches begegnet. Besagt doch die Differenzierbarkeit einer Funktion in der Auffassung von WEIERSTRASS, daß sie sich lokal durch eine Gerade approximieren läßt:

$$f(x) = (f(x_0) + f'(x_0)(x - x_0)) + r(x),$$

wobei für den Approximationsfehler $r(x)$ die »Güteaussage«

$$(1) \quad \lim_{x \to x_0} \frac{r(x)}{x - x_0} = 0$$

gilt.

Hier knüpfen wir an und fragen, wie sich über die Aussage (1) hinaus der Fehler $r(x)$ abschätzen läßt. Abbildung 1 zeigt, daß der Fehler der linearen Approximation an einer Stelle x nahe bei x_0 $(= 0)$ vom lokalen Krümmungsverhalten der Funktion, also von ihrer zweiten Ableitung, abhängt.

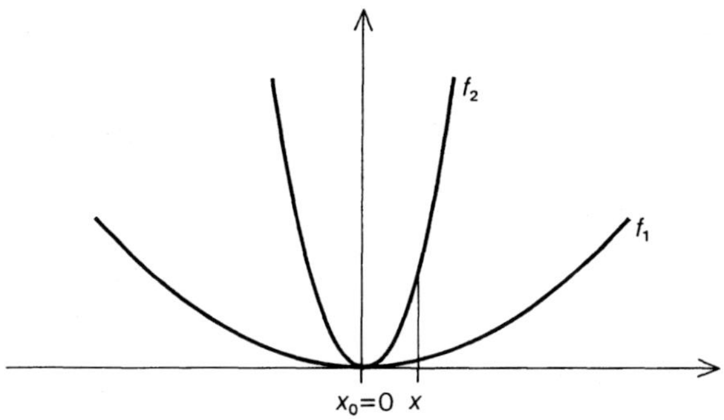

Abbildung 1

Ist die zweite Ableitung beschränkt, so wird man erwarten, daß sich der Fehler $r(x)$ über diese Schranken abschätzen läßt. In der Tat gilt für ein zweimal differenzierbares $f\colon D \to \mathbb{R}$:

Ist $m \leq f''(x) \leq M$ *für alle* $x \in D$, *so gilt für* $[x_0, x] \subset D$

(2) $$\frac{1}{2} m(x-x_0)^2 \leq r(x) \leq \frac{1}{2} M(x-x_0)^2 .$$

Beweis: Die Voraussetzung legt die Anwendung des Schrankensatzes in der $\leq$-Fassung auf f' nahe. Es folgt dann

$$m \leq \frac{f'(x)-f'(x_0)}{x-x_0} \leq M$$

oder

$$m(x-x_0) \leq f'(x)-f'(x_0) \leq M(x-x_0).$$

Wir verfolgen die rechte Ungleichung weiter. Sie besagt

(3) $f'(x)-f'(x_0)-M(x-x_0) \leq 0$.

Um von hier auf das Verhalten von f (und damit von r) zu schließen, liegt es nahe, die linke Seite von (3) als Ableitung einer geeigneten Funktion aufzufassen und erneut den Schrankensatz anzuwenden. Der erste Summand ist Ableitung von f an der Stelle x, der zweite ist eine Konstante und deshalb Ableitung von $f'(x_0)x$, der dritte Summand schließlich ist Ableitung von $\frac{1}{2}M(x-x_0)^2$. Also ist die Ableitung der durch den Term

(4) $f(x)-f'(x_0)x - \frac{1}{2}M(x-x_0)^2$

gegebenen Funktion ≤ 0. Nach dem Schrankensatz mit der Schranke *0* (also nach dem Monotoniekriterium!) ist die durch (4) gegebene Funktion monoton fallend auf $[x_0, x]$, d.h. es gilt

$$f(x)-f'(x_0)x - \tfrac{1}{2}M(x-x_0)^2 \leq f(x_0)-f'(x_0)x_0$$

oder

$$f(x)-(f(x_0)+f'(x_0)(x-x_0)) \leq \tfrac{1}{2}M(x-x_0)^2,$$

und damit ist, wie behauptet,

$$r(x) \leq \tfrac{1}{2}M(x-x_0)^2.$$

Analog schließt man für die Abschätzung durch $\frac{1}{2}m(x-x_0)^2$. □

Der Ausgangspunkt für dieses Resultat war die Kenntnis von Schranken für die *zweite* Ableitung von f. Hat man sogar Schranken für höhere Ableitungen, so wird man auf bessere Näherungen geführt; dabei entstehen »von selbst« jene Näherungspolynome, denen wir im vorigen Abschnitt in Spezialfällen bereits begegnet sind. Wir skizzieren die Schlußweise für den Fall

$$m \leq f'''(x) \leq M, \qquad x \in \mathrm{D}.$$

Diesmal wird der Schrankensatz dreimal angewendet. Im ersten Schritt folgt

$$m(x-x_0) \leq f''(x)-f''(x_0) \leq M(x-x_0).$$

Aus der rechten Seite schließt man wiederum, daß die durch

$$f'(x)-f''(x_0)x - \tfrac{1}{2}M(x-x_0)^2$$

gegebene Funktion monoton fällt, also

$$f'(x)-f''(x_0)x - \tfrac{1}{2}M(x-x_0)^2 \leq f'(x_0)-f''(x_0)x_0$$

und damit

$$f'(x)-f'(x_0)-f''(x_0)(x-x_0) - \tfrac{1}{2}M(x-x_0)^2 \leq 0$$

gilt. Erneute Anwendung des Monotoniekriteriums, diesmal auf die Funktion mit dem Term

$$f(x)-f'(x_0)x - \tfrac{1}{2}f''(x_0)(x-x_0)^2 - \tfrac{1}{2\cdot 3}M(x-x_0)^3,$$

liefert

$$f(x)-f'(x_0)x - \tfrac{1}{2}f''(x_0)(x-x_0)^2 - \tfrac{1}{2\cdot 3}M(x-x_0)^3 \leq f(x_0)-f'(x_0)x_0.$$

Man erhält

$$f(x)-\left[f(x_0)+f'(x_0)(x-x_0)+\frac{f''(x_0)}{2}(x-x_0)^2\right]\leq \tfrac{1}{2\cdot 3}M(x-x_0)^3.$$

Analog schließt man für die Abschätzung durch $\frac{1}{2\cdot 3}m(x-x_0)^3$.

Das in eckigen Klammern stehende approximierende Polynom nennt man *Taylor-Polynom 2. Ordnung* (nach dem englischen Mathematiker B. TAYLOR (1685–1732)):

$$p_2(x)=f(x_0)+f'(x_0)(x-x_0)+\frac{f''(x_0)}{2}(x-x_0)^2.$$

Das Taylor-Polynom 1. Ordnung von f in x_0 ist nichts anderes als die Tangente in $(x_0, f(x_0))$:

$$p_1(x)=f(x_0)+f'(x_0)(x-x_0).$$

Startet man damit, daß die $(n+1)$-*te* Ableitung beschränkt ist,

$$m\leq f^{(n+1)}(x)\leq M,\qquad x\in \mathrm{D},$$

so kommt man zum Taylor-Polynom n-ter Ordnung

$$p_n(x)=f(x_0)+f'(x_0)(x-x_0)+\frac{f''(x_0)}{2!}(x-x_0)^2$$
$$+\frac{f'''(x_0)}{3!}(x-x_0)^3+\ldots+\frac{f^{(n)}(x_0)}{n!}(x-x_0)^n,$$

mit der Fehlerabschätzung

Taylor-Abschätzung

$$(5)\qquad \frac{1}{(n+1)!}m(x-x_0)^{n+1}\leq f(x)-p_n(x)\leq \frac{1}{(n+1)!}M(x-x_0)^{n+1}.$$

Wendet man dieses Resultat beispielsweise auf die Sinusfunktion für $x_0=0$ an, bei der jede Ableitung durch $m=-1$ und $M=+1$ beschränkt ist, so kommt man zu jenem Taylor-Polynom, das wir im vorigen Abschnitt auf anderem Wege gewonnen haben (vgl. (8) aus 4.3).

Die Abschätzung (5) heißt *Taylor-Abschätzung* und ist von großem Nutzen für die näherungsweise Berechnung von Funktionswerten.

Aufgaben

1. a) Jemand schlägt vor, ausgehend von (3) statt (4) den Term

$$f(x)-f'(x_0)(x-x_0)-\tfrac{1}{2}M(x-x_0)^2$$

zu verwenden. Schließlich führt auch seine Ableitung auf (3). Wieso stört diese Änderung nicht den Fortgang des Beweises?

b) Auf welche Art könnte (4) noch modifiziert werden? Einfluß?

2. Man vervollständige den Beweis für die Abschätzung nach unten durch $\frac{1}{2}m(x-x_0)^2$.

3. Leite die Beziehung (8) von Abschnitt 4.3 aus der Taylor-Abschätzung (5) her.

4. Wie lautet das Taylor-Polynom n-ter Ordnung für die natürliche Exponentialfunktion $(x_0=0)$? Vergleiche das Ergebnis mit (1) aus 4.3. Wieso setzt die Anwendung von (5) die Vorgabe eines beschränkten Definitionsbereichs voraus?

5. Man mache eine Taylor-Approximation 2. Ordnung zur näherungsweisen Berechnung von $\sin 31°$ (mit Fehlerabschätzung).

6. Man berechne über Taylor $\sqrt[10]{e}$ auf 5 Stellen genau.

7. Wie lautet das Taylor-Polynom für die Kosinusfunktion $(x_0=0)$?

8. Zeige: $(1+x)^n=1+\binom{n}{1}x+\binom{n}{2}x^2+\ldots+\binom{n}{n}x^n$, wobei $\binom{n}{k}$ eine Abkürzung für den Quotienten $\dfrac{n(n-1)\cdot\ldots\cdot(n-k+1)}{k!}$ ist.

9. Wie lautet das Taylor-Polynom 2. Ordnung für $f(x)=\sqrt[3]{x}$ bei $x_0=27$? Verwende dieses Polynom, um $\sqrt[3]{28}$ näherungsweise zu berechnen. Wie groß ist der Fehler?

10. Berechne (Taschenrechner!):

$$\frac{\pi}{2}-\frac{\pi^3}{2^3\cdot 3!}+\frac{\pi^5}{2^5\cdot 5!}-\frac{\pi^7}{2^7\cdot 7!}.$$

Vermutung? Begründung!

5 Die Ableitung von Umkehrfunktionen

Auf vielen Taschenrechnern gibt es eine Taste (INV oder f^{-1} oder ...), mit deren Hilfe man verschiedene Funktionen »umkehren« kann. Was es damit auf sich hat, wird uns im ersten Abschnitt beschäftigen. Sodann geht es um die Frage, wie man Umkehrfunktionen *ableitet.* Den Schluß des Kapitels bilden die für die Anwendungen besonders wichtigen *Logarithmusfunktionen.*

5.1 Die Umkehrfunktion

Jemand behauptet, er könne mit seinem Taschenrechner ohne die π-Taste auskommen. Er sagt: »Ich drücke die −1, dann die INV-Taste, danach die COS-Taste. Mein Rechner zeigt dann 3,1415927, also die Zahl π an.« Sein Zuhörer fordert weitere Beweise, daß die angezeigte Zahl wirklich gleich π ist. Er ist offenbar an einen Kenner geraten. Denn dieser drückt kurzerhand die COS-Taste und hält ihm den Rechner vor die Nase. Die Anzeige zeigt −1. Sein Gegenüber versteht gar nichts mehr. Ihm ließ die Sache keine Ruhe, und er probierte sie zu Hause noch einmal aus. Da er sich nicht mehr genau erinnerte, vertauschte er aus Versehen die Tastenfolge und wunderte sich, daß statt der erwarteten −1 die Zahl +1 in der Anzeige erschien. Er rechnete mehrmals nach, doch stets ergab INV COS(COS(−1)) den Wert +1!

Wir fragen: *Wie muß eine Funktion f beschaffen sein, damit es zu ihr eine Funktion g gibt, die ihre Wirkung rückgängig macht; g* angewendet auf einen Funktionswert von f führt also auf das Argument zurück:

(1) $g(f(x))=x$ für jedes $x \in D_f$.

Sehen wir uns als Beispiel die Normalparabel im Intervall $[-2,2]$ an (Abb. 1). Wie finden wir hier das g?

Leider rührt jedes von Null verschiedene $f(x)$ von *zwei* x-Werten her, und es ist nicht klar, *welches* das zugehörige x ist. Wir müssen daher den Definitionsbereich von f so einschränken, daß jeder Funktionswert nur *einmal* angenommen wird. Wir wählen $D_f=[0,2]$. Offenbar erfüllt dann die Funktion g mit $g(x)=\sqrt{x}$ die Gleichung (1).

Man sagt, dieses f ist *umkehrbar,* nennt g seine *Umkehrfunktion* und bezeichnet diese mit f^{-1}. (Abbildung 2 zeigt f mit seiner Umkehrfunktion f^{-1}.)

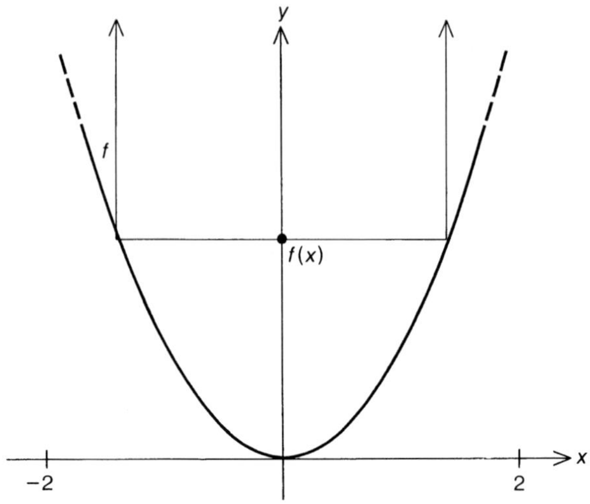

Abbildung 1

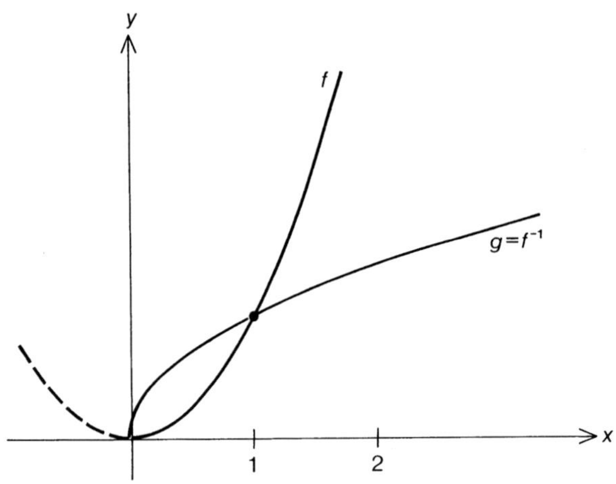

Abbildung 2

Allgemein halten wir fest: Eine Funktion ist genau dann umkehrbar, wenn ihre Funktionswerte nur *einmal* angenommen werden, d.h. wenn zu *verschiedenen x-Werten stets verschiedene Funktionswerte gehören.*

Wir definieren:
Sei f eine umkehrbare Funktion. Dann heißt g definiert durch

$$g(f(x))=x, \qquad x\in D_f$$

Umkehrfunktion *Umkehrfunktion von f.*

Eine Funktion besitzt sicher dann eine Umkehrfunktion, wenn sie streng monoton ist. Für differenzierbare Funktionen steht uns mit dem Monotoniekriterium ein bequemer Test dafür zur Verfügung.

Abbildung 2 legt die Vermutung nahe, daß sich der Graph von f^{-1} aus dem von f durch Spiegelung an der 1. Winkelhalbierenden gewinnen läßt. Um dies einzusehen, ist nur zu zeigen, daß genau dann, wenn das Paar (x, y) zu f gehört, das vertauschte Paar (y, x) zu f^{-1} gehört (s. Abb. 3):

(2) $y = f(x) \Leftrightarrow x = f^{-1}(y)$.

Dies aber gilt nach Definition der Umkehrfunktion f^{-1}.

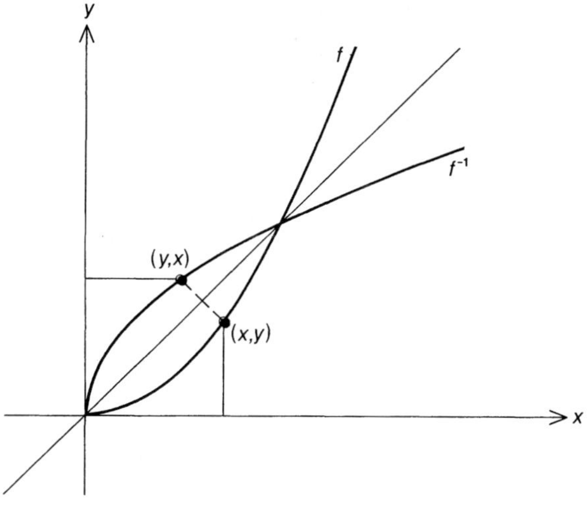

Abbildung 3: (x, y) geht bei Spiegelung an der 1. Winkelhalbierenden in (y, x) über.

Auf die Aussage (2) gründet sich eine bequeme Technik, um aus dem Funktionsterm von f den von f^{-1} zu gewinnen:

Erster Schritt: Vertausche in der Gleichung $y = f(x)$ die Variablen x und y.
Zweiter Schritt: Löse $x = f(y)$ nach y auf.

Beispiel: Aus $y = x^3 - 2$ folgt $x = y^3 - 2$ und daher $y = \sqrt[3]{x+2}$.

Aufgaben

1. Können Sie die Ungereimtheit in der Eingangsgeschichte erklären?

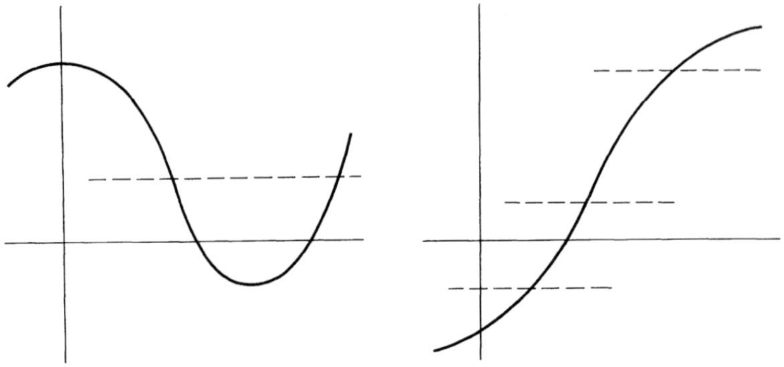

Abbildung 4

2. Eine Funktion ist umkehrbar, wenn ihr Graph von jeder Parallelen zur x-Achse höchstens einmal geschnitten wird. Warum?

3. Zweimaliges Umkehren reproduziert die Ausgangsfunktion, d.h.

   $(f^{-1})^{-1}=f.$

4. Ist g die Umkehrfunktion zu f, so gilt

   $g\circ f=id$ *und* $f\circ g=id,$

   wobei die *Identität* durch $id(x)=x$ definiert ist.

5. Gibt es Funktionen, die mit ihrer eigenen Umkehrfunktion übereinstimmen, d.h. für die $f^{-1}=f$ ist?

6. *Warnung:* Die Umkehrfunktion f^{-1} ist nicht zu verwechseln mit der Funktion $\frac{1}{f}$ (definiert durch $\frac{1}{f}(x)=\frac{1}{f(x)}$). Beispiele?

7. Teste zunächst auf Umkehrbarkeit und bestimme den maximalen Umkehrbereich. Wende dann die im Text entwickelte Technik an, um den Funktionsterm von f^{-1} zu bestimmen. Man vergleiche jeweils $D_{f^{-1}}$ mit W_f (Wertebereich von f).

   a) $f(x)=x^2+2x+1$ b) $f(x)=\frac{1}{1+x^2}$

   *c) $f(x)=\frac{ax+b}{cx+d}$ $(c\neq 0)$.

8. Nicht in allen Fällen greift die in der vorangegangenen Aufgabe angewendete Technik zur Bestimmung der Umkehrfunktion. Beispiel: $f(x)=x^5+x$ ist auf ganz $\mathbb{R}$ umkehrbar (denn wegen

$f'(x) = 5x^4 + 1 > 0$ (für alle x) ist f streng monoton steigend). Die Gleichung $x = y^5 + y$ ist jedoch nicht nach y auflösbar.
Prüfe, welche der Funktionen umkehrbar sind; schränke gegebenenfalls den Definitionsbereich ein.
Wann versagt die Technik?

a) $f(x) = \sqrt[3]{x+1}$

b) $f(x) = -x^3 - 2x + 1$

c) $f(x) = \sin x + x$

d) $f(x) = \sqrt{x^2 + 2}$

9. Jemand schlägt vor, *erst* die Gleichung $y = f(x)$ nach x aufzulösen und *dann* die Variablen zu vertauschen. Vergleiche dieses Verfahren zur Bestimmung von f^{-1} mit dem unsrigen.

10. In der Eingangsgeschichte wurde π über INV COS(-1) gewonnen. Gibt es noch andere Möglichkeiten, π auf dem Taschenrechner zu erzeugen?

    Eine kleine Eselsbrücke am Rande: π läßt sich auf 6 Stellen genau aus der Ziffernfolge

    11 33 55

    gewinnen, indem man den Bruch

    $$\frac{355}{113}$$

    ausrechnet. (Dieser Wert war den Chinesen bereits im 5. Jahrhundert n. Chr. bekannt.)

11. a) Zeige die Umkehrbarkeit der Kosinusfunktion im Intervall $[0, \pi]$. (Man benutze das Monotoniekriterium.)

    b) Die Kosinusfunktion hat keinen Umkehrbereich, dessen Intervallänge größer ist als π. (Warum?)

    c) Die auf ganz $\mathbb{R}$ definierte Kosinusfunktion nimmt jeden ihrer Funktionswerte an unendlich vielen Stellen an. Welche Stellen haben den Funktionswert $\frac{1}{2}$ ($\frac{1}{2}\sqrt{2}$; 0,9)?

Wichtige Umkehrfunktionen

Funktion f	üblicher Umkehrbereich von f	Umkehrfunktion f^{-1}	Definitionsbereich von f^{-1}
sin	$\left[-\frac{\pi}{2}, \frac{\pi}{2}\right]$	arc sin	$[-1,1]$
cos	$[0, \pi]$	arc cos	$[-1,1]$
tan	$\left(-\frac{\pi}{2}, \frac{\pi}{2}\right)$	arc tan	$\mathbb{R}$
$\exp_a$	$\mathbb{R}$	$\log_a$	$\mathbb{R}^+$

Da die Argumentwerte der Kreisfunktionen sin, cos und tan *Bogenlängen* sind und Bogen auf lateinisch *arcus* heißt, nennt man die Umkehrfunktionen zu den trigonometrischen Funktionen *Arcusfunktionen.* Deshalb findet man auf manchen Taschenrechnern statt SIN^{-1} oder INV SIN auch die Bezeichnung ARC SIN. Entsprechend schreibt man für $\cos^{-1}$ und $\tan^{-1}$ auch arc cos bzw. arc tan.

Noch ein Wort zu den Exponentialfunktionen: Da die Funktion $\exp_a$ $(0 < a \neq 1)$ auf ganz $\mathbb{R}$ streng monoton ist, ist sie dort auch umkehrbar. Ihre Umkehrfunktion bezeichnet man als Logarithmusfunktion zur Basis a und schreibt statt $\exp_a^{-1}$ auch $\log_a$. Der wichtige Spezialfall $a = e$ $(e = 2{,}71\ldots)$ führt auf die sogenannte *natürliche Logarithmusfunktion.* Für sie schreibt man auch kurz ln (»logarithmus naturalis«).

12. Ergänze die Tabelle des Kastens um die Kotangensfunktion und die Potenzfunktionen $x \mapsto x^n$ (man unterscheide gerades und ungerades n).

13. Skizziere die Graphen zu den Umkehrfunktionen des Kastens.

14. Bestimme: $\text{arc sin}\, 1$, $\text{arc cos}\, 0{,}5$, $\text{arc tan}\, \sqrt{3}$, $\text{arc sin}(-0{,}5)$, $\text{arc cot}\, 0$.

15. Beweise:

a) $\text{arc tan}\, \frac{1}{x} = \text{arc cot}\, x$

b) $\tan(\text{arc sin}\, x) = \frac{x}{\sqrt{1-x^2}}$

c) $\text{arc sin}\, x + \text{arc cos}\, x = \frac{\pi}{2}$.

5.2 Die Formel für die Ableitung

Wir wissen, daß der Graph der Umkehrfunktion durch Spiegelung an der ersten Winkelhalbierenden entsteht. Besitzt nun die Ausgangsfunktion an einer Stelle eine Tangente (ist sie dort also differenzierbar), so geht diese Eigenschaft beim Spiegeln nicht verloren. Anschaulich ist daher klar: *Ist f umkehrbar und an der Stelle x_0 differenzierbar* ($f'(x_0) \neq 0$), *so ist f^{-1} an der Stelle $f(x_0)$ differenzierbar* (s. Abb. 1).

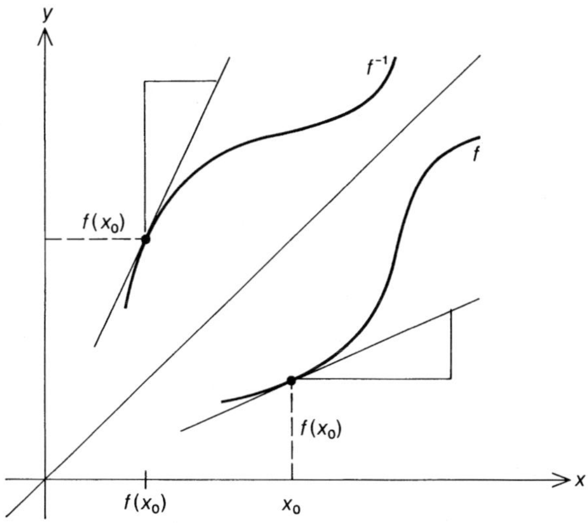

Abbildung 1

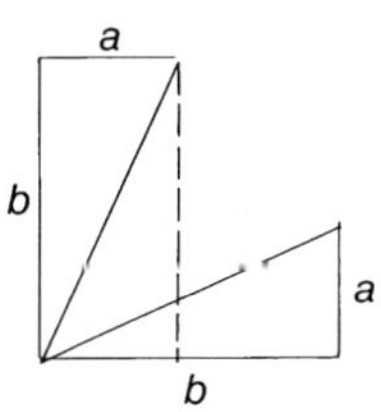

Abbildung 2

Zur *Berechnung* des Wertes von $(f^{-1})'(f(x_0))$ blicken wir auf die zugehörigen Steigungsdreiecke. Wir lesen ab (Abb. 2):

$$(f^{-1})'(f(x_0)) = \frac{b}{a} = \frac{1}{\frac{a}{b}} = \frac{1}{f'(x_0)}.$$

Dabei müssen wir $f'(x_0) \neq 0$ voraussetzen.

Die gewonnene Formel wird handlicher, wenn man sie noch etwas umschreibt. Zunächst bemerken wir, daß x_0 beliebig war, und erhalten mit x statt x_0 und y für $f(x)$

$$(f^{-1})'(y) = \frac{1}{f'(x)} \quad \text{mit } x = f^{-1}(y).$$

Unbefriedigend bleibt, daß die unabhängige Variable für $(f^{-1})'$ y und nicht wie üblich x heißt. Wir schreiben daher für y jetzt x und für x y:

Ableitung der Umkehrfunktion

(1) $$(f^{-1})'(x) = \frac{1}{f'(y)} \quad \text{mit } y = f^{-1}(x).$$

Lassen wir zum Schluß die Formel (1) arbeiten. Für die auf ganz $\mathbb{R}$ umkehrbare und überall differenzierbare *natürliche Exponentialfunktion* exp ist, wenn man $\exp^{-1} = \ln$ beachtet,

$$\ln'(x) = \frac{1}{\exp'(y)} = \frac{1}{\exp y} = \frac{1}{x} \quad (x > 0),$$

da $\exp' = \exp$ und $\exp y = \exp(\exp^{-1}(x)) = x$ ist.

Das ist ein recht merkwürdiges Ergebnis! *Jede* Potenzfunktion ($f(x) = x^n$, $n \in \mathbb{Z}$) führt beim Ableiten wieder auf eine Potenzfunktion ($f'(x) = nx^{n-1}$). Aber nicht jede Potenzfunktion läßt sich durch Ableiten einer Potenzfunktion erzeugen, wie das Beispiel $f(x) = \frac{1}{x} = x^{-1}$ zeigt.

Aufgaben

1. Jemand kritisiert: Auch eine horizontale Tangente an f geht bei Spiegelung an der ersten Winkelhalbierenden in eine Tangente über. Wieso haben Sie dann für ihre Formel auf der Voraussetzung $f'(x_0) \neq 0$ bestanden? Können Sie ihm Paroli bieten?

2. Die Formel für die Ableitung der Umkehrfunktion kann man – Existenz der Ableitung vorausgesetzt – auch sehr elegant mit Hilfe der Kettenregel gewinnen.
(Anleitung: Man leite beide Seiten der Gleichung $f^{-1}(f(x)) = x$ nach x ab.)

3. Zu beweisen ist die Potenzregel für gebrochene Exponenten ($f(x) = x^r \Rightarrow f'(x) = rx^{r-1}$).

   a) Man leite zunächst $x \mapsto x^{\frac{1}{n}}$ $(x > 0)$ ab und beachte dabei, daß $x \mapsto x^{\frac{1}{n}}$ Umkehrfunktion zu $x \mapsto x^n$ ist.

   b) Jetzt beweise man die Potenzregel für beliebige rationale Exponenten $\frac{m}{n}$ mit Hilfe der Kettenregel.

Die Ableitung wichtiger Umkehrfunktionen

Umkehrfunktion f^{-1}	Definitionsbereich von f^{-1}	Ableitungsterm $(f^{-1})'(x)$
arc sin	$[-1, 1]$	$\frac{1}{\sqrt{1-x^2}}, \quad -1<x<1$
arc cos	$[-1, 1]$	$-\frac{1}{\sqrt{1-x^2}}, \quad -1<x<1$
arc tan	$\mathbb{R}$	$\frac{1}{1+x^2}, \quad x \in \mathbb{R}$
ln	$\mathbb{R}^+$	$\frac{1}{x}, \quad x>0$

Die Ableitungen der Arcusfunktionen wird man sich nicht einprägen oder gar auswendig lernen; wichtiger ist, sie aus der Formel für die Ableitung der Umkehrfunktionen bei Bedarf rekonstruieren zu können.

4. Man leite die im Kasten angegebenen Ableitungen der Arcusfunktionen her. (Hinweis: Benutze die Beziehung $\sin^2 x + \cos^2 x = 1$.)

5. a) Entwickle eine Formel für (arc cot)′.

   b) Differenziere $f(x) = \text{arc cot}(\ln x)$.

6. Leite ab:

   a) $f(x) = \text{arc cos}(3x)$ b) $f(x) = 2\,\text{arc sin}(e^x - 1)$

   c) $f(x) = \sqrt{1+x^2}\;\text{arc sin}\,x$ d) $f(x) = x \ln x - x$

   e) $f(x) = \sin(\ln x)$ f) $f(t) = \ln(1 + kt)$

7. Diskutiere die Kurvenschar f_a $(a>0)$ mit

   $f_a(x) = (e^x - a)^2, \qquad x \in \mathbb{R}.$

   Man zeige, daß sich je zwei Graphen der Schar in genau einem Punkt schneiden. Wann liegt dieser Punkt auf der y-Achse?

8. Oft läßt sich die Existenz einer Umkehrfunktion nachweisen, ohne daß man ihren Funktionsterm geschlossen angeben kann (vgl. Aufgabe 8 aus 5.1). Dennoch können wir unsere Regel für die Ableitung der Umkehrfunktion auch hier anwenden. Beispiel:

$$f(x)=x^7+2x^3+1 \quad (f^{-1})'(x)=\frac{1}{f'(y)}=\frac{1}{7y^6+6y^2} \text{ mit } y=f^{-1}(x).$$

Zu demselben Ergebnis kommt man durch implizites Differenzieren (vgl. Aufgabe 16 aus 2.2). Prüfe dies nach.

Diskussion von Wurzelfunktionen

Zu diskutieren sei die durch

$$f(x)=\frac{x}{2}\sqrt{x+2}$$

gegebene Funktion. Wir folgen unserem Schema der Kurvendiskussion.

Definitionsbereich: Der Radikand darf nicht negativ sein, also

$$x \geq -2.$$

Nullstellen: $f(x)=0 \Leftrightarrow x=0 \vee x=-2.$

Lokale Extrema: $f'(x)=\frac{1}{2}\left(1\cdot\sqrt{x+2}+x\cdot\frac{1}{2\sqrt{x+2}}\right)$

$$=\frac{1}{2}\,\frac{2(x+2)+x}{2\sqrt{x+2}}=\frac{3x+4}{4\sqrt{x+2}}$$

(Beachte: Die Ableitung f' ist nur für $x>-2$ definiert.)

$$f'(x)=0 \Leftrightarrow 3x+4=0 \Leftrightarrow x=-\tfrac{4}{3}.$$

Da f' an dieser Stelle offensichtlich das Vorzeichen von $-$ nach $+$ wechselt, liegt bei $x=-\frac{4}{3}$ ein Tiefpunkt. $f(-\frac{4}{3})=-\frac{2}{3}\sqrt{\frac{2}{3}}$, daher

$$T\left(-\tfrac{4}{3},\ -\tfrac{2}{3}\sqrt{\tfrac{2}{3}}\right).$$

Wendepunkte: $f''(x)=\frac{1}{4}\,\frac{3\cdot\sqrt{x+2}-(3x+4)\cdot\frac{1}{2\sqrt{x+2}}}{x+2}$

$$=\frac{1}{4}\,\frac{3x+8}{2(x+2)\sqrt{x+2}}$$

$$f''(x)=0 \Leftrightarrow 3x+8=0 \Leftrightarrow x=-\tfrac{8}{3}.$$

Diese Stelle liegt außerhalb des Definitionsbereichs von f; es gibt keine Wendepunkte.

Skizze:

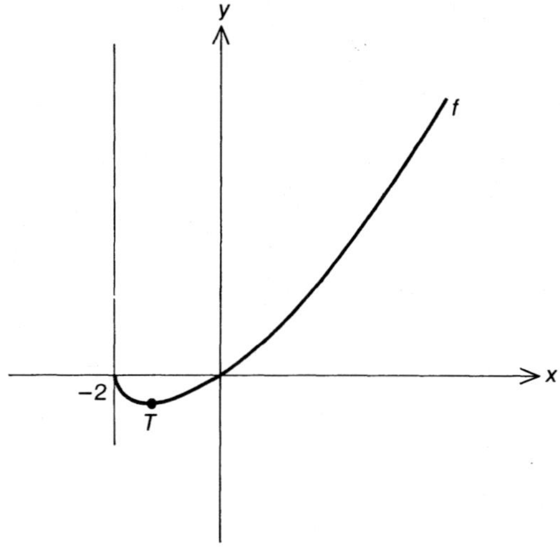

Abbildung 3

Bemerkungen:

- An der Stelle $x = -2$ ist zwar f, nicht aber f' definiert. An dieser Stelle hat f eine senkrechte Tangente (mit nicht endlicher Steigung).
- Spiegelt man f an der x-Achse, so erhält man die in Abbildung 4 gezeigte Kurve. Ihre beiden Äste f und $-f$

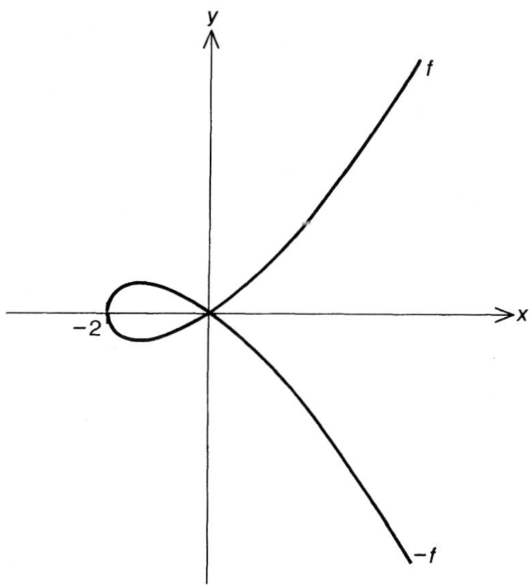

Abbildung 4

sind durch die eine Gleichung

$$y = \pm \frac{x}{2} \sqrt{x+2}$$

oder

$$y^2 = \frac{x^2}{4} (x+2)$$

beschrieben.

Ist umgekehrt eine derartige Gleichung für y^2 gegeben, so läßt sie sich in zwei Funktionsgleichungen aufspalten, die zu den beiden Ästen der Kurve gehören.

9. Durch

$$x^2 y^2 = (1+x^3)(1-x)$$

sind *implizit* zwei Funktionen gegeben, deren Graphen zusammengenommen man als Konchoide bezeichnet. Man diskutiere und zeichne die Konchoide.
Bemerkung: Implizite Gleichungen führen manchmal auf genau eine Funktion, so etwa $y^7 + 2y^3 + 1 = x$, die auf die Umkehrfunktion der Funktion f aus Aufgabe 8 führt.

10. *(Strophoide)* Man diskutiere und zeichne die durch

$$y^2 = x^2 \frac{1+x}{1-x}$$

gegebene Kurve.

11. Diskutiere

a) $f(x) = \sqrt{x+2}$ b) $f(x) = x\sqrt{1-x}$

12. Diskutiere die Kurven

a) $y = \pm x\sqrt{\frac{1-x}{1+x}}$ *b) $y = \pm x\sqrt{\frac{x}{x-1}}$

c) $x(x^2+y^2) + 2x^2 - 3y^2 = 0$ d) $y = \pm\sqrt{x^3} + \sqrt[3]{x^2}$

Zur weiteren Übung

Diskutiere die Kurven

a) $y^2 = \frac{1}{4}(x^3 + 3x)$ b) $y = \pm \frac{x^2}{2}\sqrt{x}$ c) $y^2 = \frac{1}{4}(x^3 - 2x^2)$

d) $y = \pm\sqrt{16 - x^2}$ e) $y = \frac{1}{3}x\sqrt{16 - x^2}$ f) $y^2 = \frac{4}{9}x^2 - 4$

g) $y^2 = \frac{4 - x}{4 + x}$ h) $y^2 = \frac{x^2}{25 - x^2}$ i) $y = \frac{3x}{\sqrt{x^2 + 9}}$

j) $y = \frac{x}{3}\sqrt{a^2 - x^2}$ k) $25y^2 = a^2x^2 - 2x^4$ l) $y^2 = \frac{(a-4)^4}{ax}$

13. Die Fichte ist die verbreitetste Baumart in Mitteleuropa. Fast die Hälfte der gesamten Waldfläche der Bundesrepublik wird von ihr bedeckt. (Wie lange noch?) Der Durchmesser der Durchschnittsfichte (gemessen in Brusthöhe = 1,3 m) in Abhängigkeit von der Zeit ist näherungsweise gegeben durch

$$d(t) = \frac{1}{1 + e^{-0{,}05(t-60)}}$$

(d in Meter, t in Jahren).

a) Wie dick ist die Durchschnittsfichte nach 50 bzw. 100 Jahren?

b) Man stelle das Dickenwachstum im Bereich $0 \leq t \leq 120$ graphisch dar.

c) Sinnvoll ist der Einsatz der Dickenformel erst ab einem gewissen Alter. Warum?

d) Man untersuche die Funktion d auf Wendepunkte und Asymptoten. Wie sind beide hier zu interpretieren?

e) Wie alt etwa ist eine Fichte mit dem Durchmesser $d = 40$ cm?

Man weiß, daß sich die Höhe der Fichte durch eine Funktion der Form

$$h(t) = a\left(1 + \arctan\frac{t-b}{c}\right)$$

recht gut beschreiben läßt (h in Meter, t in Jahren, a, b und c Konstanten).

f) Die Konstanten a, b, c sind so zu bestimmen, daß gewisse Erfahrungswerte eingearbeitet sind: Fichten haben eine (theoretisch nicht erreichbare) Endhöhe von etwa 51,4 m und erreichen im Alter von rund 31 Jahren mit einem Meter pro Jahr das größte Längenwachstum. (Ergebnis: $a=20$, $b=31$, $c=20$)

g) Wann ist die Fichte 45 m hoch?

h) Man stelle das Längenwachstum im Bereich $0 \leq t \leq 120$ graphisch dar.

i) Mit welcher Geschwindigkeit (in Meter pro Jahr) wächst der Baum im Alter von 3 Jahren?

j) Gesucht ist d als Funktion von h (man eliminiere t!); skizziere den Funktionsverlauf.

Das Verhältnis von Höhe zu Durchmesser der Fichte nennt man ihre »Schlankheit«

$$s(t) = \frac{h(t)}{d(t)}.$$

k) Man stelle die Schlankheit einer Fichte in Abhängigkeit von der Zeit ($0 \leq t \leq 120$) graphisch dar.

l) Bestimme näherungsweise das Alter, in dem eine Fichte am schlankesten ist.

5.3 Die Logarithmusfunktionen

Wir haben die *natürliche* Logarithmusfunktion ln als Umkehrfunktion der natürlichen Exponentialfunktion eingeführt (siehe Kasten zum ersten Abschnitt dieses Kapitels):

$$\ln\colon \mathbb{R}^+ \to \mathbb{R}, \qquad \exp\colon \mathbb{R} \to \mathbb{R}^+.$$

Es gilt der wichtige Zusammenhang

(1) $y = \ln x \Leftrightarrow e^y = x.$

Da wir wissen, daß der Graph einer Umkehrfunktion durch Spiegelung an der ersten Winkelhalbierenden entsteht, kennen wir mit dem Verlauf von exp auch den von ln (s. Abb. 1).

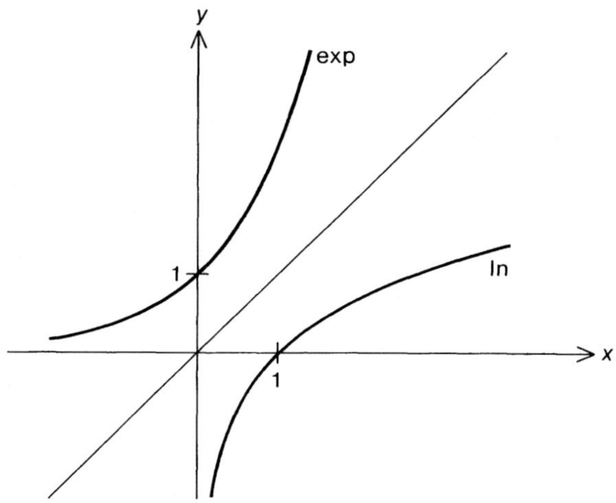

Abbildung 1

Daß der Graph von ln auch für große x ständig weiter wächst, entnehmen wir dem Monotoniekriterium: Da, wie wir wissen,

$$\ln'(x) = \frac{1}{x}, \qquad x > 0$$

gilt, ist die Ableitung stets positiv, der ln daher überall streng monoton wachsend. Da $\frac{1}{x}$ mit zunehmendem x immer kleiner wird, wächst der ln weiter draußen immer schwächer.

Funktionalgleichung von ln

Diese Eigenschaft kommt auch in der *Funktionalgleichung*

(2) $\ln(x \cdot y) = \ln x + \ln y$ für alle $x, y > 0$

zum Ausdruck. Die Gleichung (2) besagt nämlich, daß bei Streckung des Arguments um denselben *Faktor* $(\cdot y)$ der Funktionswert stets um denselben *Summanden* $(+\ln y)$ wächst. (2) ist eine direkte Folge aus der Funktionalgleichung $e^{x+y} = e^x \cdot e^y$ für die Funktion exp, was wir jetzt zeigen wollen.

Wegen (1) müssen wir uns nur davon überzeugen, daß die Zahl $(\ln x + \ln y)$ der Gleichung

$$e^{(\ln x + \ln y)} = xy$$

genügt (dem y in (1) entspricht hier $(\ln x + \ln y)$). Dies aber folgt aus

$$e^{(\ln x + \ln y)} = e^{\ln x} \cdot e^{\ln y} = x \cdot y.$$

Bisher haben wir nur von der *natürlichen* Logarithmusfunktion geredet. Auch die Logarithmusfunktionen zu *beliebigen* Basen erfüllen eine (2) entsprechende Funktionalgleichung (Aufgabe 3). Auch alle anderen Bemerkungen lassen sich relativ leicht übertragen (Aufgabe 4). Schwieriger ist es schon, für den allgemeinen Fall die Ableitung zu bestimmen.

Wüßten wir die Ableitung von $\exp_a$, so wäre die Sache über unsere Formel von der Ableitung der Umkehrfunktion eine Kleinigkeit. Wieder hilft uns die Kenntnis der natürlichen Exponentialfunktion:

$$a^x = (e^{\ln a})^x = e^{(\ln a)x}.$$

(Auf diese Weise ist eine Exponentialfunktion zu beliebiger Basis auf die mit Basis e zurückgeführt.) Mit der Kettenregel folgt dann

$$\exp_a'(x) = e^{(\ln a)x} \cdot \ln a = \ln a \cdot a^x.$$

Daher ist

(3) $\exp_a' = (\ln a)\exp_a$.

Die Funktion $\exp_a$ wird also – bis auf den konstanten Faktor $\ln a$ – beim Ableiten reproduziert.

Damit sind wir aber am Ziel. Denn aus der Regel für die Ableitung der Umkehrfunktion folgt jetzt

(4) $\log_a'(x) = \dfrac{1}{\exp_a'(\log_a x)} = \dfrac{1}{(\ln a)\cdot x} = \dfrac{1}{x \cdot \ln a}$.

Die Gleichungen (3) und (4) enthalten für $a = e$ als Spezialfälle die bereits bekannten Ableitungsregeln $\exp' = \exp$ und $\ln' = \dfrac{1}{\mathrm{id}}$.

Aufgaben

1. Begründe die Äquivalenz (1) vom Beginn dieses Abschnitts:

   $y = \ln x \Leftrightarrow e^y = x$.

2. Inwiefern besagt die Funktionalgleichung (2), daß das Wachstum des ln weiter draußen immer schwächer wird?

3. a) Man begründe die Äquivalenz

   $y = \log_a x \Leftrightarrow a^y = x$.

   b) Skizziere den Graph von $\log_2$ ($\log_{\frac{1}{2}}$, lg). (lg ist die übliche Abkürzung für $\log_{10}$.)

c) Mit Hilfe des Monotoniekriteriums zeige man, daß $\log_a$ für $0<a<1$ streng monoton fällt und für $a>1$ streng wächst.

4. Zeige: Auch die Logarithmusfunktion zu beliebigen Basen $a>0$ $(a \neq 1)$ erfüllt die Funktionalgleichung (2), d.h. es gilt

$$\log_a(x \cdot y) = \log_a x + \log_a y, \qquad x, y > 0.$$

5. a) Wir haben Exponentialfunktionen zu beliebiger Basis auf die mit Basis e zurückgeführt ($a^x = e^{x \ln a}$). Kann man sie auch auf jede andere Basis b zurückführen?

   b) Auch die Logarithmusfunktionen zu verschiedenen Basen lassen sich aufeinander zurückführen:

   (5) $\log_a x = \log_a b \cdot \log_b x$.

   Zum Beweis von (5) genügt es zu zeigen, daß die rechte Seite zur a-ten Potenz erhoben gerade gleich x ist.

   c) Wegen (5) kommt man bei der Berechnung beliebiger Logarithmen mit nur einer Logarithmusfunktion aus. Wieso? Taschenrechner verfügen meist über zwei Logarithmustasten, nämlich zu den Basen 10 (»lg«, manchmal auch »log«) und e (»ln«). Berechne $\log_2 7$ nur mit der ln-Taste!

6. Welche Beziehung besteht zwischen $\log_a b$ und $\log_b a$?

7. Diskutiere f mit

   a) $f(x) = x \ln x$ b) $f(x) = \dfrac{\ln x}{x}$

   c) $f_a(x) = \ln(x^2 + a)$, $a>0$ d) $f(x) = \dfrac{1}{2}(\ln x)^2$

   e) $f(x) = x - \ln(x+1)$ f) $f(x) = x + \dfrac{\ln x}{x}$

   g) $f(x) = \ln \cos x$

8. Leite ab

   a) $f(x) = \log_2 x$ b) $f(x) = \lg \dfrac{1}{x^2}$ c) $f(x) = \ln(\lg\sqrt{x})$

   d) $f(x) = \ln x \cdot \lg x$ e) $f(x) = \dfrac{1}{\log_5 x}$ f) $f(x) = e^{\lg(x^2)}$

Bei der Diskussion von Funktionen mit Exponentialanteilen braucht man immer wieder die Logarithmusfunktion, um gesuchte Werte exakt angeben zu können. Zum Beispiel ist die Nullstelle von $f(x)=(e^x-2)^2$ gerade $x=\ln 2$; denn

$$f(x)=0 \Leftrightarrow (e^x-2)^2=0 \Leftrightarrow e^x=2 \Leftrightarrow x=\ln 2.$$

Diesen Punkt beleuchten wir in dem

Beispiel: Wir untersuchen die Schar

$$f_a(x)=x+\frac{a}{e^x}, \qquad x\in\mathbb{R},\ a>0$$

auf relative Extrema und asymptotisches Verhalten.

Lokale Extrema: $f_a'(x)=1-\frac{a}{e^x}$, $f_a''(x)=\frac{a}{e^x}$.

$$f_a'(x)=0 \Leftrightarrow 1-\frac{a}{e^x}=0 \Leftrightarrow e^x=a \Leftrightarrow x=\ln a.$$

Da $f_a''(\ln a)=\frac{a}{e^{\ln a}}=\frac{a}{a}=1>0$, liegt ein lokales Minimum vor. Mit $f_a(\ln a)=\ln a+\frac{a}{e^{\ln a}}=1+\ln a$ folgt

$$T_a\,(\ln a,\ 1+\ln a).$$

Offensichtlich liegen alle Tiefpunkte auf der Geraden

$$y=1+x.$$

Asymptotisches Verhalten: Wegen $\lim\limits_{x\to+\infty}\frac{a}{e^x}=0$ ist die erste Winkelhalbierende $y=x$ für $x\to+\infty$ Asymptote.

Zur weiteren Übung

Diskutiere f mit $f(x)=$

a) $\left(1-\frac{1}{e^x}\right)^2$ b) $x+\frac{1}{e^x}$ c) $\frac{1}{e^x-1}$ d) $\frac{e^x}{(e^x+1)^2}$

e) xe^{-x^2} f) $x^2e^{-x^2}$ g) $\frac{e^x}{e^x+1}$ h) $e^{\frac{1}{x}}$

i) $e^{\frac{1}{x}}-x$ j) $x+e^{-x}$ k) $\frac{a}{2}\left(e^{\frac{x}{a}}+e^{-\frac{x}{a}}\right)$, $a>0$

l) $1-\frac{2e^x}{e^x+a}$, $a>0$ m) $(x^2-a^2)e^{-x^2}$, $a>0$.

*9. Zu untersuchen ist das Verhalten von $\frac{\ln x}{x^n}$ für $x \to \infty$.

a) Berechne den Quotienten ($n=1$) für $x=10^k$, $k=0, 1, 2, 3, 4$. Was ist zu vermuten?

b) Zeige: Aus $\ln x < \sqrt{x}$ ($x>0$) folgt $\frac{\ln x}{x^n} \to 0$ für $x \to \infty$.

(Anleitung: Setze $\ln x < \sqrt{x}$ als richtig voraus, gewinne daraus $\frac{\ln x}{x} < \frac{1}{\sqrt{x}}$ und schließe dann auf $\lim\limits_{x \to \infty} \frac{\ln x}{x^n} = 0$.)

c) Zur Begründung der Abschätzung $\ln x < \sqrt{x}$ untersuche man die Differenz $\sqrt{x} - \ln x$ auf den kleinsten Wert.

Ergebnis: *Die Funktion* ln *wächst schwächer als jede Potenzfunktion* (vgl. Aufgabe 6, Kap. 4.3).

Bei der Untersuchung von Funktionen mit ln-Anteilen ist das Ergebnis der letzten Aufgabe häufig von Nutzen.

Beispiel: Wir interessieren uns für das asymptotische Verhalten, die Nullstellen und die lokalen Extrema von

$$f_a\colon f_a(x) = \frac{\ln x - a}{x}, \quad x>0,\ a>0.$$

Asymptotisches Verhalten: Wegen $f_a(x) = \frac{\ln x}{x} - \frac{a}{x}$ und $\lim\limits_{x \to +\infty} \frac{\ln x}{x} = 0$ (Aufgabe 9) sowie $\lim\limits_{x \to +\infty} \frac{a}{x} = 0$ ist $\lim\limits_{x \to +\infty} f_a(x) = 0$, d.h. die positive x-Achse ist Asymptote.

Nullstellen: $f_a(x) = 0 \Leftrightarrow \ln x - a = 0 \Leftrightarrow x = e^a$.

Lokale Extrema: $f'_a(x) = \dfrac{\frac{1}{x} \cdot x - (\ln x - a) \cdot 1}{x^2} = \dfrac{1+a-\ln x}{x^2}$

$f'_a(x) = 0 \Leftrightarrow \ln x = 1+a \Leftrightarrow x = e^{1+a}$. Da f'_a an der Stelle $x=1+a$ das Vorzeichen von + nach − wechselt (ln wächst streng monoton!), liegt ein Hochpunkt vor. Mit $f_a(e^{1+a}) = \frac{1}{e^{1+a}}$ erhält man $H_a\left(e^{1+a}, \frac{1}{e^{1+a}}\right)$.

Als Ortslinie der Hochpunkte ergibt sich die Hyperbel $y = \frac{1}{x}$.

Zur weiteren Übung

Diskutiere f mit $f(x)=$

a) $\ln(x^2+1)$ b) $\ln\left(\frac{1}{x}+\frac{1}{x^2}\right)$ c) $\ln x^3$

d) $\sqrt{\ln x}$ e) $a\ln\frac{x-a}{a}$, $a>0$ f) $ax-\ln x$

*10. Zeige: $\lim\limits_{x\to 0} x^r \ln x = 0$ $(r\in\mathbb{Q}^+)$.

(Anleitung: Schreibe $r=\frac{m}{n}$ $(m, n\in\mathbb{N})$, setze $\ln x = y$ und versuche, das Problem auf $\lim\limits_{z\to\infty} ze^{-z}=0$ zurückzuführen.)

Merkwürdiges Millimeterpapier

Im Handel gibt es Millimeterpapier, das auf den ersten Blick widersinnig erscheint. Während die x-Achse wie gewohnt unterteilt ist, bietet die y-Achse ein verwirrendes Bild; ihr Unterteilungsprinzip ist nicht ersichtlich. Glücklicherweise enthält unser Blatt den Hinweis, daß die y-Achse *logarithmisch geteilt* ist. Sehen wir näher hin: Dort wo z. B. die erste 6 angeschrieben ist, kann nicht die 6 selbst gemeint sein, denn

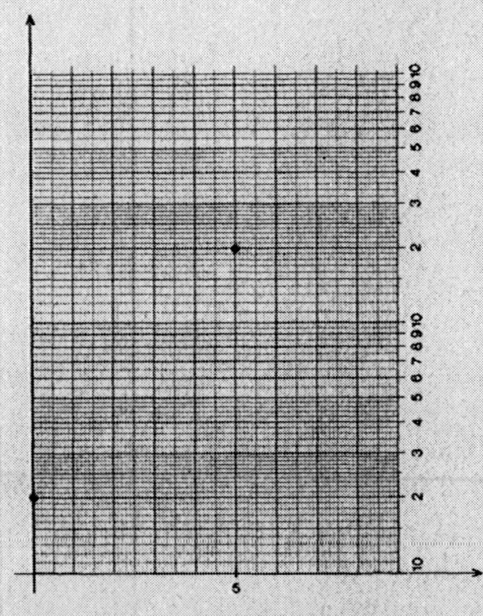

Abbildung 2

dann müßte sie von der nächsten 10 genau so weit entfernt sein wie von der 2. Vielmehr markiert die 6 den *Logarithmus* von 6 zur Basis 10. Dies gilt für den Fall, daß die erste 10 für $\lg(10^0)=0$ und die zweite 10 für $\lg(10^1)=1$ steht. Die zweite 6 steht dann für $\lg 60$, denn sie ist gegenüber der ersten 6 um $\lg 10=1$ verschoben, und es ist $\lg 6+\lg 10=\lg(6\cdot 10)=\lg 60$.

Welchen praktischen Nutzen hat die logarithmische Teilung der y-Achse? Nehmen wir an, irgendeine Größe y wächst in Abhängigkeit von einer anderen Größe x exponentiell, d.h. es gilt

$$y=a^x.$$

Dann ist

$$\lg y=\lg(a^x)=(\lg a)\cdot x,$$

d.h. die Größen $\lg y$ und x sind zueinander proportional. Anders ausgedrückt, trägt man die x-Werte wie gewohnt und die y-Werte logarithmisch auf – benutzt man also unser Papier –, so ergibt sich eine Gerade. Die umgekehrte Blickrichtung spielt in der Praxis eine bedeutende Rolle: Streuen die auf unser Papier aufgetragenen Meßpunkte um eine Gerade, so kann man auf exponentielles Wachstum schließen. Mehr noch, aus der Steigung der Geraden kann man auf die Basis der zugehörigen Exponentialfunktion schließen.

Halten wir fest, daß die Wirkungsweise des halblogarithmischen Papiers auf folgender Eigenschaft des Logarithmus beruht: Beim Übergang von y zu $\lg y$ wird aus der Potenz a^x das Produkt $(\lg a)\cdot x$, mit anderen Worten, *Potenzieren* wird zum *Multiplizieren* mit dem Exponenten. So wird beim Zehner-Logarithmus aus 10^n die Zahl n. Diese Eigenschaft des Logarithmus, aus »großen« »kleine Zahlen« zu machen, ohne die Monotonieverhältnisse zu ändern, findet breite Anwendung bei der Definition von *Skalen.* Beispiele dafür sind die *Dezibel-Skala* für Lautstärken, die *Richter-Skala* für Erdbeben und der *pH-Wert* in der Chemie (s. Aufgaben 13–15).

11. Man berechne $\lg 6$ und überzeuge sich davon, daß die erste 6 auf dem oben abgebildeten halblogarithmischen Papier den richtigen Abstand von der x-Achse hat.

12. a) Angenommen, die Ausgleichsgerade zu einer Meßreihe geht durch die beiden in Abbildung 2 hervorgehobenen Punkte. Welcher funktionale Zusammenhang zwischen x und y besteht dann? (Funktionsgleichung.)

b) Man zeige, daß die Darstellung des funktionalen Zusammenhangs $y = c \cdot a^x$ auf halblogarithmischem Papier zu einer Geraden führt, die genau dann durch den Ursprung geht, wenn $c = 1$ ist.

13. Auch der funktionale Zusammenhang $y = c \cdot x^\alpha$ läßt sich als Gerade darstellen, wenn man Papier benutzt, bei dem beide Achsen logarithmisch geteilt sind (*doppeltlogarithmisches* Papier). Warum?

14. Die Lautstärke – gemessen in *Dezibel* (dB) – eines Geräuschs der Intensität I ist definiert durch

$$L = 10 \cdot \lg \frac{I}{I_0},$$

wobei I_0 die Intensität des Geräuschs angibt, das vom menschlichen Ohr gerade noch wahrgenommen werden kann (Abb. 3).

a) Die Geräuschintensität normaler Unterhaltung ist etwa eine Million mal so groß wie I_0. Welchem dB-Wert entspricht das?

b) Eine Zunahme um 10 dB eines Geräuschs wird vom Menschen als Verdoppelung der Lautstärke empfunden. Welche Zunahme der Intensität bedeutet dies?

c) Ein Düsenflugzeug entwickelt beim Start eine Geräuschintensität von $10^{12} \cdot I_0$. Dezibelwerte über 90 gelten als gehörschädigend. Ist der erreichte Wert gefährlich?

	dB	
SCHMERZGRENZE	130	
Flugzeugmotor	120	
Webstühle	110	
Sägewerk	100	Schädlicher Lärm
Motorrad	90	
lautes Reden	80	
Zugabteil	70	
Telefon	60	Lästiger Lärm
Schiffskabine	50	Ruhe
Flüstern	40	
Schlafzimmer	30	
Taschenuhr	20	
Atmen	10	
HÖRSCHWELLE	0	

Abbildung 3: Geräuschintensitäten in dB

15. Die Schwere von Erdbeben gibt man durch Werte auf der *Richter-Skala* an. Sie ist definiert durch

$$R = \lg \frac{I}{I_0},$$

wobei I_0 die Intensität eines gerade wahrnehmbaren Bebens angibt.

a) Vergleiche auf der Richter-Skala die Stärke des berühmten Bebens, das 1906 San Francisco zerstörte ($I = 10^{8,25} \cdot I_0$) mit dem von Los Angeles im Jahre 1971 ($I = 10^{6,7} \cdot I_0$).

b) Warum nennt man die Richter-Skala »nach oben offen«?

16. *Einige pH-Werte*

20%ige Salzsäure	0,3
Magensalzsäure	0,9–1,5
Zitronensaft	2,3
Handelsessig	3,1
Saure Milch	4,4
Reines Wasser	7,0
- - - - - - - - -	- - - -
Blutflüssigkeit	7,36
Seewasser	8,3
50%ige Kalilauge	14,5

Der pH-Wert einer Substanz ist ein Maß für die Wasserstoffionen-Konzentration $[H^+]$, angegeben in Mol pro Liter. Genauer:

$$pH = -\lg[H^+].$$

Der pH-Wert von destilliertem Wasser ist 7, Säuren haben einen kleineren, Basen einen größeren pH-Wert.

a) Für Tomaten ist $[H^+]$ gleich $6{,}3 \cdot 10^{-5}$, für Milch $4 \cdot 10^{-7}$. Sind Tomaten bzw. Milch »sauer«?

b) Der pH-Wert eines Hautreinigers wird mit 5,5 angegeben. Welcher Wasserstoffionenkonzentration entspricht das?

c) Im Gegensatz zur Dezibel- und Richter-Skala sind pH-Werte als negative Logarithmen erklärt. Warum?

17. Im Jahre 1970 gab es auf der Erde 3,64 Milliarden Menschen, im Jahre 1980 4,44 Milliarden (vgl. Aufgabe 13, Kap. 4.1). Wir unterstellen, daß die Weltbevölkerung für alle Zeiten exponentiell wächst.

a) Zeige: Die Anzahl $N(t)$ der Menschen auf der Erde zur Zeit t (t in Jahren ab 1970) ist dann gegeben durch

$$N(t) = 3{,}64 \left(\frac{4{,}44}{3{,}64}\right)^{\frac{t}{10}}.$$

b) Wann hat sich die Weltbevölkerung verdoppelt (vervierfacht)?

c) Wieso hängt die *Verdoppelungszeit* nicht vom Startwert $N(0) = 3{,}64$ ab?

18. Gewisse chemische Stoffe (beispielsweise Uran-238) zerfallen im Laufe der Zeit. Man spricht von *radioaktivem Zerfall.* Bezeichnet $N(t)$ die Anzahl der Atome zur Zeit t und Δt ein Zeitintervall, so gibt der Quotient

$$\frac{N(t) - N(t + \Delta t)}{\Delta t}$$

die auf Δt bezogene Anzahl der zerfallenen Atome an. Sie ist – wie experimentell vielfach bestätigt – proportional zur Anzahl $N(t)$ der zu Beginn des Zeitintervalls vorhandenen Atome:

$$(6) \quad \frac{N(t) - N(t + \Delta t)}{\Delta t} = k \cdot N(t),$$

dabei ist k die für die Substanz charakteristische Zerfallskonstante. Aus (6) folgt

$$\frac{N(t + \Delta t) - N(t)}{\Delta t} = -k N(t).$$

Für hinreichend kleine Zeitspannen Δt ist die linke Seite (näherungsweise) gleich der Ableitung $N'(t)$. Die Anzahl $N(t)$ genügt daher der Gleichung

$$(7) \quad N'(t) = -k N(t).$$

a) Man zeige, daß die durch $N(t) = N_0 e^{-kt}$ gegebene Funktion die Gleichung (7) löst. (Welche Bedeutung hat der konstante Faktor N_0?)

b) Wismut-214 hat die Zerfallskonstante $k = 18\,500$ (Jahre)$^{-1}$. Stelle N in Abhängigkeit von t graphisch dar.

c) Nach welcher Zeit ist nur noch die Hälfte der Atome vorhanden *(Halbwertzeit)*?

d) Man zeige: Für die Halbwertzeit t_H einer radioaktiven Substanz gilt allgemein

$$t_H = \frac{\ln 2}{k},$$

d.h. t_H ist umgekehrt proportional zu k. Inwiefern paßt das zum Zerfallsgesetz (6)?

19. *Die C-14-Methode.* Kohlenstoff-14 hat die Zerfallskonstante 0,0001238 (Jahre)$^{-1}$. Bestimme das Alter eines Knochens, in dem der Kohlenstoff-14-Anteil nur noch 70% des ursprünglichen Anteils ausmacht.
Mit dieser genialen Methode kann man übrigens auch Bilderfälschern auf die Spur kommen.

20. Wie differenziert man die durch $f(x)=x^x$ für positive x gegebene Funktion?
Offensichtlich geben uns unsere Ableitungsregeln keinen Hinweis. Auch ein Rückgriff auf die Definition der Ableitung erscheint hoffnungslos. Die rettende Idee ist, den Exponenten durch Logarithmieren der Funktionsgleichung zum Faktor zu machen:

$$\ln f(x) = \ln(x^x) = x \ln x.$$

Jetzt leiten wir beide Seiten der Gleichung nach x ab und erinnern uns an die Ketten- und Produktregel:

$$\frac{1}{f(x)} \cdot f'(x) = 1 \cdot \ln x + x \cdot \frac{1}{x}.$$

Auflösen nach $f'(x)$ ergibt

$$f'(x) = f(x)(1 + \ln x) = x^x(1 + \ln x).$$

Leite nach dieser Methode des *logarithmischen Differenzierens* die folgenden Funktionen ab:

a) $f(x) = x^{3x}$

b) $f(x) = x^{\ln x}$

c) $f(x) = (x^3 + 1)^{x^2}$

Wie ist der Definitionsbereich von f jeweils einzuschränken?

Der Rechenschieber - Ein Fossil

Der Taschenrechner ist heute als Rechenhilfsmittel in Schule und Beruf nicht mehr wegzudenken. Bis weit in die sechziger Jahre hinein sah es ganz anders aus: Man hatte nur Logarithmentafel und Rechenschieber zur Verfügung, und es glich einer Kunst, sich ihrer schnell und sicher zu bedienen.
Das Prinzip des *Rechenschiebers* (der sehr lange Zeit hervorragende Dienste leistete) wurde bereits Anfang des 17. Jahrhunderts entdeckt. Es beruht auf derselben Idee wie das logarithmische Papier (vgl. den vorigen Kasten). Feste und bewegliche Skala sind jeweils logarithmisch geteilt. Dadurch läßt sich z. B. das Multiplizieren als Addieren von Strecken ausführen (s. Abb. 4).

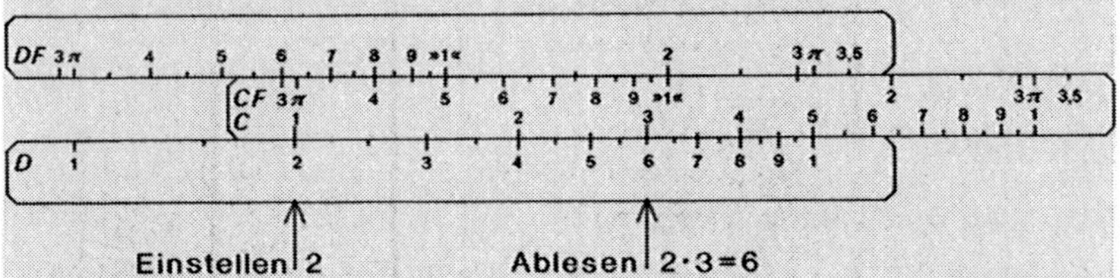

Abbildung 4

Auf welcher Eigenschaft der Logarithmusfunktion beruht dieses Verfahren?

21. Unser Taschenrechner kann die Aufgabe $(-2)^5$ mit Hilfe der y^x-Taste nicht bewältigen. Woran liegt das wohl? Was macht Ihrer?

6 Die Methode der Iteration

Wenn ein Praktiker die Fläche eines Kreises nach der Formel πr^2 berechnen will und dessen Radius mit einem Meßfehler behaftet ist, wird ihn der *exakte* Wert von π nicht interessieren; er benutzt einen Näherungswert, etwa 3,14. Ähnlich ergeht es ihm mit dem Lösen von Gleichungen: Im allgemeinen genügt ihm ein Näherungswert einer Lösung mit einer bestimmten Anzahl *gültiger* Dezimalstellen.

Ziel dieses Kapitels ist es, mit einem Verfahren bekannt zu machen, mit dem man eine Näherungslösung schrittweise verbessern kann.

Wir beginnen mit einer Methode zum *Wurzelziehen,* die auf die alten Babylonier zurückgeht, schälen im zweiten Abschnitt die allgemeine *Idee* heraus und betten zum Schluß das bekannte *Newton-Verfahren* ein.

6.1 Wurzelziehen

Schon vor mehr als 2000 Jahren benutzten die Babylonier ein Verfahren zur Berechnung von Quadratwurzeln, das noch heute in einigen Rechnern benutzt wird. Es lohnt sich, dieser Idee nachzugehen.

Nehmen wir an, es ist $\sqrt{28}$ zu berechnen. In der Nähe der gesuchten Zahl liegt 5, denn 5^2 ist gleich 25. Dann ist

$$\sqrt{28}=5+\alpha_1,$$

wo α_1 für den noch fehlenden Betrag steht. Um α_1 zu bestimmen, quadrieren wir:

(1) $28=25+10\alpha_1+\alpha_1^2$

oder

$$\alpha_1^2+10\alpha_1-3=0.$$

Die Lösungen sind

$$\alpha_1=-5\pm\sqrt{28},$$

d.h. um α_1 zu bestimmen, braucht man $\sqrt{28}$. Die Katze beißt sich in den Schwanz: Für die Berechnung von $\sqrt{28}$ brauchen wir α_1, und für die von α_1 brauchen wir $\sqrt{28}$!

Die folgende Idee erlaubt uns, dem Teufelskreis zu entrinnen: Der Fehler α_1 ist sicher kleiner als 1, sein Quadrat noch kleiner. Deshalb vernachlässigen wir in (1) den Summanden α_1^2 und berechnen α_1 aus

$$28 \approx 25 + 10\alpha_1 .$$

Es ergibt sich $\alpha_1 \approx 0{,}3$. Damit ist nach $x_1 = 5$ ein *zweiter* Näherungswert für $\sqrt{28}$ gefunden:

$$x_2 = x_1 + 0{,}3 = 5 + 0{,}3 = 5{,}3 .$$

Da $x_2^2 = 28{,}09$ ist, haben wir uns gegenüber x_1 schon verbessert. Um noch näher an die gesuchte Zahl heranzukommen, wiederholen wir das Ganze mit x_2 als Anfangswert:

$$\sqrt{28} = x_2 + \alpha_2 .$$

Quadrieren und Vernachlässigen von α_2^2 führt zu

$$28 \approx x_2^2 + 2x_2\alpha_2 ,$$

woraus

$$\alpha_2 \approx \frac{28 - x_2^2}{2x_2}$$

folgt. Unsere *dritte* Näherung für $\sqrt{28}$ ist damit

$$x_3 = x_2 + \frac{28 - x_2^2}{2x_2} = \frac{28 + x_2^2}{2x_2} .$$

Da $x_2 = 5{,}3$ war, ist $x_3 = 5{,}2915 \ldots$.

Auf dieselbe Weise finden wir, ausgehend von x_3, den *vierten* Näherungswert

$$x_4 = \frac{28 + x_3^2}{2x_3} = 5{,}2915 \ldots .$$

Allgemein entsteht die $(n+1)$-te aus der n-ten Näherung durch

(2) $$x_{n+1} = \frac{28 + x_n^2}{2x_n} .$$

Ebenso kann man verfahren, wenn man die Quadratwurzel aus irgendeiner positiven Zahl a zu ziehen hat:

(3) $$x_{n+1} = \frac{a + x_n^2}{2x_n} .$$

In unserem Beispiel erwies sich die babylonische Methode als äußerst effektiv. Bereits nach zwei Schritten waren 4 Dezimalstellen stabil und wich das Quadrat von x_3 um weniger als 0,0001 von 28 ab!

Funktioniert diese Methode immer? Genauer: Kommt die durch (3) definierte Folge der x_n der Zahl $\sqrt{a}$ mit wachsendem n beliebig nahe und hängt das Verfahren nicht von der Wahl des (positiven) Startwertes x_1 ab?

Untersuchen wir, wie sich die Fehler

$$\alpha_n = \sqrt{a} - x_n$$

mit wachsendem n verhalten. Mit (3) folgt

$$\alpha_{n+1} = \sqrt{a} - x_{n+1} = \sqrt{a} - \frac{a + x_n^2}{2x_n} = -\frac{x_n^2 - 2\sqrt{a}\,x_n + a}{2x_n}.$$

Nun ist aber der Zähler $x_n^2 - 2\sqrt{a}\,x_n + a = (x_n - \sqrt{a})^2 = \alpha_n^2$ und deshalb

$$(4) \quad \alpha_{n+1} = -\frac{\alpha_n^2}{2x_n}.$$

Da alle Näherungen x_n positiv sind, sind alle Fehler α_n negativ, d.h. sämtliche Näherungen liegen oberhalb von $\sqrt{a}$.

Mit Hilfe von (4) können wir nun zeigen, daß die Beträge der Fehler bei jedem Schritt mindestens halbiert werden. Aus (4) folgt nämlich

$$\alpha_{n+1} = -\frac{\alpha_n}{2x_n}\alpha_n = \frac{x_n - \sqrt{a}}{2x_n}\alpha_n = \left(\frac{1}{2} - \frac{\sqrt{a}}{2x_n}\right)\alpha_n$$

oder

$$|\alpha_{n+1}| = \left|\frac{1}{2} - \frac{\sqrt{a}}{2x_n}\right| |\alpha_n|.$$

Nun ist aber

$$\left|\frac{1}{2} - \frac{\sqrt{a}}{2x_n}\right| < \frac{1}{2} \quad \text{für } n \geq 2,$$

denn für $n \geq 2$ ist $x_n > \sqrt{a}$. Folglich ist

$$(5) \quad |\alpha_{n+1}| < \frac{1}{2}|\alpha_n|.$$

Nun sind wir fast am Ziel, denn (5) erzwingt die Ungleichungskette

$$|\alpha_{n+1}| < \frac{1}{2}|\alpha_n| < \frac{1}{2}\cdot\frac{1}{2}|\alpha_{n-1}| < \ldots < \frac{1}{2^{n-1}}|\alpha_2|$$

und damit

$$(6)\quad |\sqrt{a} - x_{n+1}| < |\alpha_2| \cdot \frac{1}{2^{n-1}}.$$

Da $\frac{1}{2^{n-1}}$ mit wachsendem n beliebig klein wird – woran auch der konstante Faktor $|\alpha_2|$ nichts ändern kann –, gilt dies erst recht für $|\sqrt{a} - x_{n+1}|$. Welche Genauigkeit der Näherung auch verlangt sein mag, stets wird es eine Nummer n_0 geben, von der ab jede weitere Näherung x_n $(n \geq n_0)$ der geforderten Genauigkeit genügt. In diesem Sinne konvergiert die Folge der x_n gegen die Zahl $\sqrt{a}$, d.h. $\lim\limits_{n\to\infty} x_n = \sqrt{a}$.

Der Ungleichung (6) ist darüber hinaus zu entnehmen, daß die Konvergenz von der Wahl des Startwertes x_1 unabhängig ist (warum?).

Aufgaben

1. Man entwickle die Formel $x_4 = \frac{28 + x_3^2}{2x_3}$. Warum hat sie dieselbe Gestalt wie die für x_3?

2. Man zeige: Die Formel (3)

   $$x_{n+1} = \frac{a + x_n^2}{2x_n}$$

   läßt sich auch so interpretieren: Der $(n+1)$-te Näherungswert ist das arithmetische Mittel aus dem n-ten Näherungswert x_n und $\frac{a}{x_n}$. Anschaulich: Liegt x_n auf dem Zahlenstrahl auf der einen Seite von $\sqrt{a}$, so liegt der Wert $\frac{a}{x_n}$ auf der anderen. Damit erscheint das Verfahren der Babylonier in neuem Licht: Man nähert sich $\sqrt{a}$ durch fortgesetzte Mittelwertbildung.

3. *Geometrische Deutung des Verfahrens:* Ein Rechteck wird schrittweise so verändert, daß sich sein Flächeninhalt nicht ändert und es einem Quadrat immer ähnlicher wird (Abb. 1). Man zeige dies!

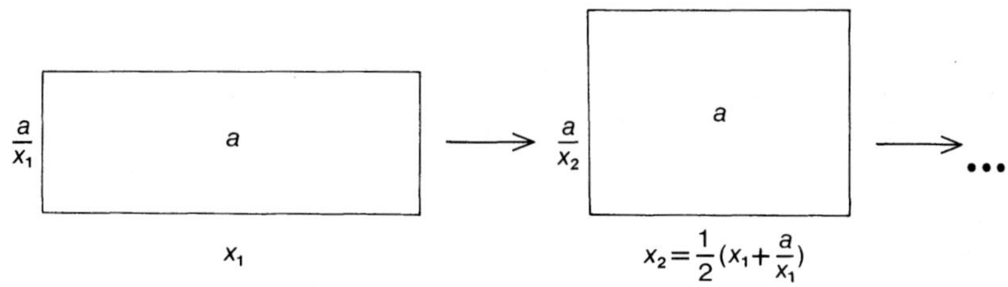

Abbildung 1

4. a) Zwar hängt die *Konvergenz* der Folge (3) nicht von der Wahl des Startwertes x_1 ab. Aber: Man überzeuge sich an selbstgewählten Beispielen, daß bei vorgegebener Genauigkeit die Anzahl der notwendigen Schritte sehr wohl von der Wahl des Startwertes abhängt.

   b) Warum ist es nicht schlimm, wenn man sich bei der Bestimmung eines der Näherungswerte mal verrechnet?

5. Wie viele Schritte braucht man, um mit dem Verfahren der Babylonier die Zahlen $\sqrt{2}$, $\sqrt{7}$ und $\sqrt{0,5}$ auf vier (acht) Stellen genau zu berechnen (Startwert jeweils $x_1 = 1$)? Welche Werte liefert Ihr Taschenrechner?

6. Für das Verfahren der Babylonier schreibe man ein Programm.

6.2 Die allgemeine Idee

Das Verfahren der Babylonier zur Berechnung der Quadratwurzel aus a beruht auf der Idee, von einem Startwert x_1 ausgehend *sukzessive* eine Folge immer besserer Näherungswerte

$$x_1, x_2, x_3, \ldots, x_n, \ldots$$

zu gewinnen, wobei jeder Wert aus dem vorausgehenden stets nach derselben Formel erzeugt wird,

$$x_{n+1} = \frac{a + x_n^2}{2x_n}.$$

Anders gesagt, x_{n+1} entsteht aus x_n durch Anwendung immer derselben Funktion:

Iteration

(1) $x_{n+1} = \varphi(x_n)$,

wobei hier φ durch $\varphi(x) = \dfrac{a+x^2}{2x}$ gegeben ist.

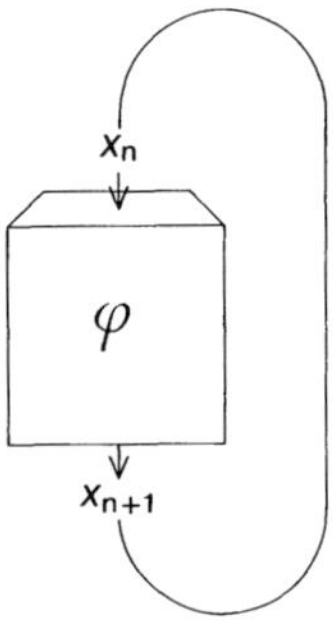

Abbildung 1

Die Gleichung (1) enthält die allgemeine Idee der *Iteration*: Durch fortgesetzte Anwendung ein und derselben Funktion entsteht - ausgehend von einem Startwert - eine Folge von *iterierten* Werten (Abb. 1).

Die Idee der Iteration findet breite Anwendung bei verschiedensten Problemen der angewandten Mathematik. Auf eines der wichtigsten - das näherungsweise Lösen von Gleichungen - gehen wir näher ein.

Beispiel: Man finde eine bis auf drei Dezimalen genaue Lösung der Gleichung

(2) $10x - 1 - \cos x = 0$.

Wir schreiben (2) in der Form

$$x = \frac{1 + \cos x}{10},$$

d.h. in der Form

$$x = \varphi(x).$$

Wir wählen nun einen Startwert, sagen wir $x_1 = 0$, und iterieren:

$$x_2 = \varphi(x_1) = \frac{1 + \cos 0}{10} = 0{,}2\,,$$

$$x_3 = \varphi(x_2) = \frac{1 + \cos 0{,}2}{10} = 0{,}198\ldots,$$

$$x_4 = \varphi(x_3) = \frac{1 + \cos 0{,}198}{10} = 0{,}198\ldots.$$

Bereits nach dem zweiten Iterationsschritt sind die ersten drei Nachkommastellen stabil. Es sieht ganz so aus, daß das Problem damit gelöst ist.

Das Beispiel steht für eine allgemeine Methode: Um die Gleichung

$$f(x) = 0$$

zu lösen, bringe man sie auf die äquivalente Form

$$x = \varphi(x)$$

mit einer geeigneten *Iterationsfunktion* φ, suche sich einen Startwert und iteriere.

Spätestens jetzt drängt sich die Frage auf:

Konvergiert die durch x_1 und $x_{n+1} = \varphi(x_n)$ gegebene Iterationsfolge und genügt ihr Grenzwert der Gleichung $x = \varphi(x)$, d. h. ist er in der Tat eine Lösung der Ausgangsgleichung $f(x) = 0$?

Ein einfaches Beispiel zeigt, daß die Wahl von φ darüber entscheidet, ob die Iterationsfolge konvergiert.

Beispiel:

$$f(x) = x^2 - 2x - 3 = 0.$$

Offensichtlich hat diese Gleichung die Lösungen 3 und -1. Um die erste Lösung zu finden, schreiben wir die Gleichung $f(x) = 0$ *einmal* in der Form

$$x = \sqrt{2x + 3}.$$

Mit dem Startwert $x_1 = 4$ ergibt sich:

$$x_2 = 3{,}317\ldots,$$
$$x_3 = 3{,}104\ldots,$$
$$x_4 = 3{,}034\ldots,$$
$$x_5 = 3{,}011\ldots,$$
$$x_6 = 3{,}004\ldots.$$

Die Iterationsfolge scheint gegen die eine Lösung der quadratischen Gleichung, nämlich 3, zu konvergieren.
Verwendet man dagegen die Form

$$x = \frac{x^2 - 3}{2},$$

so liefert derselbe Startwert die Werte

$$x_2 = 6{,}5$$
$$x_3 = 19{,}625$$
$$x_4 = 191{,}070\ldots,$$

die nicht zu konvergieren scheinen.

Welche Eigenschaft von φ erzwingt die Konvergenz (bei nicht zu ungeschickt gewähltem Startwert)?

Veranschaulichen wir uns den Iterationsprozeß geometrisch. Die Suche nach einer Lösung x^* der Gleichung $x = \varphi(x)$ bedeutet offenbar, nach der Abszisse eines Punktes zu suchen, in dem der Graph von φ die erste Winkelhalbierende schneidet.

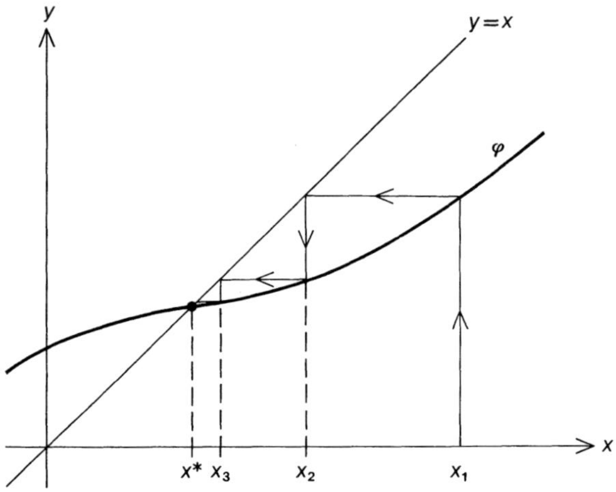

Abbildung 2: x_2 entsteht aus dem Startwert x_1, indem $\varphi(x_1)$ auf die erste Winkelhalbierende übertragen wird, usw.

Wenn die Dinge so liegen wie in Abbildung 2, scheint die Konvergenz der Iteration gesichert. Einen Hinweis, um welche Eigenschaft von φ es hier geht, gibt Abbildung 3.

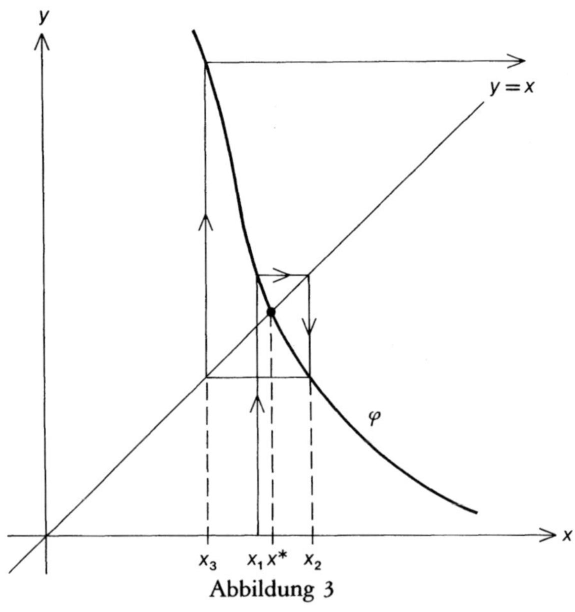

Abbildung 3

Der Vergleich der Abbildungen 2 und 3 zeigt, daß es auf die Steigung der Tangente von φ an der Stelle x^* ankommen wird. Unten beweisen wir: Ist $\varphi'(x^*)$ dem Betrage nach kleiner als die Steigung der Winkelhalbierenden, d.h. ist

(3) $|\varphi'(x^*)| < 1$,

so wird der vom Startwert x_1 ausgehende Linienzug (x_1 nahe genug bei x^*) vom gesuchten Schnittpunkt angezogen (Abb. 2), die Iterationsfolge also konvergieren. Im Fall $|\varphi'(x)| > 1$ wird der Linienzug vom Schnittpunkt abgestoßen (Abb. 3), und die Iterationsfolge wird nicht konvergieren.

Aus der Sicht des Praktikers hat diese Beobachtung noch einen kleinen Haken. Schließlich kennt man die Stelle x^* nicht im voraus, und wie will man dann die Bedingung (3) überprüfen?

Dieser Schwierigkeit kann man zum Glück entrinnen. Man sucht zunächst ein Intervall I, das mit Sicherheit eine Lösung x^* der Gleichung $x = \varphi(x)$ enthält (siehe dazu den nächsten Kasten). Dann vergewissert man sich, daß φ auf I nur Werte annimmt, die wieder in I liegen (sonst kann die Iteration $x_{n+1} = \varphi(x_n)$ aus I herausführen). Schließlich testet man, ob die Ableitung von φ auf ganz I eine feste Zahl $q < 1$ dem Betrage nach nicht überschreitet. Dann hat man alles zusammen, um den folgenden Satz anzuwenden.

Kontraktionssatz

Genügt die differenzierbare Funktion $\varphi: I \to I$ der Bedingung

$$|\varphi'(x)| \leq q < 1 \quad \textit{für alle } x \in I,$$

und hat die Gleichung $x = \varphi(x)$ die Lösung $x^* \in I$, so konvergiert die durch

$$x_{n+1} = \varphi(x_n)$$

iterativ definierte Folge für jeden Startwert $x_1 \in I$ gegen x^*.

Beweis: Zur Sicherung der Konvergenz der Folge (x_n) betrachten wir den Abstand des $(n+1)$-ten Folgenglieds von x^*. Da $x_{n+1} = \varphi(x_n)$ und $x^* = \varphi(x^*)$ ist, gilt

$$|x_{n+1} - x^*| = |\varphi(x_n) - \varphi(x^*)|.$$

Um die Differenz der Funktionswerte abzuschätzen, bringen wir die Voraussetzung ins Spiel und wenden wiederholt den Schrankensatz an (s. Kap. 3.1, zweiter Kasten und Kapitel 4.3, Aufgabe 2).

$$\begin{aligned}|\varphi(x_n)-\varphi(x^*)| &\le q\,|x_n-x^*|\\ &= q\,|\varphi(x_{n-1})-\varphi(x^*)|\\ &\le q^2\,|x_{n-1}-x^*|\\ &\cdots\cdots\\ &\le q^n\,|x_1-x^*|.\end{aligned}$$

Nun ist q^n eine Nullfolge wegen $0 \le q < 1$ und $|x_1 - x^*|$ eine Konstante. Daher konvergiert auch $|x_{n+1}-x^*| = |\varphi(x_n)-\varphi(x^*)|$ gegen Null, d.h. es ist in der Tat

$$x^* = \lim_{n\to\infty} x_n . \qquad \square$$

Damit ist die eingangs gestellte Frage nach der Konvergenz der Iterationsfolge geklärt.

Aufgaben

1. Im Text wurden Lösungen der Gleichung $x^2-2x-3=0$ einmal mit der Iterationsfunktion $\varphi(x)=\sqrt{2x+3}$, zum anderen mit $\varphi(x)=\dfrac{x^2-3}{2}$ gesucht. Man zeichne für beide Fälle die den Abbildungen 1 und 2 entsprechenden Bilder.

2. Für den Fall $|\varphi'(x^*)|=1$ kann man keine Aussage über das Konvergenzverhalten der Iterationsfolge machen. Man bestätige dies an den Beispielen

   $x-\sin x=0$ (mit $\varphi(x)=\sin x$ und beliebigem Startwert)
   und
   $x^2=0$ (mit $\varphi(x)=x^2+x$ und Startwert $\neq 0$).

   In beiden Fällen ist $x^*=0$ und $\varphi'(x^*)=1$.

Wie sichert man die Existenz von Fixpunkten?

Für eine Lösung x^* der Gleichung $x=\varphi(x)$ gilt $x^*=\varphi(x^*)$, sie bleibt also bei Anwendung von φ »fest«. Man nennt x^* daher einen *Fixpunkt* von φ.

Angenommen, φ produziert auf einem Intervall I nur Werte, die wieder in I liegen (man sagt, φ bildet I *in sich* ab), wann hat dann φ in I Fixpunkte? Oder geometrisch gesprochen, wann hat der Graph von φ im gestrichelten Quadrat mit der ersten Winkelhalbierenden gemeinsame Punkte (s. Abb. 4)?

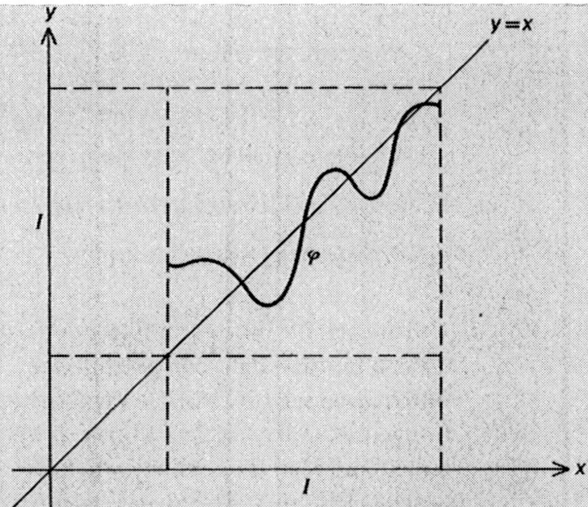

Abbildung 4

Die Anschauung legt nahe, daß dies sicher dann der Fall ist, wenn der Graph von φ die erste Winkelhalbierende quert, d.h. wenn man in I zwei Stellen a und b finden kann, so daß $\varphi(a)-a$ und $\varphi(b)-b$ entgegengesetzte Vorzeichen haben. Daß aus einem solchen Vorzeichenwechsel auf die Existenz einer Zwischenstelle x^* mit $\varphi(x^*)-x^*=0$, also auf die Existenz eines Fixpunktes geschlossen werden kann, ist anschaulich klar und läßt sich auch streng beweisen, da φ stetig ist (Zwischenwertsatz für stetige Funktionen, Kap. 9.1).

3. a) Man zeige, daß es unter den Voraussetzungen des Kontraktionssatzes nur *einen* Fixpunkt geben kann.
   Anleitung: Aus der Existenz zweier Fixpunkte x^* und x^{**} schließe man auf die Ungleichung $|x^*-x^{**}| \leq q\,|x^*-x^{**}|$. Was folgt daraus für q?

   b) Wie ist die Abbildung im obigen Kasten für solche φ abzuändern, die die Voraussetzungen des Kontraktionssatzes erfüllen?

4. Man löse die Gleichung

   $\cos x+\sin x-4x=0$

   in folgenden Schritten:

   (α) Wähle φ.

(β) Suche in I zwei Zahlen a und b, für die $\varphi(x)-x$ verschiedenes Vorzeichen hat und wähle I so, daß I durch φ in sich abgebildet wird.

(γ) Teste, ob $|\varphi'(x)| \leq q < 1$ für alle $x \in I$ ist.

(δ) Wende den Kontraktionssatz an.

5. Man zeige die Konvergenz der Iterationsfolge aus dem ersten Beispiel dieses Abschnitts, wo $\varphi(x) = \dfrac{1+\cos x}{10}$ war.

6. Jemand erzählt Ihnen von folgender erstaunlicher Entdeckung: Egal, welche positive Zahl auf der Anzeige seines Taschenrechners stand, durch fortgesetztes Drücken der Wurzeltaste konnte er sie stets auf 1 bringen. Können Sie ihm erklären, woran das liegt?
Anleitung: Man unterscheide die Fälle $x_1 > 1$ und $0 < x_1 < 1$ und veranschauliche sich die Situation geometrisch.

7. Löse die Gleichung
a) $x = \dfrac{1}{10}e^{-x}$ b) $x = 2\sin x$ c) $x = \sqrt{1+x}$ d) $x = 1 + \dfrac{1}{x}$

8. Bestimme sämtliche Lösungen von $x^3 - x + \frac{1}{10} = 0$.

9. Ist φ umkehrbar, so haben φ und φ^{-1} dieselben Fixpunkte. (Beweis!) Ist nun φ nicht kontrahierend, so versuche man es mit φ^{-1}. (Man beachte: $\varphi'(x^*) > 1$ erzwingt $(\varphi^{-1})'(x^*) < 1$ wegen $(\varphi^{-1})'(x^*) = \dfrac{1}{\varphi'(\varphi(x^*))} = \dfrac{1}{\varphi'(x^*)}$.)
Man benutze diesen Hinweis zur Lösung von
a) $x = \tan x$ auf $\left]\dfrac{\pi}{2}, \dfrac{3}{2}\pi\right[$ b) $e^x - x - 2 = 0$ für $x \geq 0$.

6.3 Das Newton-Verfahren

Bereits zu Beginn des Buches (Kapitel 1.2, dritter Kasten) haben wir ein äußerst effizientes Verfahren vorgestellt, um die Gleichung

$$f(x) = 0$$

näherungsweise zu lösen. Die auf NEWTON zurückgehende Idee besteht darin, mit Hilfe der Tangente zu einem Näherungswert einen besseren zu finden (s. Abb. 1).

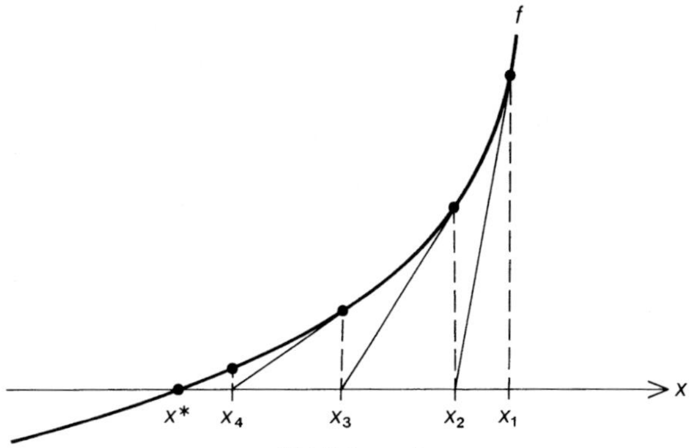

Abbildung 1

Man findet diese Idee in NEWTONs Hauptwerk, der *Principia* (1686), wo mit ihr eher beiläufig die Nullstellen eines Polynoms dritten Grades näherungsweise berechnet werden.

Wie man Abbildung 1 entnimmt, entsteht der jeweils nächste Näherungswert, indem man die Tangente zum vorausgehenden Näherungswert mit der x-Achse schneidet. Am Steigungsdreieck lesen wir ab

$$\frac{f(x_1)}{x_1 - x_2} = f'(x_1)$$

und allgemein

$$\frac{f(x_n)}{x_n - x_{n+1}} = f'(x_n),$$

d. h.

$$\frac{f(x_n)}{f'(x_n)} = x_n - x_{n+1}$$

oder

Newton-Verfahren

(1) $$x_{n+1} = x_n - \frac{f(x_n)}{f'(x_n)}.$$

Dabei ist vorausgesetzt, daß f' in der Nähe der gesuchten Stelle x^* von Null verschieden ist.

Die Vorschrift (1) entlarvt das Vorgehen von NEWTON als Iterationsverfahren

$$x_{n+1} = \varphi(x_n)$$

mit

(2) $$\varphi(x) = x - \frac{f(x)}{f'(x)}.$$

Jetzt liegt es nahe, für die Frage nach der Konvergenz des Newton-Verfahrens den Kontraktionssatz aus dem letzten Abschnitt ins Spiel zu bringen. Bilden wir dazu die Ableitung von φ:

$$\varphi'(x) = 1 - \frac{f'(x)\cdot f'(x) - f(x)\cdot f''(x)}{[f'(x)]^2} = \frac{f(x)\cdot f''(x)}{[f'(x)]^2}.$$

Da $f(x^*)=0$ ist (x^* soll ja die Gleichung $f(x)=0$ lösen), folgt

(3) $\varphi'(x^*)=0$.

Wenn sich also φ' in der Nähe von x^* nicht allzu stark ändert, ist die Bedingung

$$|\varphi'(x)| \leq q < 1$$

nahe bei x^* für sehr kleines $q>0$ und damit besonders gut zu erfüllen. Zu erwarten ist dann eine besonders starke Kontraktion, mit anderen Worten, eine rasche Konvergenz.

Leider beruht die Anwendung des Kontraktionssatzes - abgesehen von der Existenz der Lösung - auf der Angabe eines Intervalls I, das durch φ in sich abgebildet wird. Da φ von f abhängt (s. (2)), wird die Wahl von I nicht allgemein möglich sein, sondern von der jeweils vorliegenden Funktion f abhängen. Daher können wir die Konvergenz des Verfahrens über unseren Kontraktionssatz nicht allgemein sichern. Im übrigen kann das Newton-Verfahren auf viele Arten versagen (s. nächsten Kasten), wenngleich dies in der Praxis selten vorkommt.

Immerhin werden wir jetzt zeigen: Unter gewissen (die Praxis kaum berührenden) Voraussetzungen konvergiert das Newton-Verfahren, wenn überhaupt, sehr rasch. Erneut erweist sich der Schrankensatz als nützlich. Wir benutzen einen aus ihm folgenden Spezialfall der Taylor-Abschätzung:

Ersetzt man eine Funktion lokal um eine Stelle durch ihre Tangente, so wird der Approximationsfehler durch das lokale Krümmungsverhalten der Funktion, also durch ihre zweite Ableitung, beeinflußt. Genauer: Gilt $|g''(x)| \leq k$ in einer Umgebung von x_0, so ist dort

$$|g(x) - [g(x_0) + g'(x_0)(x - x_0)]| \leq \frac{k}{2}\,|x - x_0|^2.$$

Wenden wir diesen Satz auf φ in einer Umgebung von x^* an und beachten noch, daß $\varphi'(x^*)=0$ ist (s. (3)), so ergibt sich:

$$\begin{aligned}|x_{n+1}-x^*| &= |\varphi(x_n)-\varphi(x^*)| \\ &= |\varphi(x_n)-[\varphi(x^*)+\varphi'(x^*)(x_n-x^*)]| \\ &\leq \frac{k}{2}|x_n-x^*|^2,\end{aligned}$$

wenn nur $|\varphi''(x)|\leq k$ in derselben Umgebung gilt.

Das bedeutet, daß der Fehler der $(n+1)$-ten Näherung bis auf einen konstanten Faktor kleiner ist als das Quadrat des Fehlers der n-ten Näherung. Ist letzterer nun dem Betrage nach sehr viel kleiner als 1, so erst recht sein Quadrat. Praktisch macht sich dies dadurch bemerkbar, daß sich die Anzahl der gültigen Dezimalen mit jedem Schritt nahezu verdoppelt. Man spricht von *quadratischer* Konvergenz.

Ein quadratisch konvergentes Verfahren ist uns bereits zu Beginn dieses Kapitels begegnet. Und in der Tat, die Wurzeliteration der Babylonier ist eine Anwendung des Newton-Verfahrens. Denn die Quadratwurzel aus a zu ziehen bedeutet, die Gleichung

$$f(x)=x^2-a=0$$

zu lösen. Und aus (1) folgt dann

$$x_{n+1}=x_n-\frac{f(x_n)}{f'(x_n)}=x_n-\frac{x_n^2-a}{2x_n}=\frac{a+x_n^2}{2x_n}.$$

Dies ist aber genau die Iterationsvorschrift der Babylonier!

Aufgaben

1. Man überzeuge sich am Beispiel $\sqrt{28}$ anhand einiger selbstgewählter Startwerte, daß das Newton-Verfahren tatsächlich quadratisch konvergiert.

2. Für das Newton-Verfahren schreibe man ein Programm.

3. a) Gesucht ist ein Iterationsverfahren zur näherungsweisen Berechnung der dritten Wurzel aus 5.

   b) Wie läßt sich das Verfahren aus Teil a) auf die Berechnung von $\sqrt[n]{a}$ $(a>0)$ verallgemeinern?

4. a) Bestätige, daß $\sqrt[3]{2+\sqrt{3}} + \sqrt[3]{2-\sqrt{3}}$ eine Lösung der Gleichung

$$x^3-3x-4=0$$

ist.

b) Man löse die Gleichung mit Hilfe des Newton-Verfahrens und vergleiche die gefundene Lösung mit der exakten.

5. Löse mit Hilfe des Newton-Verfahrens im angegebenen Intervall

a) $x^5+5x+1=0$ in $[-1{,}0]$

b) $x^2=\sin x$ in $]0{,}1]$

c) $x\ln x-1=0$ in $[1{,}2]$.

6. Man suche alle Nullstellen von $f(x)=x^3-3x+1$.

7. Welche Lösungen hat die Gleichung $x\mathrm{e}^{-x}=\frac{1}{4}$?

8. Löse $3x+\sin x-e^x=0$.

9. *(Division durch Multiplikation)* Den Bruch $\frac{1}{a}$ $(a>0)$ kann man als Lösung der Gleichung

$$f(x)=\frac{1}{x}-a=0$$

auffassen. Man berechne $\frac{1}{a}$ mit Hilfe des Newton-Verfahrens für $a=\pi$ und $a=e$ (Eulersche Zahl $e=2{,}71828183$).

10. Die Gleichung $f(x)=0$ ist äquivalent zu $u(x)\cdot f(x)=0$ oder zu $x=x+u(x)\cdot f(x)$, wenn $u(x)\neq 0$ für alle x ist. In der Iterationsfunktion

$$\varphi(x)=x+u(x)\cdot f(x)$$

wähle man nun die Funktion u so, daß $\varphi'(x^*)=0$ erfüllt ist. (Dann wird die Kontraktion möglichst stark sein.) Man zeige, daß dies genau auf die Newton-Iteration führt.

Ärger mit Newton

Das Newton-Verfahren kann auf viele Arten versagen, wenngleich dies in der Praxis selten vorkommt. Die nachfolgenden Schaubilder sprechen für sich.

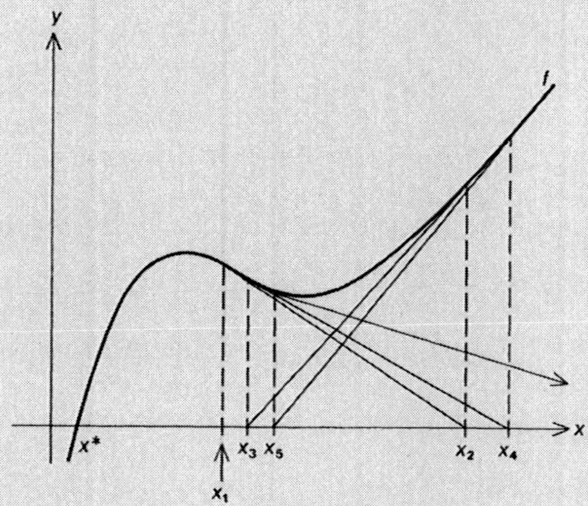

Abbildung 2

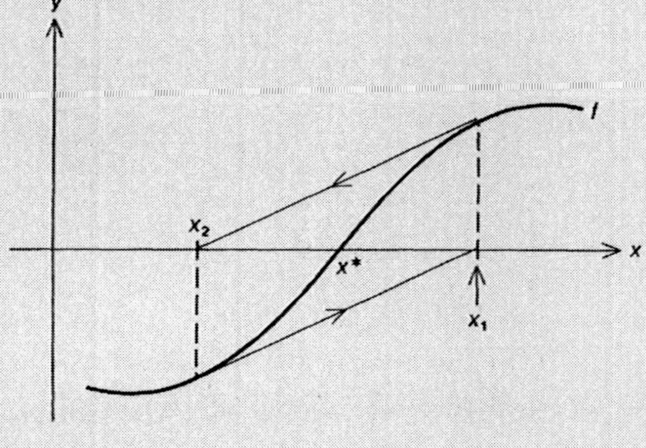

Abbildung 3

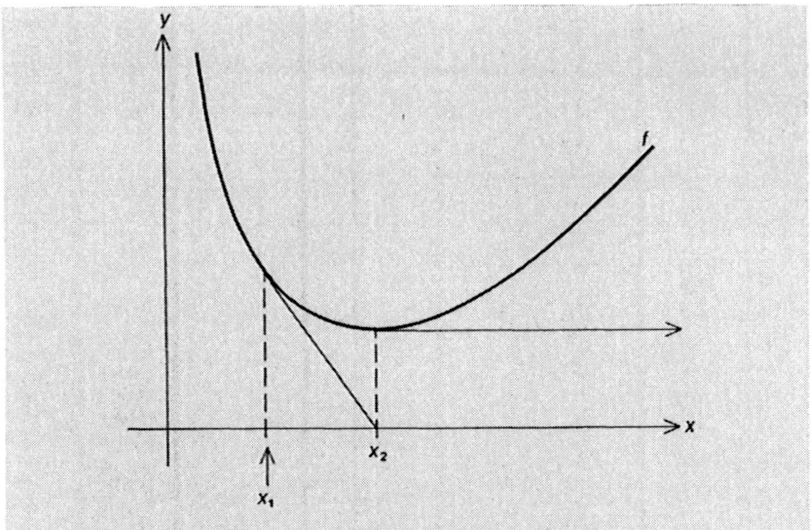

Abbildung 4

TEIL 2

INTEGRALRECHNUNG

Bernhard RIEMANN
1826–1866

7 Was ist das Integral?

Angenommen, man kennt die Geschwindigkeit eines Autos zu jedem Zeitpunkt. Dann ist zu erwarten, daß sich der zurückgelegte Weg daraus *rekonstruieren* läßt. Fragestellungen dieser Art führen zum Grundverständnis von dem, was man *Integrieren* nennt (Abschnitt 1).

Die Frage nach einem Verfahren, die rekonstruierte Funktion zu bestimmen, bringt uns in die Differentialrechnung zurück. Der aufgedeckte Zusammenhang führt zum *Hauptsatz* der Theorie (Abschnitt 2).

Im dritten Abschnitt nähern wir uns der Sache von einer anderen Seite: Die Werte der rekonstruierten Funktion – das sind die *Integrale* – werden näherungsweise über *Summen* berechnet. Dieser Ansatz erweist sich aus der Sicht der Anwendungen als besonders fruchtbar.

Schließlich entdecken wir noch, daß man Integrieren auch verstehen kann als verallgemeinerte *Mittelwertbildung* (Abschnitt 4).

7.1 Von der Berandung zur Integralfunktion

Versetzen wir uns in folgende Situation: In eine leere Badewanne wird eine gewisse Zeitlang gleichförmig Wasser eingelassen, dann die Wasserzufuhr gestoppt, gleichzeitig der Abfluß geöffnet und nach einer Weile wieder geschlossen. So etwa ließe sich das Ganze graphisch darstellen:

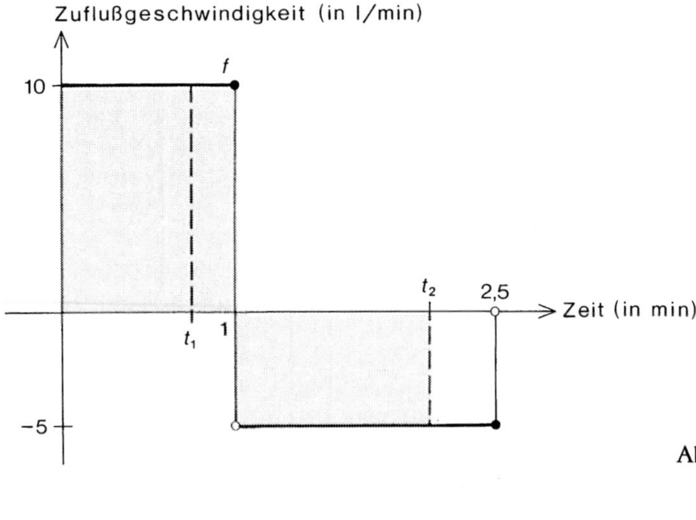

Abbildung 1

Die berandende Funktion f (kurz: die Berandung) beschreibt die Zuflußgeschwindigkeit in Abhängigkeit von der Zeit. Wie ließe sich aus ihrer Kenntnis auf die Wassermenge in der Wanne zu einem beliebigen Zeitpunkt t schließen?

Für irgendeinen Zeitpunkt t_1 während der Zuflußphase (s. Abb. 1) ist die bis dahin zugeflossene Wassermenge gleich dem Produkt

$$10\,\frac{\mathrm{l}}{\mathrm{min}}\cdot t_1\,\mathrm{min} = 10\cdot t_1\,\mathrm{l}\,,$$

also gleich dem Inhalt der Fläche unter der Berandung f von 0 bis t_1. Für einen Zeitpunkt t_2 während der Abflußphase ist von den bis zum Zeitpunkt $t = 1$ eingelaufenen 10 l jene Menge abzuziehen, die bis zum Zeitpunkt t_2 wieder abgeflossen ist, d.h. vom Inhalt des Rechtecks oberhalb der Zeitachse ist der Inhalt des unterhalb gelegenen Rechtecks bis t_2 zu subtrahieren.

Das resultierende Volumen V ist damit in Abhängigkeit von der Zeit t gegeben durch

$$V(t) = \begin{cases} 10t & \text{für } 0 \leq t \leq 1 \\ 10 - 5(t-1) & \text{für } 1 < t \leq 2{,}5 \\ 2{,}5 & \text{für } t > 2{,}5\,. \end{cases}$$

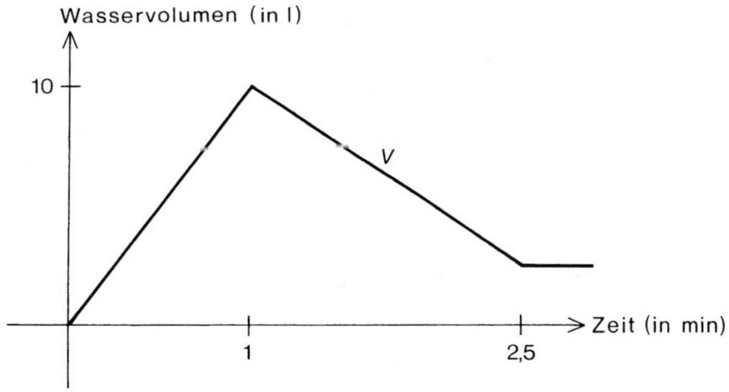

Abbildung 2

Entsprechend gelangt man zur Volumenfunktion, wenn die Zuflußgeschwindigkeit nicht stückweise konstant, sondern etwa so verläuft:

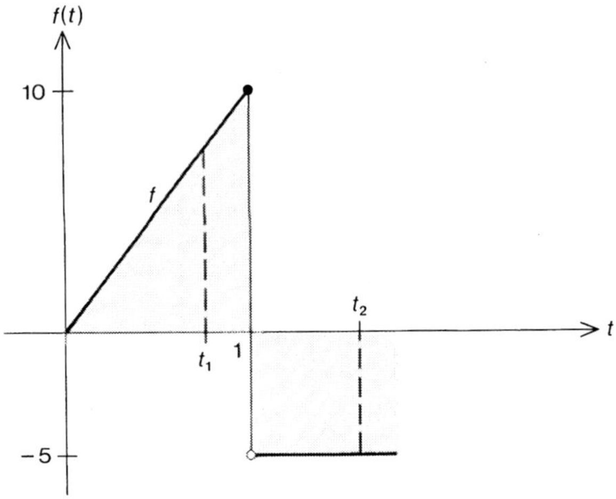

Abbildung 3

(Man stelle sich etwa vor, daß der Wasserhahn allmählich immer weiter geöffnet wird.) Wieder sind lediglich Flächen zu berechnen:

$$V(t) = \begin{cases} \frac{1}{2} \cdot 10\,t^2 & \text{für } 0 \leq t \leq 1 \\ \frac{1}{2} \cdot 10 - 5\,(t-1) & \text{für } \quad t > 1\,. \end{cases}$$

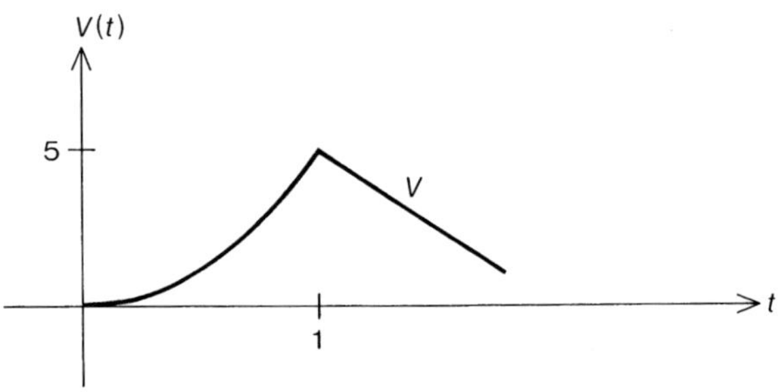

Abbildung 4

Solange die Zuflußgeschwindigkeit stückweise linear verläuft, scheint es kein Problem zu sein, durch einfache Flächenberechnungen zur Volumenfunktion zu kommen (s. Aufgaben). Was aber, wenn jemand am Zuflußhahn und am Abflußstöpsel herumspielt und f etwa so aussieht:

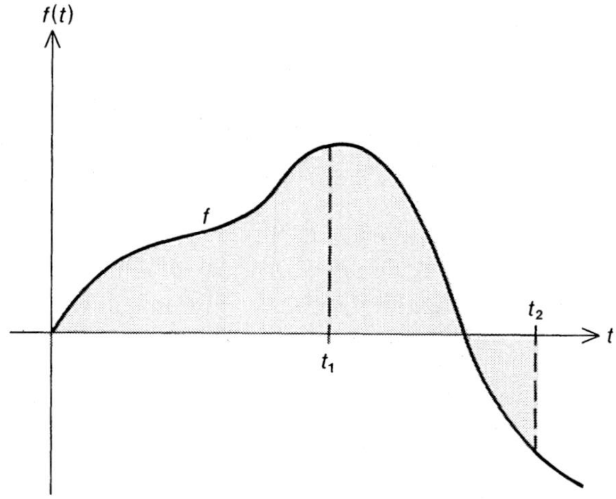

Abbildung 5

Wieder ist das Volumen zu einem bestimmten Zeitpunkt durch von f begrenzte Flächenstücke gegeben. Nur: Wie *berechnet* man Inhalte krummlinig begrenzter Flächen?

Allgemein geht es um die Frage, wie man zu gegebener Berandung f (Zuflußgeschwindigkeit) diejenige Funktion I findet, die den »Gesamteffekt« von f bis zu einer bestimmten Stelle mißt (resultierendes Volumen).

Die Funktionswerte $I(x)$ der gesuchten Funktion I entstehen, indem die von f und der x-Achse eingeschlossene Fläche bis zur Stelle x *bilanziert* wird, d.h. die *oberhalb* der x-Achse gelegenen Flächenstücke werden *positiv,* die *unterhalb* gelegenen *negativ* gerechnet (s. Abb. 6). Also ist

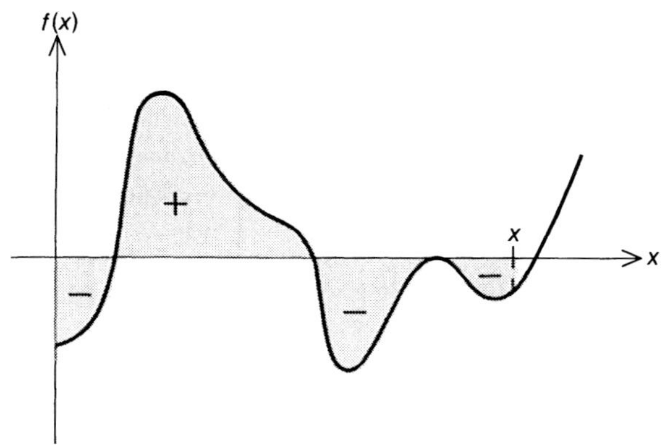

Abbildung 6

Integralfunktion

$I(x)$ = Summe aller Flächenstücke *oberhalb* der x-Achse
minus
Summe aller Flächenstücke *unterhalb* der x-Achse
(jeweils bis zur Stelle x).

Die so definierte Funktion I heißt *Integralfunktion*[1] *von* f.

Im nächsten Abschnitt werden wir für die Berechnung von Integralfunktionen ein überraschend einfaches und für viele, aber beileibe nicht alle Randfunktionen anwendbares Verfahren entwickeln. Die allgemeine Frage wird uns noch weit über dieses Kapitel hinaus beschäftigen.

Aufgaben

1. Ziel dieser Aufgabe ist es, die Randfunktion f in den Abbildungen 1 und 3 in vielfältigen Anwendungssituationen neu zu deuten. Wie ist dann jeweils die Integralfunktion zu interpretieren?
   a) Wir fassen die Badewanne als *Konto* und die Zuflußgeschwindigkeit f als momentane Geldzuflußrate auf.
   b) f als momentane Änderungsrate des *Profits.*
   c) f als Ausbreitungsgeschwindigkeit einer *Epidemie.*
   d) f als Geschwindigkeits-Zeit-Verlauf eines fahrenden *Autos.*
   e) f als zeitabhängige Beschleunigung einer *Rakete.*
   f) f als Stärke des Stroms, der einem *Akku* entnommen oder zugeführt wird (Stromstärke $= \frac{\text{Ladung}}{\text{Zeit}}$).
   g) f als *Kraft,* die längs eines Weges wirkt.

2. a) Zu welchem Zeitpunkt $t_0 > 0$ ist die Wanne im zweiten Einstiegbeispiel (Abbildung 4) leer? Ändert sich dieser Zeitpunkt, wenn in Abbildung 3 der Funktionswert von f an der Sprungstelle $x = 1$ statt 10 gleich -5 wäre?
   b) Läßt sich die Volumenfunktion für $t > t_0$ sinnvoll interpretieren?

[1] integrare (lat.) = wiederherstellen. Im Beispiel wurde aus der Kenntnis der momentanen Änderungsrate des Volumens (= Zuflußgeschwindigkeit) das Volumen selbst rekonstruiert.

3.

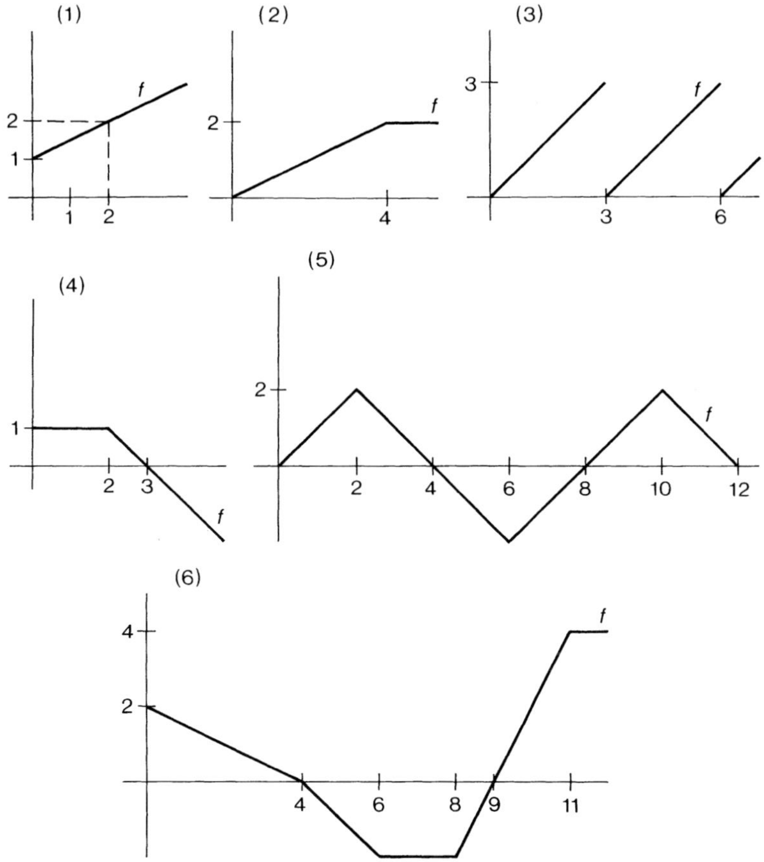

Abbildung 7

a) Für jede Berandung (1) bis (6) gebe man den Funktionsterm an.

b) Wie lauten die Funktionsterme der Integralfunktionen I?

c) Man zeichne I jeweils zusammen mit f in ein Koordinatensystem.

d) Man beobachte das Zusammenspiel des Verlaufs von f und I, genauer: Was läßt sich über f dort aussagen, wo I monoton wächst oder fällt, bzw. ein Extremum hat?

e) Wie läßt sich dieses Zusammenspiel in einem der Anwendungszusammenhänge aus Aufgabe 1 interpretieren?

Doch zurück zu unserem Ziel, ein Verfahren zu entwickeln, zur gegebenen (stetigen) Berandung von f die Integralfunktion I_a zu finden. Was nützt uns dabei der bewiesene Satz?

Versuchen wir uns an einem Beispiel. Als Berandung wählen wir die überall stetige (sogar differenzierbare) Normalparabel (Abb. 2).

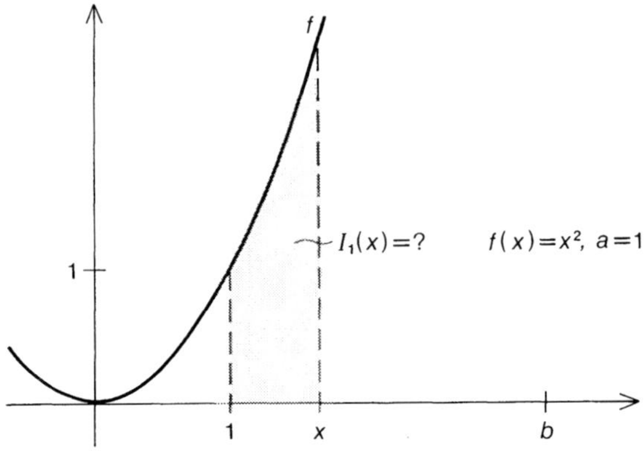

Abbildung 2

Wegen (4) kommen für die gesuchte Integralfunktion I_1 nur solche Funktionen in Frage, deren Ableitung mit f übereinstimmen, also nur *Stammfunktionen* von f. Zum Beispiel ist durch

$$F(x) = \tfrac{1}{3}x^3$$

eine Stammfunktion zu $f(x)=x^2$ gegeben, aber auch durch

$$F(x) = \tfrac{1}{3}x^3 - 5\,,$$

oder durch

$$F(x) = \tfrac{1}{3}x^3 + \tfrac{1}{2}\sqrt{2}\,,$$

usw. Welche dieser Stammfunktionen ist das gesuchte I_1, und – viel wichtiger noch – ist I_1 überhaupt von der Form

$$F(x) = \tfrac{1}{3}x^3 + C, \qquad C \in \mathbb{R}\,?$$

Die letzte Frage fordert eine getrennte theoretische Anstrengung (s. Kasten »›Eindeutigkeit‹ von Stammfunktionen«); sie ist zum Glück mit ja zu beantworten. Also gilt

$$I_1(x) = \tfrac{1}{3}x^3 + C,$$

mit einer Konstanten C. Sie ist so zu bestimmen, daß

$$I_1(1) = 0$$

ist. (Der Flächeninhalt unter f von 1 bis 1 ist eben Null.) Damit folgt

$$0 = I_1(1) = \tfrac{1}{3} + C,$$

und daher

$$C = -\tfrac{1}{3}.$$

Die gesuchte Integralfunktion ist somit durch

$$I_1(x) = \tfrac{1}{3}x^3 - \tfrac{1}{3}, \qquad x \in [1, b]$$

gegeben. Mit anderen Worten: Ausgehend von der durch $F(x) = \frac{1}{3}x^3$ gegebenen Stammfunktion hat man das Ergebnis

$$I_1(x) = F(x) - F(1).$$

So kann man auch im allgemeinen Fall verfahren:

Hauptsatz

Hauptsatz zur Bestimmung von Integralfunktionen: Für stetige Berandungen $f: [a, b] \to \mathbb{R}$ läßt sich die zugehörige Integralfunktion I_a finden, indem man irgendeine *Stammfunktion F von f sucht. Dann ist nämlich*

$$I_a(x) = F(x) - F(a), \qquad x \in [a, b].$$

Beweis: Nach obigem Satz (S. 213) ist I_a Stammfunktion von f. Ist nun F eine *beliebige* Stammfunktion von f, so kann sie sich von I_a nur um eine additive Konstante unterscheiden:

$$I_a(x) = F(x) + C \quad \text{für alle } x \in [a, b].$$

Wegen

$$I_a(a) = 0$$

ist

$$C = -F(a),$$

also gilt

$$I_a(x) = F(x) - F(a), \qquad x \in [a, b]. \qquad \square$$

Blicken wir zurück: *Integrieren heißt, von der Randfunktion zur Integralfunktion überzugehen.* Für *stetige* Berandungen haben wir ein leistungsfähiges Verfahren zur Bestimmung von Integralfunktionen entwickelt (Hauptsatz). Es läuft darauf hinaus, Stammfunktionen zur Randfunktion zu finden. *In diesem Sinne bedeutet Integrieren Umkehren des Differenzierens.*

Aufgaben

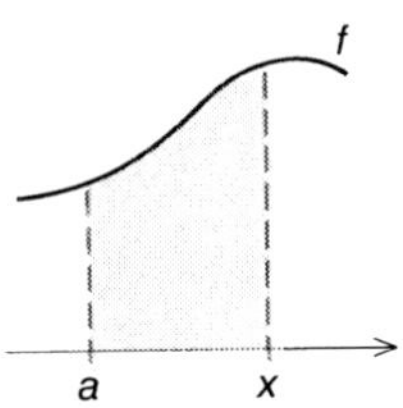

Abbildung 3

1. Jemand sagt: »Ich stelle mir vor, die von f berandete Fläche wird mit Farbe angestrichen. Gehe ich beim Streichen mit gleichbleibender Geschwindigkeit von a nach rechts, so muß die Zuflußgeschwindigkeit der Farbe proportional zum Funktionswert von f an der Stelle sein, wo ich mich gerade befinde.«
   Inwiefern ist diese Vorstellung eine Veranschaulichung der Proportionalität $I_a'(x) \sim f(x)$?

2. a) Man überzeuge sich, daß die Argumentationslinie im Beweis des ersten Satzes sich nicht ändert, wenn f monoton fällt oder h negativ ist. Man fertige für jeden der 3 Fälle (f wachsend, $h<0$; f fallend, $h>0$; f fallend, $h<0$) eine Skizze an.

   b) Die Argumentation ändert sich auch nicht, wenn f negative Werte annimmt. (Warum?)

   Bemerkung: Offen ist noch, wie der Beweis dieses Satzes zu führen ist, wenn f nur als stetig und nicht zusätzlich als monoton vorausgesetzt wird. Die Idee der Abschätzung des Flächenzuwachses bleibt erhalten, nur wird der kleinste bzw. größte Funktionswert von f nicht notwendig mehr an den Rändern des Intervalls $[x_0, x_0+h]$ liegen. Die Abschätzung (1) ist dann zu ersetzen durch

   $$m \leq \frac{I_a(x_0+h) - I_a(x_0)}{h} \leq M,$$

   wobei m das Minimum und M das Maximum von f im Intervall $[x_0, x_0+h]$ ist. Die Frage ist nur, ob m und M stets existieren. Dies führt mitten in die Theorie für stetige Funktionen; wir kommen darauf im letzten Kapitel des Buches zurück (Maximumsatz, Kap. 9.1).

Stetig ist weniger als differenzierbar

Zwar ist jede an einer Stelle differenzierbare Funktion dort auch stetig; die Umkehrung ist jedoch falsch (s. Abb. 4).

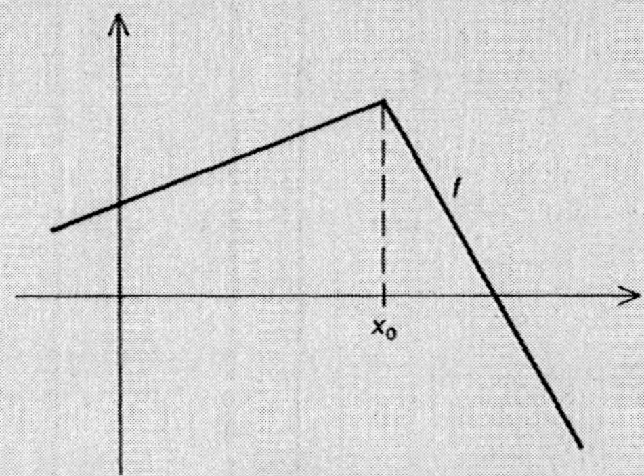

Abbildung 4

In der Tat strebt $f(x_0 + h)$ gegen $f(x_0)$, egal wie h gegen Null geht, d.h. f ist *in* x_0 *stetig;* dagegen ist das Grenzverhalten des Differenzenquotienten von f bei x_0 sehr wohl davon abhängig, wie man sich x_0 nähert; f ist *in* x_0 *nicht differenzierbar.*

In der Entwicklung der Analysis hat es Jahrzehnte gedauert, bis der Unterschied zwischen Stetigkeit und Differenzierbarkeit herausgearbeitet war. Den entscheidenden Durchbruch erzielte CAUCHY, als er im Jahre 1821 sinngemäß formulierte:

f ist stetig in x_0, wenn beliebig kleine Abweichungen von x_0 auch nur zu beliebig kleinen Änderungen im Funktionswert führen.

Unstetig sind demnach solche Funktionen, bei denen genau diese Eigenschaft verletzt ist. Einfachste Beispiele dafür sind Funktionen mit Sprungstellen, wie etwa die der Abbildung 5.

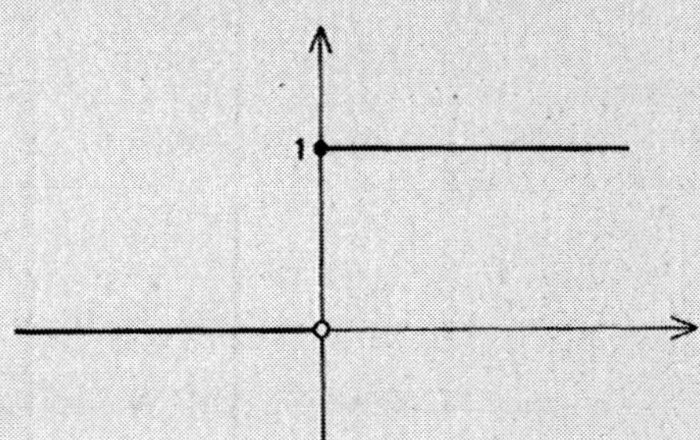

Abbildung 5

Doch auch rasche Oszillationen können bewirken, daß »kleine« Änderungen im Argument nicht »kleine« Änderungen im Funktionswert nach sich ziehen, Cauchys Definition also verletzt ist. Ein Beispiel hierfür bietet der Graph der Abbildung 6 (s. nachfolgende Aufgabe 5b).

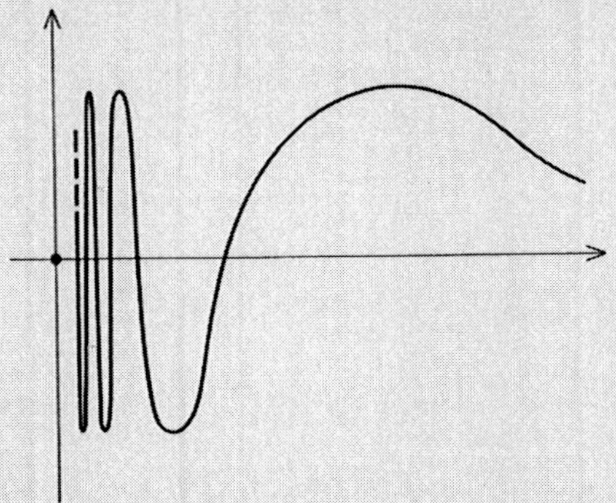

Abbildung 6

Wir erinnern daran, daß hinter Cauchys Formulierung die Bedingung

Stetigkeit

(2) $\lim_{h \to 0} f(x_0 + h) = f(x_0)$

steht, und dies bedeutet: Für *jede* gegen x_0 konvergente Folge (x_n) strebt die Folge $(f(x_n))$ gegen $f(x_0)$. Diese Definition ist bei Stetigkeits- bzw. Unstetigkeitsnachweisen heranzuziehen.

3. Man mustere sämtliche bisherigen Graphen dieses Kapitels daraufhin durch, ob sie stetig bzw. differenzierbar sind. (Ohne formale Beweise.)

4. Weise nach, daß die durch

a) $f(x) = \begin{cases} 0 & \text{für } x < 0 \\ 1 & \text{für } x \geq 0 \end{cases}$

*b) $f(x) = \begin{cases} \sin \frac{1}{x} & \text{für } x \neq 0 \\ 0 & \text{für } x = 0 \end{cases}$

gegebene Funktion in $x_0 = 0$ unstetig ist.

*5. Untersuche auf Stetigkeit und Differenzierbarkeit:

$$f(x) = x \sin \frac{1}{x} \quad \text{für } x \neq 0 \qquad (f(0) = 0).$$

*6. Der Satz, daß Integralfunktionen zu stetiger Berandung stets Stammfunktionen sind, besagt auch: Stetige Funktionen besitzen Stammfunktionen (nämlich ihre Integralfunktionen).

a) Man zeige: Nicht *nur* stetige Funktionen besitzen Stammfunktionen. (Anleitung: Betrachte als Beispiel die Ableitung der durch

$$x \mapsto \begin{cases} x^2 \sin \frac{1}{x} & \text{für } x \neq 0 \\ 0 & \text{für } x = 0 \end{cases}$$

gegebenen Funktion f. Zeige, daß f' im Nullpunkt unstetig ist.)

b) Man mache sich an einem selbstgewählten Beispiel klar, daß unstetige Funktionen mit Sprungstellen keine Stammfunktionen haben (s. etwa Abb. 5).

7. Bei stetiger Berandung ist, wie wir wissen, jede Integralfunktion Stammfunktion, doch das Umgekehrte gilt nicht, d.h. nicht jede Stammfunktion ist auch Integralfunktion. Betrachte dazu die erste Winkelhalbierende ($f(x) = x$) im Intervall [2,3].

a) Warum ist in diesem Beispiel nicht jede Stammfunktion von f auch Integralfunktion?

b) Welche Stammfunktionen von f kommen generell (a beliebig) als Integralfunktionen nicht in Betracht?

8. a) Man zeige: Ist F Stammfunktion von f, G Stammfunktion von g und $k \in \mathbb{R}$, so gilt
(i) $F + G$ ist Stammfunktion von $f + g$ und
(ii) kF ist Stammfunktion von kf.

b) Man finde eine Stammfunktion zur Polynomfunktion

$$f(x) = a_n x^n + a_{n-1} x^{n-1} + \ldots + a_1 x + a_0, \qquad a_n \neq 0.$$

Bemerkung: Die beiden in a) genannten Eigenschaften von Stammfunktionen übertragen sich (für stetiges $f: [a, b] \to \mathbb{R}$) auf Integralfunktionen und werden bei deren Berechnung oft hilfreich sein:

(i') $I_a^{f+g}(x) = I_a^f(x) + I_a^g(x)$,
(ii') $I_a^{kf}(x) = k\,I_a^f(x)$.
(Begründung?)

9. Finde Stammfunktionen zu f mit

a) $f(x) = x$ b) $f(x) = x^7$ c) $f(x) = \frac{1}{x^2}$

d) $f(x) = \sqrt{x}$ e) $f(x) = e^x$ f) $f(x) = a^x$

g) $f(x) = \cos x$.

10. Vervollständige die Tabelle:

Ausgangsfunktion f $f(x)$	Stammfunktion F $F(x)$
x^q, $q \in \mathbb{Q}$, $q \neq -1$	
$\frac{1}{x}$	
a^x, $a > 0$, $a \neq 1$	
e^x	
$\sin x$	
$\cos x$	

Zur weiteren Übung

Finde Stammfunktionen zu f mit

a) $f(x) = 3x^7 - \sqrt{2}\,x^5 + 3$ b) $f(x) = x^n + \frac{1}{x^n}$

c) $f(x) = \sqrt{x} + 3\sqrt[3]{x} + 1$ d) $f(x) = a$

e) $f(t) = 2e^t + a$ f) $f(x) = a\sin x + b\cos x$

g) $f(t) = a\sin x + x$ h) $f(t) = t^{-k} + e^{-kt}$

i) $f(x) = 1 - \sqrt[n]{x^m}$ j) $f(x) = a^x - \frac{1}{a}\sin x$.

● **»Eindeutigkeit« von Stammfunktionen**

Beim Beweis des Hauptsatzes wurde wesentlich davon Gebrauch gemacht, daß Stammfunktionen bis auf additive Konstanten eindeutig bestimmt sind, genauer:

Ist F irgendeine Stammfunktion von f auf einem Intervall, so ist jede weitere Stammfunktion von f von der Form $F + C$, $C \in \mathbb{R}$.

Worauf beruht diese Tatsache?
Nun genügt es zu wissen, daß *eine differenzierbare Funktion, deren Ableitung an jeder Stelle eines Intervalls gleich Null ist, dort konstant ist.* Denn sind dann F und G zwei Stammfunktionen von f, d.h. $F'=f$ und $G'=f$, so folgt

$$(G-F)'=G'-F'=f-f=0;$$

$G-F$ ist daher konstant, also

$$G=F+C.$$

Der benutzte Hilfssatz ist eine unmittelbare Folgerung des schwachen Monotoniekriteriums (Kap. 4.3, Aufg. 2): $F'=0$ bedeutet nämlich, daß für alle x in dem betreffenden Intervall sowohl $F'(x)\geq 0$ als auch $F'(x)\leq 0$ gilt. Also ist F dort sowohl (schwach) monoton steigend als auch fallend, d.h. *konstant.*

Warnung: Der bewiesene Satz beruht wesentlich auf der Intervalleigenschaft des Definitionsbereichs! (Siehe nachfolgende Aufgabe 11.)

11. Zeige: Auf $\mathbb{R}\setminus\{0\}$ sind die durch

$$F(x) = -\frac{1}{x}$$

und

$$G(x) = \begin{cases} -\dfrac{1}{x}+1 & \text{für } x<0 \\ -\dfrac{1}{x}-1 & \text{für } x>0 \end{cases}$$

gegebenen Funktionen F und G Stammfunktionen zu f mit

$$f(x) = \frac{1}{x^2}.$$

Offensichtlich gibt es keine Konstante C, so daß

$$G=F+C$$

ist. Wie verträgt sich das mit dem Ergebnis des Kastens?

12. Ein Körper bewege sich geradlinig mit der Geschwindigkeit

$$v(t)=6t^4+3t^2$$

zur Zeit t. Welchen Weg legt er zwischen $t=1$ und $t=10$ zurück?

13. Die Verkaufserlösrate eines Unternehmens in Abhängigkeit von der Anzahl x der verkauften Stücke sei gegeben durch

$$f(x) = 36 - 0{,}01\,x + 0{,}00015\,x^2.$$

(Die Verkaufserlösrate ist die lokale Änderungsrate des Erlöses in Abhängigkeit von der Anzahl der verkauften Stücke.)

a) Wie groß ist der Erlös $E(x)$? ($E(0) = 0$)

b) Um wieviel steigt der Erlös, wenn 100 statt 50 Stück verkauft werden können?

14. Eine kleine Goldmine in Nevada wurde im Januar 1979 wiedereröffnet und förderte im ersten Jahr eine halbe Million Tonnen goldhaltiges Gestein. $A(t)$ gebe an, wieviel Gestein – in Tausend Tonnen – t Jahre nach 1979 gefördert wird. Es wird erwartet, daß die Förderrate $A'(t)$ bis zum Jahre 1990 Jahr für Jahr gleichmäßig um 20000 Tonnen zurückgeht.

a) Durch welchen Funktionsterm wird $A'(t)$ beschrieben?

b) Wieviel Tausend Tonnen Förderung ist für die Zeit von 1986 bis einschließlich 1990 zu erwarten?

c) Wann wird man die Mine schließen, wenn eine Jahresförderung von weniger als 50000 Tonnen als unrentabel gilt?

15. $V(t)$ sei die Anzahl französischer Vokabeln, die man sich innerhalb von t Minuten einprägen kann. Typisch sind folgende Daten:

$V(0) = 0$ (logisch!)

$$V'(t) = 4\,\frac{t}{100} - 3\left(\frac{t}{100}\right)^2.$$

Mit wieviel gelernten Vokabeln kann man nach $1\frac{1}{2}$ Stunden rechnen? (Wieso ist diese Aufgabe nicht ganz ernst zu nehmen?)

16. Berechne mit Hilfe des Hauptsatzes die Integralfunktion I_a zu gegebenem f und a.

a) $f(x) = 8x^6 - 3x^3$, $a = 0\ (1{,}5)$

b) $f(x) = -2x^5 + x^3 - 4x$, $a = -1\ (\sqrt{2})$

c) $f(x) = 5 - 2x^2$, $a = 2\ (-2)$

d) $f(x) = (2x - 3)^2$, $a = 0\ (3)$

e) $f(x) = -\frac{1}{x^2}$, $a = \frac{1}{2}\ (\sqrt{3})$

f) $f(x) = \sqrt[3]{x+1}$, $a = 0\ (-2)$

g) $f(x) = x\sqrt[3]{x}$, $a = 1\ \left(\frac{1}{2}\right)$

h) $f(t) = 2\sin t$, $a = 0\ (\pi)$

i) $f(x) = -\cos x$, $a = 0\ \left(\frac{\pi}{2}\right)$

j) $f(x) = e^x$, $a = 1\ (\ln 2)$

k) $f(x) = \begin{cases} x^2 & \text{für } 0 \leq x \leq 2 \\ 4 & \text{für } 2 < x \leq 3 \end{cases}$, $a = 0\ (1)$

l) $f(x) = |x^2 - 4|$, $a = -\frac{1}{2}\ (2)$

m) $f(x) = \frac{1}{x^k}\quad (k \neq 1)$, $a = 1\ (2)$

n) $f(t) = \begin{cases} t^2 & \text{für } 0 \leq t \leq 1 \\ 1 & \text{für } 1 < t < 5 \\ (t-6)^2 & \text{für } 5 \leq t \leq 6 \end{cases}$, $a = 0\ (1)$

Zusatz: (1) Berechne jeweils die Werte der Integralfunktion I_a an der Stelle $b = 3$ ($b = a + 1$).
(2) Löse jeweils die Gleichung $I_a(x) = 1$ von Teil e) bis k).

17. Gewinne aus der vorgegebenen Integralfunktion I die Randfunktion f zurück.

a) $I(t) = \frac{g}{2}t^2$ (freier Fall)

b) $I(r) = -\gamma\frac{m_1 m_2}{r}$ (Gravitationspotential)

c) $I(x) = (x^2 - 2x)e^{-\lambda x}$

● **Berechnung stetig berandeter Flächen**

Solange f im Intervall von a bis x oberhalb der x-Achse verläuft, gibt der Funktionswert $I_a(x)$ der Integralfunktion I_a den Inhalt derjenigen Fläche an, die von der Berandung f und der x-Achse in den Grenzen von a bis x eingeschlossen wird (Abb. 7).

Wechselt f jedoch das Vorzeichen im Intervall $[a, x]$, *so zählt die Integralfunktion I_a die unterhalb der x-Achse liegenden Flächenstücke negativ.* (Man denke an das Badewannenbeispiel aus dem letzten Abschnitt!)

$I_a(x)$ ist also eine Summe von mit Vorzeichen versehenen Flächeninhalten; man sagt, die Funktionswerte der Integralfunktion sind Summen *orientierter Flächeninhalte* (Abb. 8).

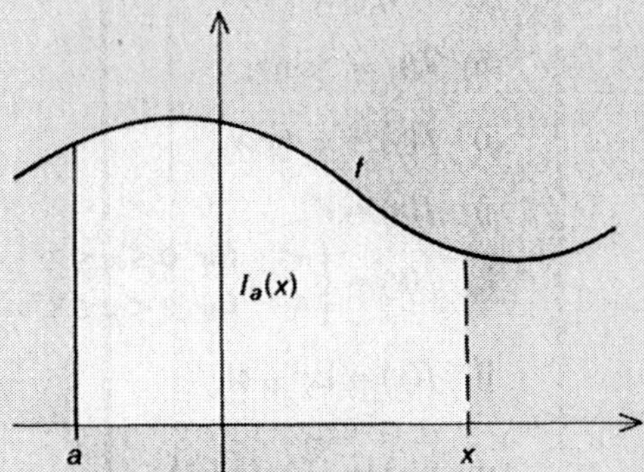

Abbildung 7

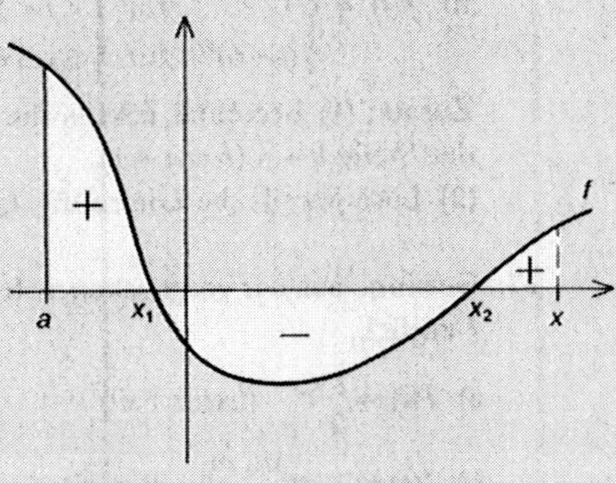

Abbildung 8

Ist man nun an dem Inhalt der Fläche interessiert, die f mit der x-Achse zwischen a und einer festen Stelle b einschließt, so muß man die Inhalte der jeweils ganz auf einer Seite der x-Achse gelegenen Flächenstücke einzeln ausrechnen und aufsummieren. Der Inhalt eines solchen Flächenstückes, das etwa durch x_1 und x_2 begrenzt wird ($x_1 < x_2$), ist bis aufs Vorzeichen durch den Wert von

$$I_a(x_2) - I_a(x_1)$$

gegeben, der Inhalt selbst also durch

$$|I_a(x_2) - I_a(x_1)|,$$

egal ob das Flächenstück oberhalb oder unterhalb der x-Achse liegt. Ist nun F eine Stammfunktion von f, so gilt (Hauptsatz!)

$$|I_a(x_2) - I_a(x_1)| = |(F(x_2) - F(a)) - (F(x_1) - F(a))| = |F(x_2) - F(x_1)|.$$

Zur Berechnung der Fläche, die eine (stetige) Funktion f mit der x-Achse zwischen a und b einschließt, geht man also zweckmäßig so vor:

Verfahren zur Flächenberechnung

1. Schritt: Bestimme die Nullstellen von f in $[a, b]$. Sie seien der Größe nach geordnet $x_1, x_2, \ldots, x_n$.

2. Schritt: Suche zu f eine Stammfunktion F.

3. Schritt: Der Inhalt der gesuchten Fläche ist dann
$A = |F(x_1) - F(a)| + |F(x_2) - F(x_1)| + \ldots + |F(b) - F(x_n)|$.

Bei der Anwendung dieser Formel wird oft mit Vorteil für die Differenz des Typs

$$F(x_2) - F(x_1)$$

die Kurzschreibweise

$$[F(x)]_{x_1}^{x_2}$$

benutzt.

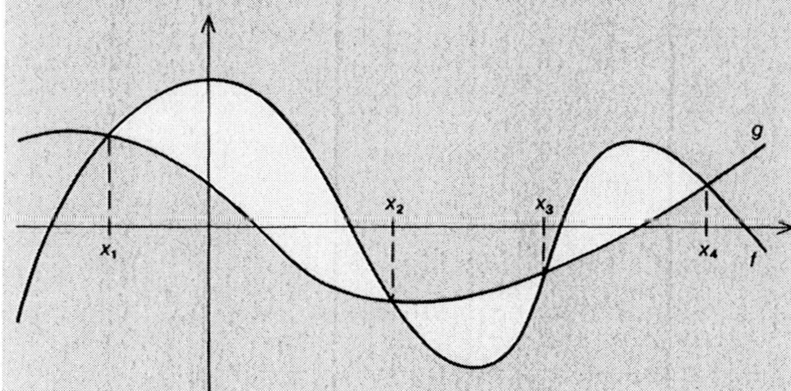

Abbildung 9

Das Verfahren läßt sich auf den Fall ausdehnen, daß der Inhalt einer Fläche gesucht ist, die von zwei Funktionen f und g eingeschlossen wird (Abb. 9; s. Aufgabe 25).

18. Man berechne den Inhalt der von f mit der x-Achse in den angegebenen Grenzen eingeschlossenen Fläche.

a) $f(x) = -x-2$, $a=1$, $b=6$ $(a=-5, b=5)$

b) $f(x) = 1 - \frac{1}{4}x^2$, $a=0$, $b=4$ $(a=-3, b=4)$

c) $f(x) = x^3+2$, $a=-1$, $b=3$ $(a=-4, b=4)$

d) $f(x) = (x+1)^2(x-1)$, $a=-2$, $b=1$ $(a=-2, b=3)$

e) $f(x) = \sqrt{x}-1$, $a=0$, $b=4$ $(a=2, b=4)$

f) $f(x) = \sin x$, $a=0$, $b=\pi$ $(a=0, b=2\pi)$

g) $f(x) = \cos x$, $a=0$, $b=\pi$ $(a=0, b=2\pi)$

h) $f(x) = e^x$ $a=0$, $b=5$ $(a=0, b=10)$

Zusatz: Man vergleiche das Ergebnis jeweils mit dem Funktionswert $I_a(b)$ der Integralfunktion I_a, also mit dem *orientierten* Flächeninhalt von a bis b.

19. Oft läßt sich der Inhalt krummlinig begrenzter Flächen elementar, d.h. ohne Anwendung des Hauptsatzes, bestimmen. Man zeige dies an folgenden Beispielen:

a)

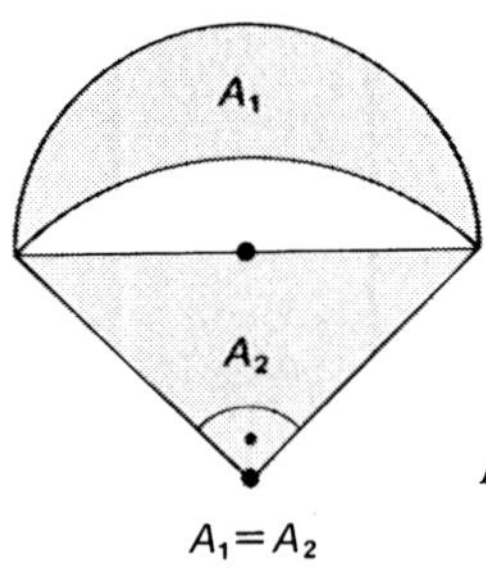

Möndchen des Hippokrates von Chios (ca. 400 v. Chr.)

Abbildung 10

b)

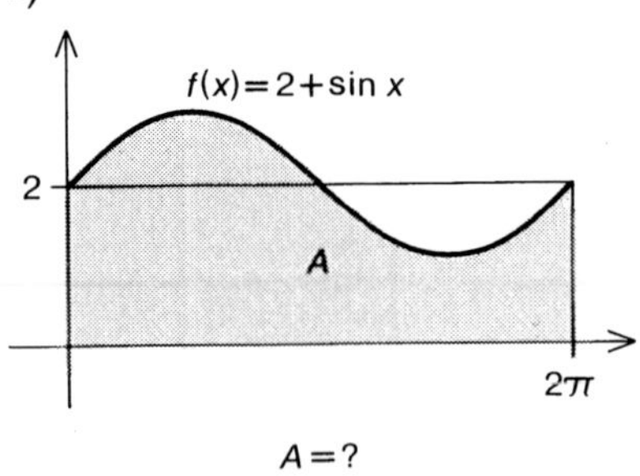

Abbildung 11

c)

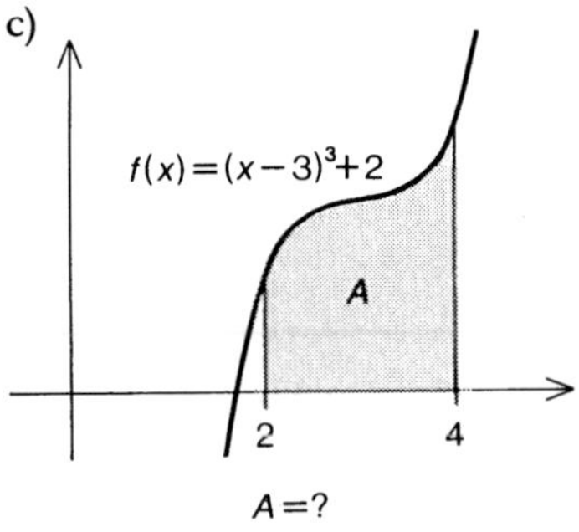

Abbildung 12

20. Was läßt sich über die Berandung f sagen, wenn $I_a(b)$ positiv, negativ oder gleich Null ist?

21. Für $f(x)=x^2-k$ bestimme man $k>0$ so, daß f mit der x-Achse eine Fläche mit dem Inhalt $\frac{9}{2}$ einschließt.

22. Von allen durch den Punkt (1;1) führenden Parabeln f mit $f(x)=c-kx^2$ $(k>0)$ ist diejenige gesucht, die mit der x-Achse die kleinste Fläche einschließt. Wie groß ist dieser Flächeninhalt?

23. Sei f durch $f(x)=\frac{1}{3}(x+1)(x-2)(x-5)$ gegeben. Eine Parallele zur y-Achse durch den Hochpunkt zerlegt die Fläche, die f mit der x-Achse im Intervall [0,3] einschließt, in zwei Teile. In welchem Verhältnis steht die Größe der beiden Teilflächen?

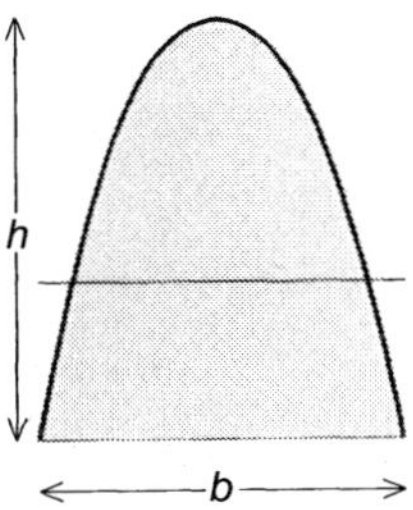

Abbildung 13

24. Ein Parabelsegment der Breite b und Höhe h soll durch eine waagerechte Linie halbiert werden (s. Abb. 13).

25. Ziel dieser Aufgabe ist es, die Methode der Flächenberechnung auf den Fall auszudehnen, daß der Inhalt einer Fläche gesucht ist, die von zwei Funktionen f und g eingeschlossen wird.

a) Verlaufen f und g wie in Abbildung 14, so stimmt der Inhalt der gesuchten Fläche mit dem der Fläche überein, die die Funktion $f-g$ mit der x-Achse einschließt. (Zu einer exakten Begründung ziehe man Aufgabe 8 heran.)

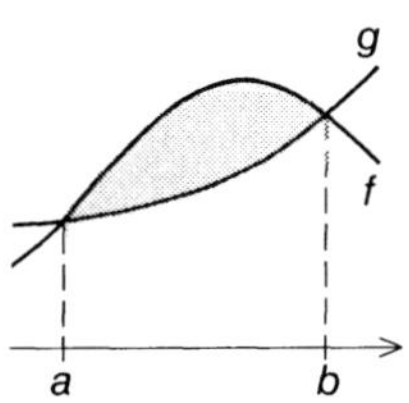

Abbildung 14

b) Was ändert sich, wenn in Abbildung 14 g oberhalb von f verläuft?

c) Man führe den Fall der Abbildung 9 durch Zusammensetzen und Verschieben auf den der Abbildung 14 zurück.

Wir fassen zusammen: Zur Berechnung der Fläche, die zwei (stetige) Funktionen f und g zwischen a und b einschließen, geht man zweckmäßig so vor:

1. Schritt: Bestimme die Nullstellen von $f-g$ in $[a, b]$ (das sind die Schnittstellen von f und g). Sie seien der Größe nach geordnet $x_1, x_2, \ldots, x_n$.

2. Schritt: Suche zu $f-g$ eine Stammfunktion F.

3. Schritt: Der gesuchte Flächeninhalt ist dann

$$A=|F(x_1)-F(a)|+|F(x_2)-F(x_1)|+\ldots+|F(b)-F(x_n)|.$$

Bemerkung: Das Verfahren zur Flächenberechnung *zwischen* Kurven enthält das zur Berechnung von Flächen *unter* Kurven als Spezialfall für $g=0$.

26. Berechne die von folgenden Kurven eingeschlossenen Flächen.

a) $f(x) = \frac{3}{5}x^2 + 3x$, $g(x) = -\frac{3}{2}x$
b) $f(x) = x^3$, $g(x) = 2x - x^2$
c) $f(x) = \frac{1}{3}x^2$, $g(x) = x - \frac{1}{12}x^3$
d) $f(x) = x^3 - 9x^2 + 23x - 9$, $g(x) = x^3 - 8x^2 + 17x - 4$
e) $f(x) = x(4 - x^2)$, $g(x) = x(2 - x)$
f) $f(x) = 2\sqrt{x}$, $g(x) = \frac{1}{4}x^2$
g) $f(x) = x^3\left(1 - \dfrac{x}{4}\right)$, $g(x) = 4x\left(1 - \dfrac{x}{4}\right)$
h) $f(t) = \sin t$, $g(t) = \cos t$ (innerhalb einer Periode)
i) $f(x) = -\dfrac{x}{2} + \cos x$, $g(t) = -\dfrac{t}{2}$ (innerhalb einer Periode)

27.

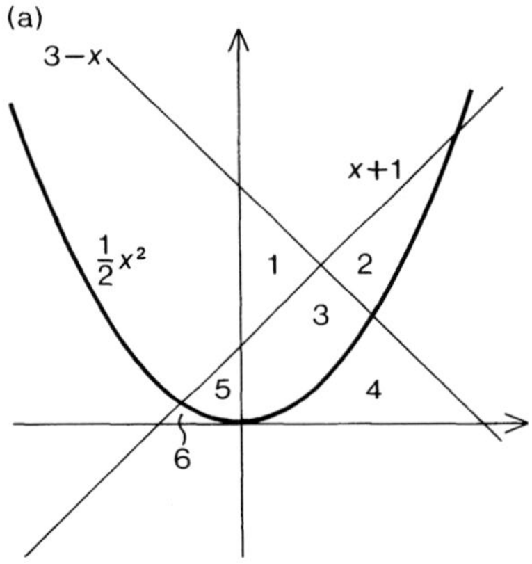

Abbildung 15

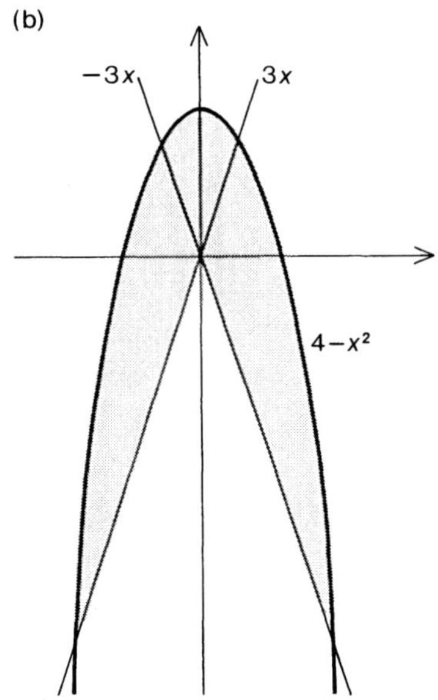

Abbildung 16

a) Wie groß sind die numerierten Flächenstücke der Abbildung 15?

b) Wie groß ist die schraffierte Fläche von Abbildung 16?

28. Es sei $f(x) = x^3 - 27x$ und g die Verbindungsgerade des Hoch- und Tiefpunktes von f. Welchen Inhalt hat die von f und g eingeschlossene Fläche?

29. Von allen Geraden durch einen festen Punkt auf der positiven y-Achse schließt die Parallele zur x-Achse mit der Normalparabel die kleinste Fläche ein. Warum?

30. Eine Polynomfunktion 4. Grades hat im Ursprung einen Wendepunkt mit der x-Achse als Wendetangente; ferner geht f durch die Punkte $(-4;0)$ und $(2;2)$. Man berechne den Inhalt der Flächenstükke, die die beiden Wendetangenten mit f einschließen.

31. a) Welche Fläche wird von $f(x) = x + \sin x$, der y-Achse und der Geraden $y = 2\pi$ eingeschlossen?

    b) In welchem Verhältnis wird dieses Flächenstück durch die waagerechte Tangente aufgeteilt?

    c) In welchem Verhältnis teilt die Tangente im Ursprung dieses Flächenstück?

32. Unter allen Parabeln 3. Grades $f(x) = ax^3 + bx^2 + cx + d$ $(a > 0)$ durch den Punkt $(1; -1)$, die $(0;0)$ als relativen Extremalpunkt haben, ist diejenige zu bestimmen, die mit der x-Achse die kleinste Fläche einschließt.

33. Eine Parabel 3. Grades geht durch den Ursprung, hat in $(1; \frac{4}{3})$ eine waagerechte Tangente und bei $x = 2$ einen Wendepunkt. Welche Fläche schließt sie mit der Geraden $y = \frac{1}{3}x$ ein?

34. $f(x) = 4kx^2 - kx^4$ $(k > 0)$ und $g(x) = \frac{2}{5}(x^2 - 4)$ schließen eine Fläche ein, die von der x-Achse geteilt wird. k ist so zu bestimmen, daß die zwei Teilflächen gleich groß sind.

35. Sei $f(x) = x^3 + ax^2 + ax + 4$ und a so gewählt, daß f an der Stelle $x = 1$ ein relatives Extremum hat. Die Tangenten in den Extremalpunkten schließen mit f jeweils eine Fläche ein. Wie kann man ohne Rechnung einsehen, daß diese Flächen gleich groß sind?

36. a) Welche Beziehung besteht zwischen x_1 und x_2, wenn $A_1 = A_2$ ist? (Abb. 17).

    b) Berechne x_1 und x_2 für $A_1 = A_2 = \frac{1}{2}$.

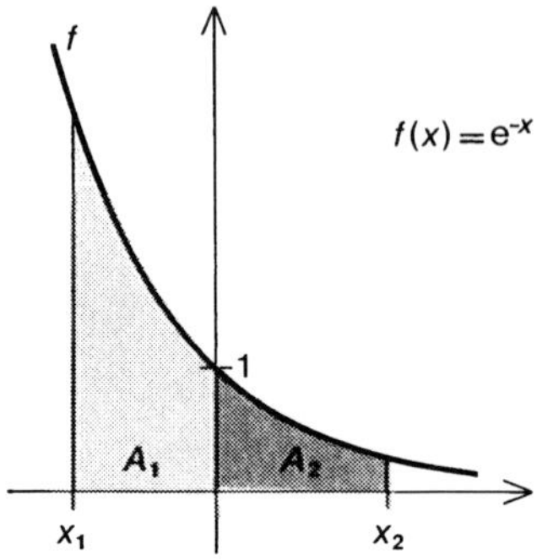

Abbildung 17

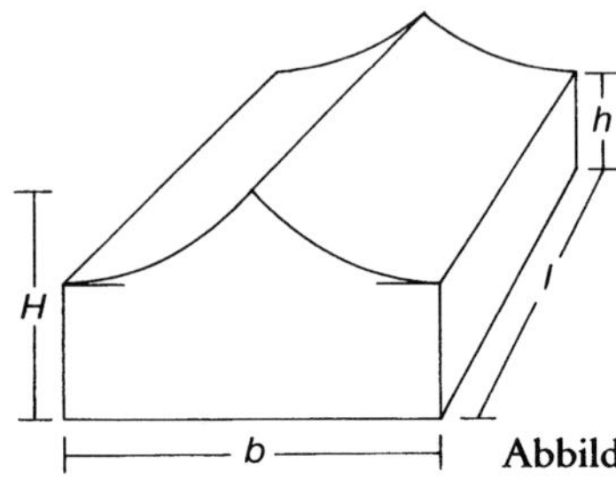

Abbildung 18

37. Abbildung 18 zeigt ein Zirkuszelt der Länge $l = 60$ m, der Breite $b = 25$ m, der Seitenhöhe $h = 6{,}50$ m und der Firsthöhe $H = 10$ m. Die Dachplane fällt (näherungsweise) parabelförmig zu den Seiten hin ab und liegt an den Rändern tangential auf. Welches Luftvolumen faßt das Zelt?

38. Wie groß ist die schattierte Fläche der Abbildung 19?

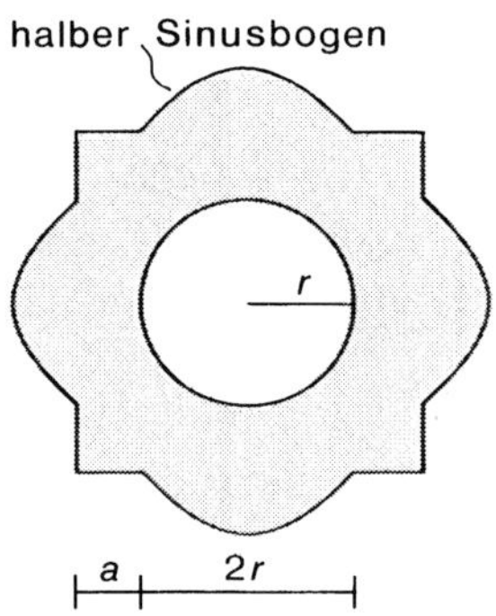

Abbildung 19

39. a)

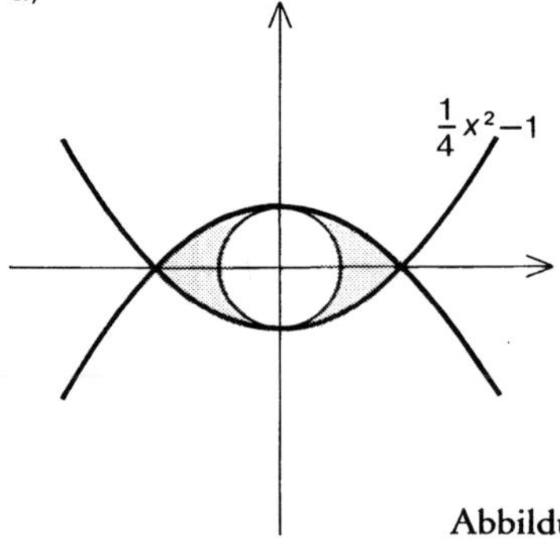

b)

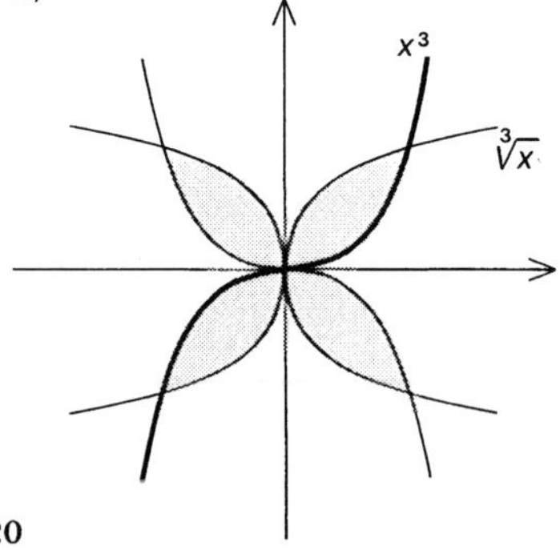

Abbildung 20

Berechne die schattierten Flächen!

40. Bei einer neuartigen Windenergieanlage rotieren drei symmetrisch angeordnete Metallblätter um eine vertikale Achse (s. Abb. 21; die beiden zylindrischen Rotoren dienen lediglich dazu, die Anlage in Gang zu setzen). Jedes Blatt ist in Form eines Springseils gebogen, die sich näherungsweise durch

$$f(x) = 6 - 0{,}044x^2 - 0{,}00045x^4$$

beschreiben läßt (x in Meter).

Abbildung 21

a) Wie äußert sich die Symmetrie der Rotorblätter im Funktionsterm?

b) Wie weit sind die Befestigungspunkte der Rotorblätter voneinander entfernt?

c) Man berechne den Winkel, den die Blätter mit der Drehachse einschließen, und vergleiche das Ergebnis mit dem Wert, den man dem Foto entnimmt.

d) Große Windanlagen erreichen eine Flächenleistung von $400\frac{\text{W}}{\text{m}^2}$ (d.h. pro Quadratmeter »durchpusteter Fläche« werden 400 Watt Leistung erzeugt). Wie groß ist die Flächenleistung unserer Anlage, wenn sie insgesamt 20 kW liefert? (Man nimmt das Doppelte der Fläche, die ein Rotorblatt mit der Drehachse einschließt.)

Der Vorteil dieser Anlage ist ihre Unabhängigkeit von der Windrichtung und die einfache, robuste und kostengünstige Konstruktion.

7.3 Integrieren heißt Summieren

Der Hauptsatz hat die Bestimmung von Integralfunktionen zu stetigen Berandungen auf die Suche von Stammfunktionen zurückgespielt. Bei nicht so einfachen Berandungen kann sich das Suchen allerdings recht kompliziert gestalten. Stammfunktionen finden ist eine Kunst, in die das nächste Kapitel ein Stück weit einführen wird.

Die Situation ist aber noch verzwickter: Selbst wenn man eine Stammfunktion gefunden hat, kann es sich als sehr aufwendig erweisen, ihre

Funktionswerte zu berechnen. Ein Beispiel hierfür ist die Stammfunktion $F(x) = \ln x$ zu $f(x) = \frac{1}{x}$. (Auch der Taschenrechner hat intern einigen Rechenaufwand!) Aber mehr noch: Es gibt stetige Funktionen, zu denen sich – wie man sogar beweisen kann – keine Stammfunktion finden läßt, die »geschlossen« darstellbar ist, d.h. deren Funktionsterm aus den uns bekannten Funktionen aufgebaut werden kann.

Ziel dieses Abschnitts ist es daher, ein Verfahren zu entwickeln, Integralfunktionen stetiger Funktionen ohne Rückgriff auf Stammfunktionen zu berechnen. Diese Methode schmälert nicht die Bedeutung des Hauptsatzes, sie eröffnet jedoch über eine neue Berechnungsmöglichkeit hinaus ein erweitertes Verständnis von dem, was Integrieren heißt – ein Verständnis, das übrigens schon die alten Griechen hatten.

Wir erinnern uns, daß die Funktionswerte $I_a(x)$ der Integralfunktion I_a orientierte Flächeninhalte sind. Die *Idee* des Verfahrens besteht nun darin, *die beteiligten Flächenstücke durch Rechteckflächen einzuschachteln* (Abb. 1).

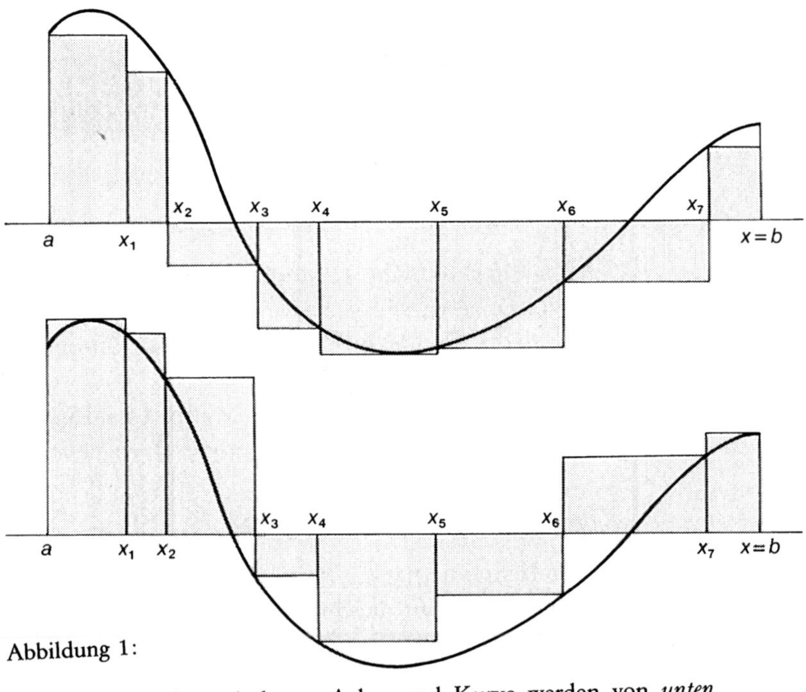

Abbildung 1:

Untersumme Die Flächenstücke zwischen x-Achse und Kurve werden von *unten* angenähert.

Obersumme Die Flächenstücke zwischen x-Achse und Kurve werden von *oben* angenähert.

Zur näherungsweisen Berechnung von $I_a(x)$ für eine feste Stelle $x=b$ wird das Intervall $[a, b]$ durch endlich viele Teilpunkte

$$a=x_0<x_1<x_2<\ldots<x_n=b$$

in (nicht notwendig gleich große) Teilintervalle zerlegt. Ist dann

m_i das Minimum von f im Intervall $[x_{i-1}, x_i]$

und

M_i das Maximum von f im Intervall $[x_{i-1}, x_i]$,

so läßt sich der durch $I_a(x_i)-I_a(x_{i-1})$ gegebene orientierte Flächeninhalt zwischen x_{i-1} und x_i abschätzen durch Rechteckinhalte:

$$m_i(x_i-x_{i-1}) \leq I_a(x_i)-I_a(x_{i-1}) \leq M_i(x_i-x_{i-1}).$$

Zur Abschätzung der gesamten orientierten Fläche zwischen a und b summieren wir diese n Ungleichungen ($i=1, \ldots, n$) auf:

$$\left.\begin{array}{lllll}
m_1(x_1-x_0) & \leq I_a(x_1) & -I_a(x_0) & \leq M_1(x_1-x_0) \\
m_2(x_2-x_1) & \leq I_a(x_2) & -I_a(x_1) & \leq M_2(x_2-x_1) \\
\cdots & \cdots & \cdots & \cdots \\
m_{n-1}(x_{n-1}-x_{n-2}) & \leq I_a(x_{n-1}) & -I_a(x_{n-2}) & \leq M_{n-1}(x_{n-1}-x_{n-2}) \\
m_n(x_n-x_{n-1}) & \leq I_a(x_n) & -I_a(x_{n-1}) & \leq M_n(x_n-x_{n-1})
\end{array}\right\} +$$

$$\sum_{i=1}^{n} m_i(x_i-x_{i-1}) \leq I_a(x_n) - I_a(x_0) \leq \sum_{i=1}^{n} M_i(x_i-x_{i-1})$$

Hier steht das Zeichen »$\sum$« (großes griechisches Sigma) für die Summenbildung (lies: Summe für i gleich 1 bis n).

Nun ist

$$I_a(x_n)-I_a(x_0)=I_a(b)-I_a(a)=I_a(b)-0=I_a(b).$$

Setzt man noch zur Abkürzung

(1)
$$U_n = \sum_{i=1}^{n} m_i(x_i-x_{i-1}) \quad \text{(Untersumme)}$$
$$O_n = \sum_{i=1}^{n} M_i(x_i-x_{i-1}) \quad \text{(Obersumme)},$$

so haben wir:

(2) $U_n \leq I_a(b) \leq O_n$.

Anschaulich ist es plausibel, daß eine »Verfeinerung« der Zerlegung von $[a, b]$ zu einer verbesserten Abschätzung für $I_a(b)$ führt – in dem Sinne, daß der Unterschied zwischen Ober- und Untersumme kleiner wird. Die Abbildung 2 im Vergleich zur Abbildung 1 spricht für sich.

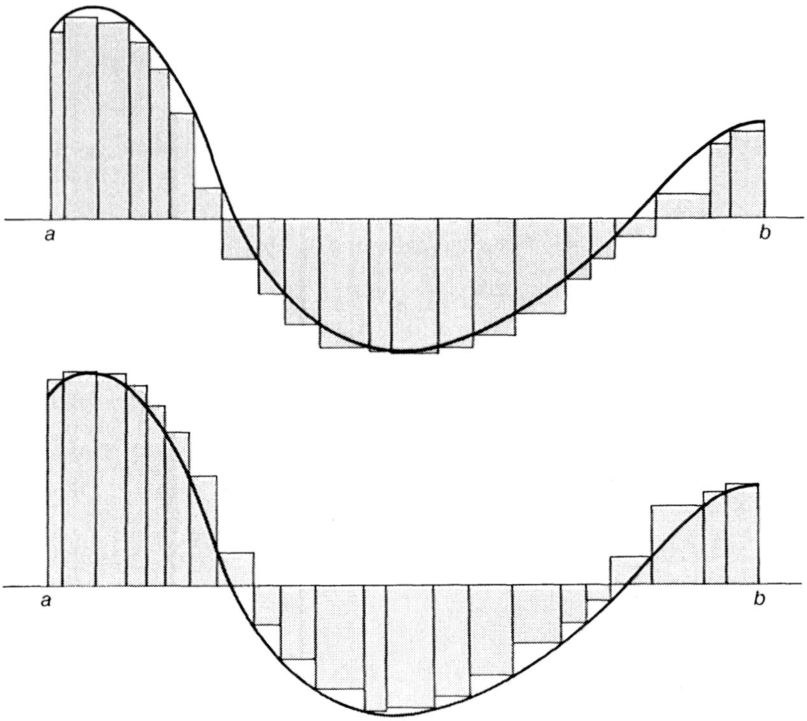

Abbildung 2

An einem Beispiel überzeugen wir uns jetzt, daß diese Idee tatsächlich gestattet, den Wert $I_a(b)$ beliebig genau durch Ober- bzw. Untersummen anzunähern. Wir wählen eine Funktion, bei der wir $I_a(b)$ über den Hauptsatz bereits kennen.

Für die Berandung $f = \exp$ $(a=0,\ b=2)$ ist f selbst Stammfunktion und daher

$$I_0(2) = e^2 - e^0 = e^2 - 1\,.$$

Zur Berechnung von $I_0(2)$ mit Hilfe von Ober- und Untersummen zerlegen wir das Intervall $[0,2]$ in n gleiche Teile mit den Teilungspunkten

$$x_i = \frac{2}{n} \cdot i, \quad i = 0, 1, 2, \ldots, n$$

(s. Abb. 3). Da $f = \exp$ monoton steigt, ist

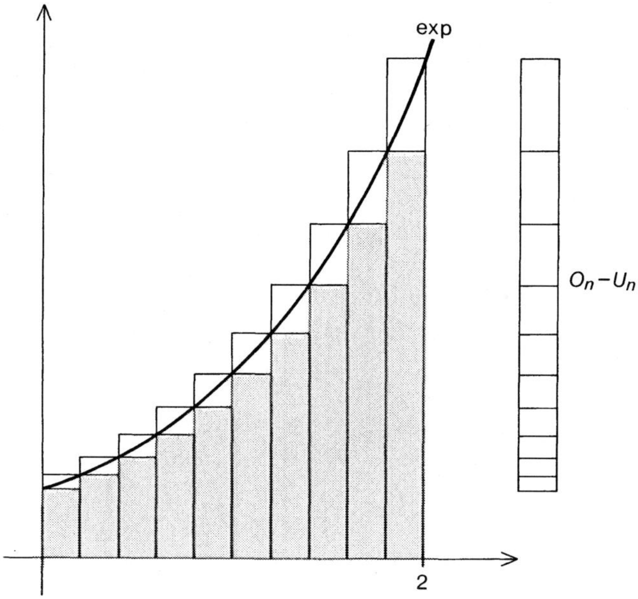

Abbildung 3

$$m_i = f(x_{i-1}) = e^{\frac{2}{n}(i-1)} = \left(e^{\frac{2}{n}}\right)^{i-1}$$

und

$$M_i = f(x_i) = e^{\frac{2}{n}\cdot i} = \left(e^{\frac{2}{n}}\right)^{i}.$$

Mit $q = e^{\frac{2}{n}}$ folgt

$$U_n = \sum_{i=1}^{n} q^{i-1}(x_i - x_{i-1}) = \frac{2}{n} \sum_{i=1}^{n} q^{i-1}.$$

Um die Summe $\sum_{i=1}^{n} q^{i-1}$ auszuwerten, multipliziert man sie mit $(1-q)$ und erhält nach Ausmultiplizieren und Zusammenfassen

$$(1-q)\sum_{i=1}^{n} q^{i-1} = 1 - q^n.$$

Daher ist, wenn man noch $q = e^{\frac{2}{n}}$ beachtet,

$$U_n = \frac{2}{n}\,\frac{1-q^n}{1-q} = \frac{q^n-1}{\frac{q-1}{\frac{2}{n}}} = \frac{e^2-1}{\frac{e^{\frac{2}{n}}-1}{\frac{2}{n}-0}}.$$

Nun ist

$$\lim_{n\to\infty} \frac{e^{\frac{2}{n}}-1}{\frac{2}{n}-0} = \exp'(0) = 1,$$

d.h. die Untersummen U_n kommen dem Wert e^2-1 mit wachsendem n beliebig nahe:

$$\lim_{n\to\infty} U_n = e^2-1.$$

Da zudem $O_n - U_n = \frac{2}{n}(\exp 2 - \exp 0)$ (s. Abb. 3)

$$= \frac{2}{n}(e^2-1) \to 0 \quad \text{für } n\to\infty,$$

wird die Differenz $O_n - U_n$ beliebig klein, und daher streben auch die Obersummen O_n gegen e^2-1. Insgesamt ist also in diesem Beispiel, wie angekündigt,

$$I_0(2) = \lim_{n\to\infty} U_n = \lim_{n\to\infty} O_n.$$

Die letzte Abbildung läßt vermuten, daß für *monotone* Berandungen die Differenz $O_n - U_n$ mit wachsendem n stets beliebig klein wird. Dies ist tatsächlich der Fall, wenn die Zerlegung des Intervalls $[a, b]$ so verfeinert wird, daß das Maximum der Teilintervallängen gegen Null geht (zum Beweis siehe Aufgabe 6). Letzteres ist sicher dann erfüllt, wenn das Intervall »äquidistant« in Teilintervalle der Länge $\frac{b-a}{n}$ oder durch fortgesetzte Halbierung in Teilintervalle der Länge $\frac{b-a}{2^n}$ zerlegt wird.

Man kann zeigen, daß allgemein für *monotone* ebenso wie für *stetige* Berandungen die Werte der Integralfunktion als Grenzwerte von Ober- und Untersummen gewonnen werden können:

(3) $I_a(b) = \lim_{n\to\infty} U_n = \lim_{n\to\infty} O_n$

(vgl. Kap. 9).

Die Beziehung (3) enthält ein erweitertes Verständnis von dem, was Integrieren heißt; denn (3) besagt wegen (1):

$$(4)\quad I_a(b) = \lim_{n \to \infty} \sum_{i=1}^{n} m_i(x_i - x_{i-1}) = \lim_{n \to \infty} \sum_{i=1}^{n} M_i(x_i - x_{i-1}).$$

Man findet also Funktionswerte der Integralfunktion als Grenzwert von Summen, genauer: von Summen orientierter Rechteckinhalte. *In diesem Sinne bedeutet Integrieren Summieren.*

Genau diese Vorstellung hat LEIBNIZ in einem eigenen Symbol für $I_a(b)$ zum Ausdruck gebracht. Die Gleichung (4) läßt sich zumindest bei stetiger Berandung f nämlich auch so schreiben:

$$I_a(b) = \lim_{n \to \infty} \sum_{i=1}^{n} f(\xi_i)(x_i - x_{i-1}),$$

weil in diesem Fall m_i und M_i Funktionswerte von f an einer Stelle ξ_i zwischen x_{i-1} und x_i sind. Diesen Fall vor Augen schrieb Gottfried Wilhelm LEIBNIZ (1646–1716) für die Grenzwerte in (4)

$$\int_a^b f(x)\,\mathrm{d}x,$$

wobei das Zeichen »$\int$« (als stilisiertes S) an die Summen- und anschließende Grenzwertbildung und das »dx« an die kleiner werdende Differenz $x_i - x_{i-1}$ (Streifenbreite) erinnern soll. LEIBNIZ spricht vom *Integral über f in den Grenzen von a bis b.* Schreib- und Sprechweise haben sich bis heute erhalten.

Mit der Leibnizschen Schreibweise wird (4) zu

$$I_a(b) = \int_a^b f(x)\,\mathrm{d}x.$$

Integrale

Die Funktionswerte der Integralfunktion nennt man daher auch *Integrale.*

Oft schreibt man für

$$\int_a^b f(x)\,\mathrm{d}x$$

auch

$\int_a^b f$

$$\int_a^b f,$$

denn der Wert des Integrals $\int_a^b f(x)\,\mathrm{d}x$ hängt nur von f, a und b ab.

Mit der Leibnizschen Symbolik läßt sich der *Hauptsatz* aus dem letzten Abschnitt neu hinschreiben:

Hauptsatz

Für stetiges $f\colon [a, b] \to \mathbb{R}$ und eine beliebige Stammfunktion F von f gilt:

$$\int_a^x f = F(x) - F(a) \quad \textit{für } x \in [a, b].$$

Insbesondere ist

$$\int_a^b f = F(b) - F(a).$$

Aufgaben

1. Wieso liegen in Abbildung 1 die Rechtecke unterhalb der x-Achse innerhalb des krummlinig begrenzten Flächenstücks, obwohl es sich um eine *Ober*summe handelt?

2. a) Man zeichne ein sorgfältiges Bild des Graphen von

   $$f(x) = (x+2)(1-x)(x-5)$$

   im Intervall $[-3{,}5; 6{,}5]$, zerlege das Intervall in 10 gleiche Teile und zeichne Unter- und Obersumme ein.

   b) Vergleiche den *berechneten* Wert der Obersumme O_{10} mit dem richtigen Wert $I_{-3,5}(6{,}5)$.

*3. In der Gleichung (1) für Unter- und Obersumme kommen die Größen m_i und M_i vor, deren Existenz auf der vorausgesetzten Stetigkeit der Berandung f beruht. Man gebe ein einfaches Beispiel einer unstetigen Berandung, für die ein m_i oder M_i nicht existiert.

4. a) Man interpretiere die Abschätzung (2) für positives f und $n=1$ geometrisch.

   b) Inwiefern haben wir von dieser Eigenschaft des Flächeninhalts bei der Herleitung von (2) bereits Gebrauch gemacht?

5. *(Geometrische Reihe)* Für $|q| < 1$ ist

   $$\lim_{n\to\infty} \sum_{i=1}^{n} q^{i-1} = \frac{1}{1-q}.$$

   Zur Begründung benutze man die im Text verwendete Identität $\sum_{i=1}^{n} q^{i-1} = \frac{1-q^n}{1-q}$ sowie die Aufspaltung $\frac{1-q^n}{1-q} = \frac{1}{1-q} - \frac{q^n}{1-q}$.

Für den Grenzwert auf der linken Seite schreibt man

$$\sum_{i=1}^{\infty} q^{i-1}$$

und spricht von der (unendlichen) *geometrischen Reihe.*

6.

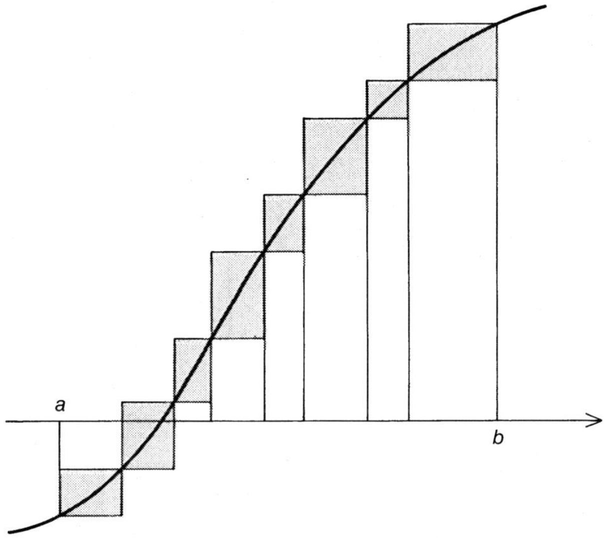

Abbildung 4

Zeige, daß für monotone Berandungen die Differenz $O_n - U_n$ stets gegen Null strebt, wenn nur die Zerlegung des Intervalls $[a, b]$ so verfeinert wird, daß das Maximum der Teilintervallängen gegen Null geht (Abb. 4).

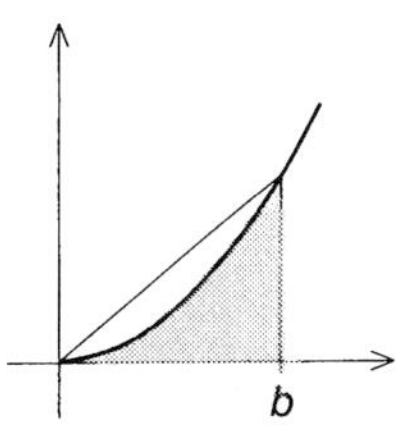

Abbildung 5

7. a) Die Fläche unter dem Bogen der Normalparabel (Abb. 5) macht $\frac{2}{3}$ der umbeschriebenen Dreiecksfläche aus (Archimedes).

Gehen wir wie Archimedes vor: Zerlege das Intervall $[0, b]$ in n gleiche Teile und benutze (aus der Formelsammlung) die Summenformel

$$\sum_{i=1}^{n} i^2 = \frac{n(n+1)(2n+1)}{6},$$

um zu zeigen, daß

$$O_n = \frac{1}{3} b^3 \left(1 + \frac{1}{n}\right)\left(1 + \frac{1}{2n}\right)$$

ist.

b) Bestätige das Ergebnis von Archimedes mit Hilfe des Hauptsatzes.

8. a) Es ist $\ln b = \int\limits_1^b \frac{1}{x}\,\mathrm{d}x,\ b > 1$ (warum?).

b) Man zeige, daß sich $\ln b$ für große n näherungsweise durch

$$n(\sqrt[n]{b} - 1)$$

berechnen läßt, indem man die n-te Obersumme O_n des Integrals zu der Zerlegung

$$1 < \sqrt[n]{b} < \sqrt[n]{b^2} < \ldots < \sqrt[n]{b^n} = b$$

berechnet.

c) Bestätige, daß

$$\lim_{n \to \infty} O_n = \ln b$$

ist. (Beachte

$$O_n = \frac{b^{\frac{1}{n}} - b^0}{\frac{1}{n} - 0}$$

und verwende die im Beispiel des Textes verwendete Schlußweise.)

d) Versuche, $\ln 2$ mit der gewonnenen Näherungsformel auf 5 Dezimalen genau zu berechnen.

9. a) Beweise: Es ist

$$\frac{1}{n+1} + \frac{1}{n+2} + \ldots + \frac{1}{n+n} \leq \ln 2 \leq \frac{1}{n} + \frac{1}{n+1} + \ldots + \frac{1}{2n-1}.$$

b) Wie groß ist n zu wählen, um $\ln 2$ auf 5 Dezimalen genau zu berechnen?

10. *(Harmonische Reihe)*

a) Zeige, daß die Folge $\left(\sum\limits_{i=1}^{n} \frac{1}{i}\right)$ nicht konvergiert. Hinweis: Fasse $\sum\limits_{i=1}^{n} \frac{1}{i}$ als Obersumme von $\int\limits_1^n \frac{1}{x}\,\mathrm{d}x$ auf.

(Man sagt, die *harmonische Reihe* $\sum\limits_{i=1}^{\infty} \frac{1}{i}$ divergiert.)

b) Warum »konvergiert« die harmonische Reihe scheinbar auf jedem Taschenrechner (und Computer)?

Arbeit in der Physik

Ein Körper bewege sich längs einer geraden Linie. Wirkt auf ihn zwischen den Orten a und b stets dieselbe Kraft F *(Force)*, so wird längs der Wegstrecke $\Delta s = b - a$ die Arbeit *(Work)*

$$W = F \cdot \Delta s \quad \text{(Arbeit = Kraft} \cdot \text{Weg)}$$

verrichtet.

Was ist nun unter *Arbeit* zu verstehen, wenn sich die Kraft F längs des Weges ändert, also eine Funktion des Weges s ist ($F = F(s)$)?
Zerlegt man das Wegintervall $[a, b]$ durch

$$a = s_0 < s_1 < s_2 < \ldots < s_n = b$$

in Teilintervalle und bezeichnen k_i und K_i den kleinsten bzw. größten Wert der Kraft F im Teilintervall $[s_{i-1}, s_i]$, so wird die Arbeit in diesem Intervall sicher zwischen $k_i(s_i - s_{i-1})$ und $K_i(s_i - s_{i-1})$ liegen.

Für die zu definierende Arbeit W längs des Gesamtintervalls $[a, b]$ wird man dann erwarten, daß sie zwischen der Untersumme

$$U_n = \sum_{i=1}^{n} k_i(s_i - s_{i-1})$$

und der Obersumme

$$O_n = \sum_{i=1}^{n} K_i(s_i - s_{i-1})$$

liegt:

$$U_n \le W \le O_n .$$

Diese Abschätzung legt nahe (vgl. (2)!), die *Arbeit* als *Integral über die (stetige) Kraftfunktion F längs des Weges von a bis b* zu definieren:

$$W = \int_a^b F = \int_a^b F(s)\,ds .$$

11. Man zeige, daß die über das Integral definierte Arbeit bei konstanter Kraft die alte Formel *Arbeit = Kraft · Weg* enthält.

12. *(Spannungsarbeit)* Bei einer Schraubenfeder hängt der Betrag F der dehnenden Kraft vom Betrag s der Auslenkung ab (s. Abb. 6). Im Elastizitätsbereich ist F proportional zu s:

$F(s) = D \cdot s$ (*Hookesches Gesetz;* D Federkonstante).

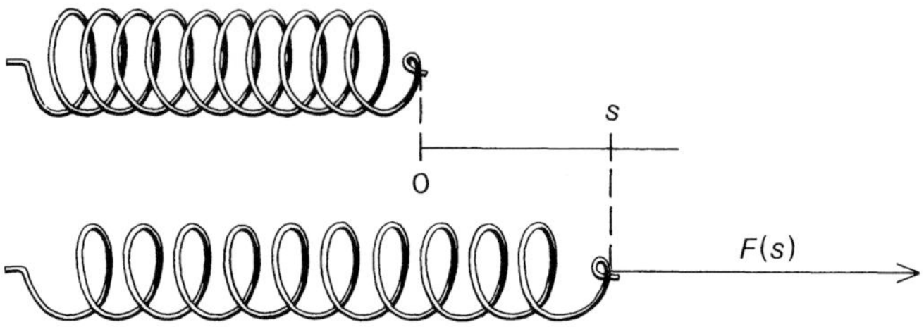

Abbildung 6

a) Welche Spannungsarbeit ist zu verrichten, wenn die ungedehnte Feder um das Stück s gedehnt wird?

b) Für eine Feder mit $D = 1{,}0 \,\frac{\text{N}}{\text{cm}}$ und einer Auslenkung von $s = 10$ cm ist die Spannungsarbeit zu berechnen.

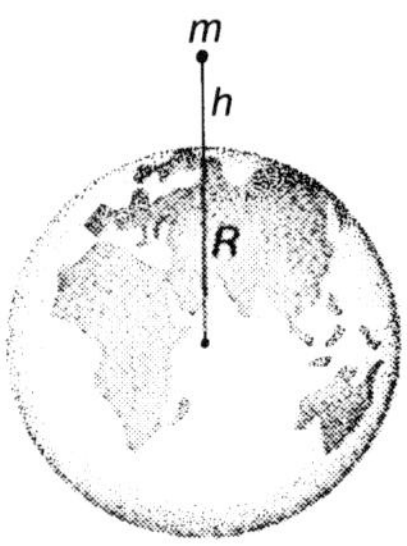

Abbildung 7

13. *(Hubarbeit)* Ein Körper der Masse m erfährt durch die Erde eine Gravitationskraft in Richtung Erdmittelpunkt (Abb. 7).

a) In Erdnähe ist die Gravitationskraft nahezu konstant und heißt Gewichtskraft G; sie ist proportional zu m:

$G = m \cdot g$ (*g Erdbeschleunigung).*

Welche *Hubarbeit* ist zu leisten, um den Körper von der Erdoberfläche auf die Höhe h anzuheben?

b) Allgemein gilt für die auf den Körper wirkende Kraft F das *Newtonsche Gravitationsgesetz:*

$F(r) = \gamma \,\frac{m \cdot M}{r^2}$ ($r = h + R$ mit R = Erdradius, γ Gravitationskonstante, M Masse der Erde).

Welche Hubarbeit ist zu leisten, um den Körper von r_1 nach r_2 zu heben? Welche Arbeit ergibt sich, wenn r_2 über alle Grenzen wächst?

Bemerkung: Für $\lim\limits_{r_2 \to \infty} \int\limits_{r_1}^{r_2} F(r)\,\mathrm{d}r$ schreibt man $\int\limits_{r_1}^{\infty} F(r)\,\mathrm{d}r$ und spricht von einem *uneigentlichen Integral.*

c) Welche Arbeit ist aufzuwenden, um eine Rakete der Masse $m = 1$ t von der Erdoberfläche in eine Höhe von $h = 30$ km zu bringen?

$$(R = 6{,}37 \cdot 10^6 \text{ m}, M = 5{,}97 \cdot 10^{24} \text{ kg}, \gamma = 6{,}67 \cdot 10^{-11} \frac{\text{m}^3}{\text{kg} \cdot \text{s}^2})$$

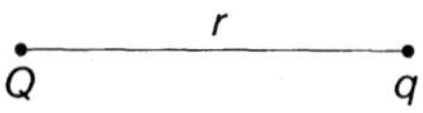

Abbildung 8

14. *(Elektrisches Potential)* Zwei gleichnamige Punktladungen Q und q im Abstand r (Abb. 8) stoßen einander ab mit der Kraft

$$F(r) \sim \frac{q \cdot Q}{r^2} \quad \textit{(Coulombsches Gesetz).}$$

a) Welche Arbeit ist zu leisten, um die im Abstand r_1 befindlichen Ladungen einander auf den Abstand r_2 zu nähern?

b) Denkt man sich Q ortsfest und q aus dem Unendlichen bis zum Abstand r genähert, so heißt der Quotient $V(r) = \frac{W(r)}{q}$ aus der zu verrichtenden Arbeit und der Ladung q *elektrisches Potential der Ladung* Q. Man gebe V an.

Volumenberechnung

Rotiert eine zwischen a und b positive und stetige Berandung f um die x-Achse, so entsteht ein *Rotationskörper* (Abb. 9). Wie groß ist sein Volumen?

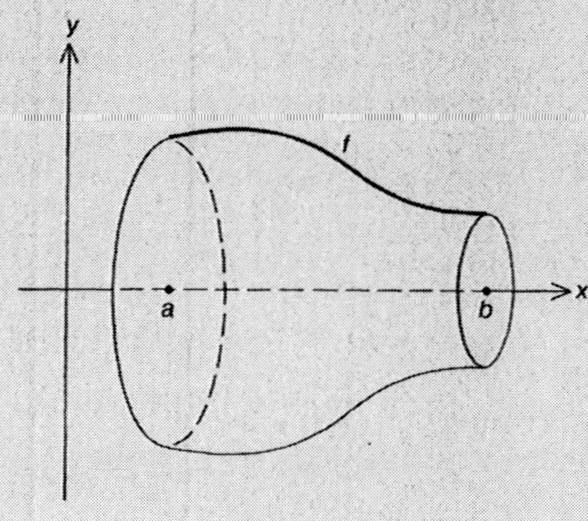

Abbildung 9

Nun, bei konstantem f entsteht ein Zylinder mit (konstantem) Radius $f(x)$ und Höhe $b-a$. Sein Rauminhalt ist

$$\pi(f(x))^2 \cdot (b-a).$$

Für den allgemeinen Fall wird $[a, b]$ zerlegt durch

$$a = x_0 < x_1 < \ldots < x_n = b.$$

Dann liegt das Volumen des Rotationskörpers im Teilintervall $[x_{i-1}, x_i]$ zwischen den Volumina der Zylinder mit den Radien m_i und M_i (Abb. 10). Diese aber sind gleich

$$\pi m_i^2 (x_i - x_{i-1})$$

bzw.

$$\pi M_i^2 (x_i - x_{i-1})$$

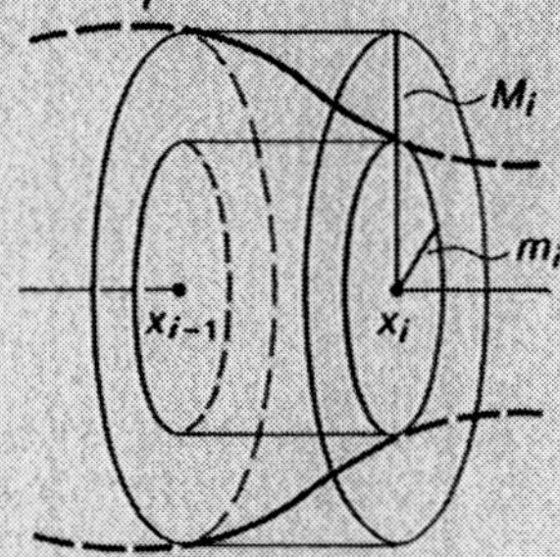

Abbildung 10

Durch Aufsummieren erhält man eine Abschätzung für das gesuchte Volumen V:

$$\pi \sum_{i=1}^{n} m_i^2 (x_i - x_{i-1}) \leq V \leq \pi \sum_{i=1}^{n} M_i^2 (x_i - x_{i-1}).$$

Nun steht links – bis auf den Faktor π – gerade die Untersumme U_n zur Funktion f^2, denn wenn m_i das Minimum von f auf $[x_{i-1}, x_i]$ ist, dann ist m_i^2 auch das Minimum von f^2 ($f > 0$). Entsprechendes gilt für die rechte Seite. Daher ist

$$\pi U_n(f^2) \leq V \leq \pi O_n(f^2).$$

Nun streben die zu f^2 gehörigen Unter- und Obersummen mit wachsendem n gegen $\int_a^b f^2$, und daher ist

Volumenformel

$$V = \pi \int_a^b f^2 = \pi \int_a^b (f(x))^2 \, dx.$$

15. a) Man bestätige die Volumenformel für den Zylinder ($V=\pi r^2 \cdot h$), indem man ein geeignetes f um die x-Achse rotieren läßt.

*b) Wieso ist dies kein *Beweis* der Zylinderformel?

16. Man leite die Formel für das Kugel- und Kegelvolumen her ($V=\frac{4}{3}\pi r^3$ bzw. $V=\frac{1}{3}\pi r^2 h$).

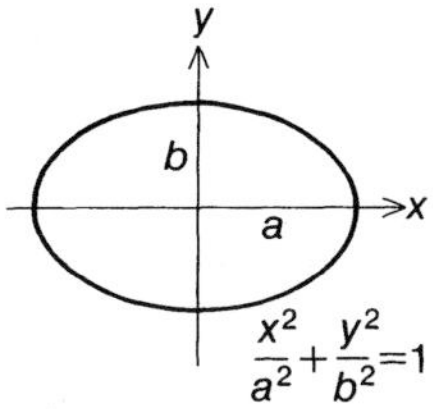

Abbildung 11

17. a) Läßt man die nebenstehende Ellipse um die x-Achse rotieren, so entsteht ein Ellipsoid (Abb. 11). Wie groß ist sein Volumen? (Zur Probe setze man $a=b$.)

b) Welches Ergebnis erhält man, wenn die Ellipse um die y-Achse rotiert? Vergleiche mit dem Ergebnis von a!)

18. Ein gerader Kreiskegel ist durch zwei zur Grundfläche parallele Schnitte in drei volumengleiche Stücke zu zerlegen.

19. Welches Volumen hat der Rotationskörper zu der Berandung f zwischen a und b?

a) $f(x)=x^2$, $a=0$, $b=5$

b) $f(x)=\frac{1}{x}$, $a=1$, $b=100$

c) $f(x)=e^{\frac{x}{2}}$, $a=-10$, $b=10$

d) $f(x)=\sqrt{x-1}$, $a=1$, $b=4$

e) $f(x)=\sqrt[3]{x}$, $a=-2$, $b=2$

Man verschaffe sich jeweils eine Vorstellung vom entstehenden Rotationskörper.

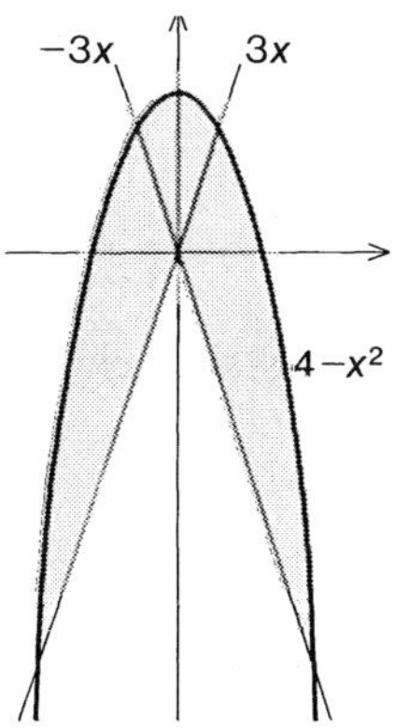

Abbildung 12

*20. Abbildung 12 zeigt die schattierte Fläche, die wir bereits in einer Aufgabe zum letzten Abschnitt berechnet haben. Jetzt soll diese Fläche um die y-Achse rotieren. Wie groß ist das entstehende Volumen?

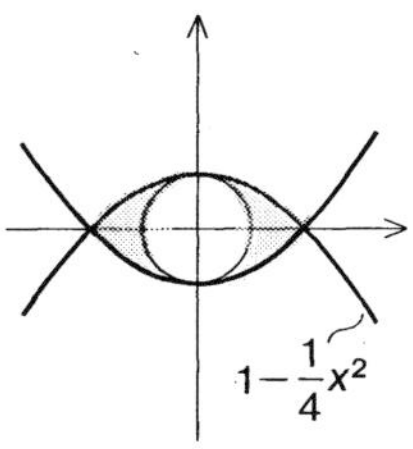

Abbildung 13

21. Abbildung 13 (die uns bereits begegnete »Iris«) rotiert um die x-Achse. Wie groß ist das Rotationsvolumen?

22. Leite die von Johannes KEPLER stammende Formel für das Volumen eines Fasses her (Abb. 14):

$$V=\frac{\pi}{15}h(8R^2+4Rr+3r^2).$$

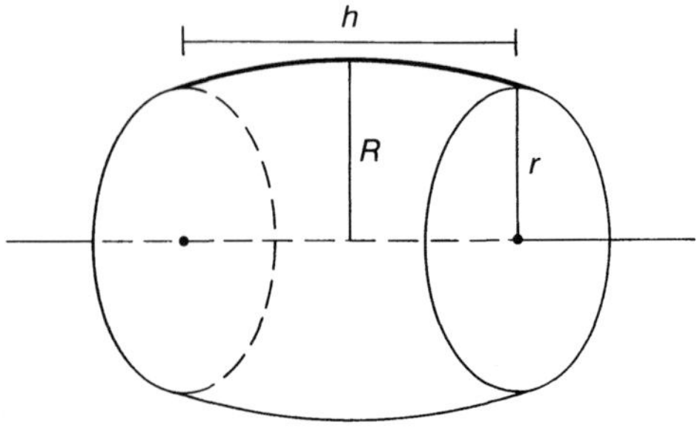

Abbildung 14: Die Faßdauben sind parabelförmig gebogen.

23. Man deute

$$\pi \int_a^1 \frac{1}{\sqrt{x}}\, dx, \qquad 0<a<1$$

geometrisch und untersuche den Grenzwert für $a \to 0$.

24. Der »Walfisch« in Abbildung 15 faßt das Volumen

$$V = \frac{2}{3}\pi b^2 \left(a + \frac{4}{5}c\right).$$

(Wer nach einem ernsteren Hintergrund sucht, mag sich einen stromlinienförmigen Flugkörper vorstellen.)

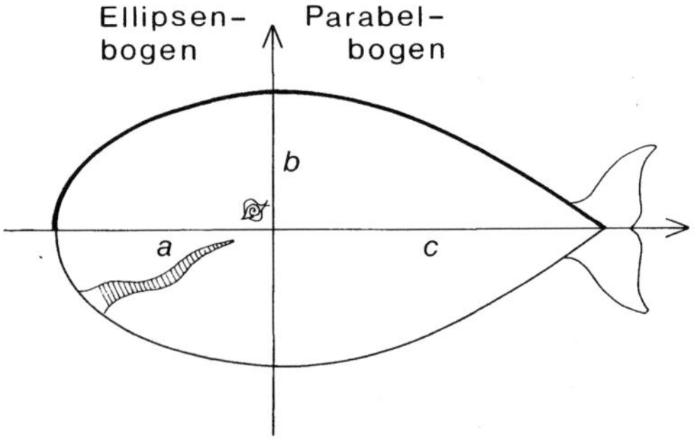

Abbildung 15

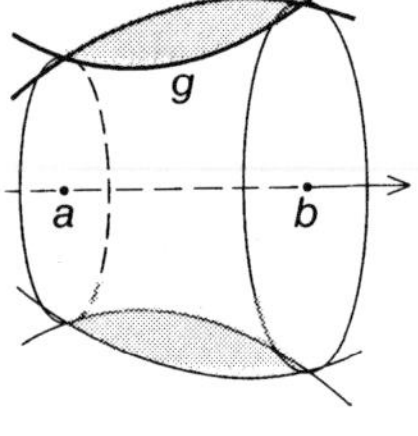

Abbildung 16

25. Man entwickle eine Formel für das Rotationsvolumen, wenn die um die x-Achse rotierende Fläche so wie in Abbildung 16 von zwei Kurven begrenzt wird.

Das Prinzip von Cavalieri

Die für Rotationsvolumina entwickelte Formel

$$V = \pi \int_a^b f^2$$

deuten wir jetzt neu, indem wir schreiben:

$$V = \int_a^b (\pi f^2) = \int_a^b \pi (f(x))^2 \, dx.$$

Das Volumen ist also das Integral über die Funktion πf^2. Diese gibt für jede Stelle $x \in [a, b]$ an, wie groß die Querschnittsfläche dort ist. Sie ist ein Kreis mit dem Radius $f(x)$, und sein Inhalt ist $\pi (f(x))^2$ (Abb. 17). Das Volumen ist also das Integral über die Querschnittsflächenfunktion.

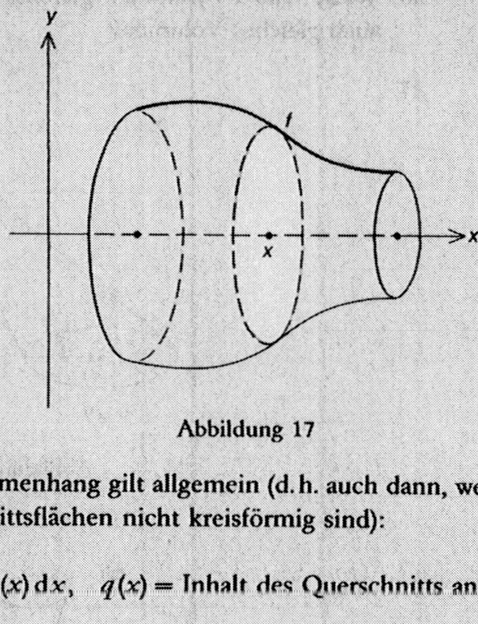

Abbildung 17

Dieser Zusammenhang gilt allgemein (d.h. auch dann, wenn die einzelnen Querschnittsflächen nicht kreisförmig sind):

$$V = \int_a^b q = \int_a^b q(x) \, dx, \quad q(x) = \text{Inhalt des Querschnitts an der Stelle } x.$$

Diese Beziehung präzisiert die Vorstellung, daß das Volumen durch Aufsummieren aller Querschnittsflächen entsteht; darüber hinaus sagt sie, daß das Volumen eines Körpers vollständig durch seine sämtlichen (parallelen) Querschnittsflächen bestimmt ist. Genau diese Vorstellung hatte CAVALIERI (1598?–1647), als er das nach ihm benannte Prinzip formulierte:

Stehen zwei Körper auf derselben Ebene und werden sie von jeder zu ihr parallelen Ebene in inhaltsgleichen Flächen geschnitten, so haben sie das gleiche Volumen.

Abbildung 18 zeigt ein Beispiel.

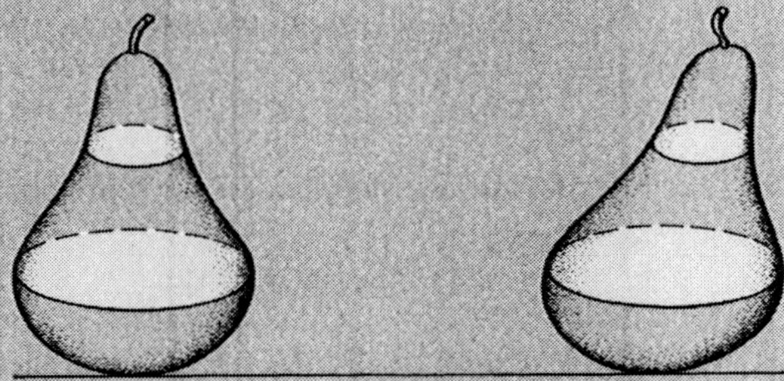

Abbildung 18

26. Wieso haben Pyramiden gleicher Grundfläche und gleicher Höhe auch gleiches Volumen?

27.

a)

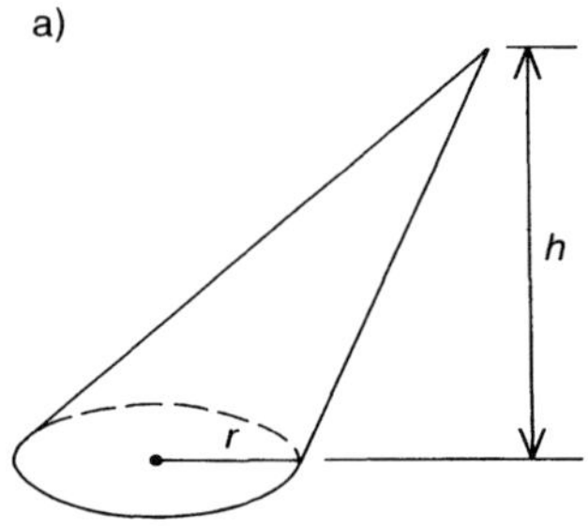

$V = ?$

Abbildung 19

b)

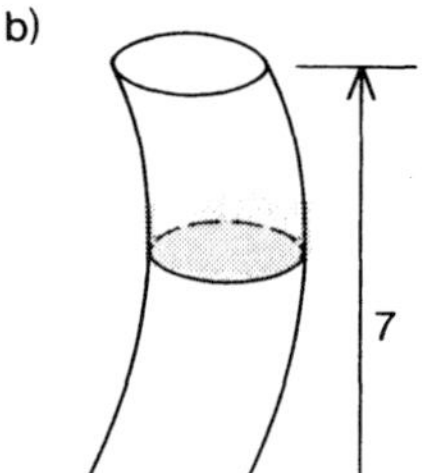

$V = ?$

Abbildung 20: Jede Schnittfläche ist ein Kreis mit Radius 1.

28. Zeige mit dem Prinzip von Cavalieri die Volumengleichheit beider Körper und begründe so erneut die Formel für das Kugelvolumen (Abb. 21).

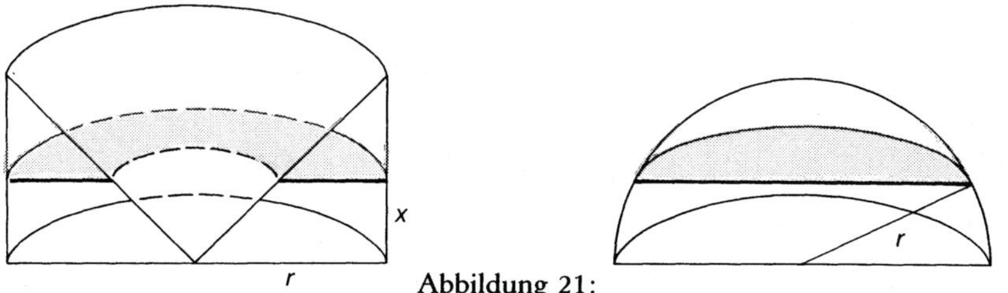

Kreiszylinder mit von oben herausgebohrtem Kegel — Abbildung 21: — Halbkugel

7.4 Integrieren heißt Mitteln

Beginnen wir mit einem Beispiel: Im Laufe eines Tages wurde zwischen $a = 6$ Uhr morgens und $b = 6$ Uhr abends mehrfach die Außentemperatur ϑ (in °C) gemessen. Nehmen wir an, das Thermometer ist zu den Zeiten

$$a < t_1 < t_2 < \ldots < t_n = b$$

abgelesen worden mit den Ergebnissen

$$\vartheta_1, \vartheta_2, \ldots, \vartheta_n .$$

Wie kann man von diesen Daten auf die mittlere Tagestemperatur schließen?

Naheliegend ist, das *arithmetische Mittel* zu nehmen:

$$(1) \quad \frac{1}{n} \sum_{i=1}^{n} \vartheta_i .$$

Doch dieser Ansatz ist nicht unproblematisch. Denn selbst wenn die Temperatur in den Teilintervallen konstant wäre, berücksichtigt (1) nicht, daß die Teilintervalle verschieden lang sein können und daher die Temperaturen ϑ_i entsprechend zu gewichten wären (Abb. 1). ϑ_3 etwa wäre mit *dem* Anteil zu gewichten, den das Teilintervall $[t_2, t_3]$ am Gesamtintervall $[a, b]$ hat, also mit dem Faktor $\frac{t_3 - t_2}{b - a}$. Man kommt so zum *gewichteten arithmetischen Mittel*

$$(2) \quad \sum_{i=1}^{n} \frac{t_i - t_{i-1}}{b - a} \cdot \vartheta_i ,$$

das bei äquidistanten Meßpunkten in (1) übergeht (warum?).

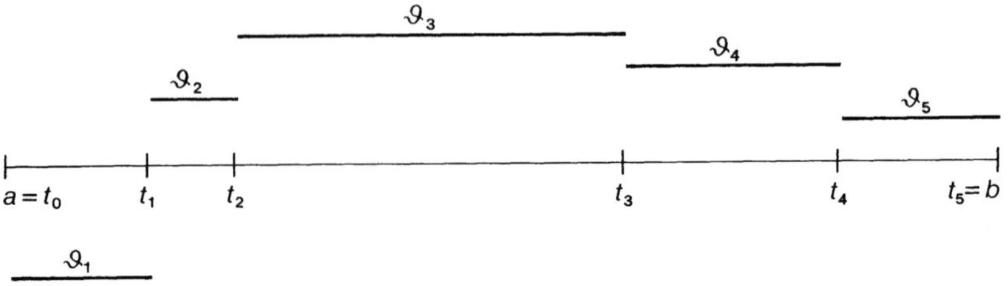

Abbildung 1

(2) wird einen um so verläßlicheren Wert für die mittlere Temperatur geben, je mehr Meßpunkte man verwendet, je größer also n wird. Stellen wir uns etwa vor, ein automatischer Temperaturschreiber hat einen (stetigen) Temperaturverlauf ϑ über dem Zeitintervall $[a, b]$ aufgezeichnet. Wie ist dann die Summe (2) für große n zu interpretieren?

Die Umformung

$$(3) \quad \sum_{i=1}^{n} \frac{t_i - t_{i-1}}{b-a} \vartheta_i = \frac{1}{b-a} \sum_{i=1}^{n} \vartheta(t_i) \cdot (t_i - t_{i-1})$$

erinnert an die vertrauten Unter- bzw. Obersummen zur Berandung ϑ. Der Zusammenhang mit diesen ist einfach. Wegen

$$m_i \leq \vartheta(t_i) \leq M_i$$

ist nämlich

$$U_n = \sum_{i=1}^{n} m_i(t_i - t_{i-1}) \leq \sum_{i=1}^{n} \vartheta(t_i)(t_i - t_{i-1}) \leq \sum_{i=1}^{n} M_i(t_i - t_{i-1}) = O_n\,.$$

Nun streben bei stetiger Berandung ϑ sowohl U_n als auch O_n gegen $\int_a^b \vartheta$ und damit auch die mittlere Summe, d.h. aber die Summe (3) kommt mit wachsendem n dem Wert

$$(4) \quad \frac{1}{b-a} \int_a^b \vartheta$$

beliebig nahe. Man wird also (4) als *Mittelwert* $\mu(\vartheta)$ einer stetigen Temperaturfunktion ϑ ansehen:

$$(5) \quad \mu(\vartheta) = \frac{1}{b-a} \int_a^b \vartheta = \frac{1}{b-a} \int_a^b \vartheta(t)\,\mathrm{d}t\,.$$

Damit hat sich unser Verständnis von dem, was Integrieren heißt, erneut erweitert: *Integrieren heißt Mitteln.* (Bis auf einen Faktor ist das Integral ein verallgemeinertes arithmetisches Mittel.)

Jetzt drehen wir den Spieß um: Ist $f\colon [a, b] \to \mathbb{R}$ eine *beliebige* Funktion, für die das Integral von a bis b existiert - wir wissen, daß dies nicht nur für stetige Funktionen der Fall ist -, so erscheint es vernünftig, die Zahl $\frac{1}{b-a} \int_a^b f$ als Mittelwert μ von f auf $[a, b]$ anzusehen:

Mittelwert von f

(6) $$\mu(f) := \frac{1}{b-a} \int_a^b f = \frac{1}{b-a} \int_a^b f(x)\,\mathrm{d}x.$$

Beispielsweise ist für die Funktionen f_1 und f_2 (Abb. 2 und 3):

$f_1(x) = x$

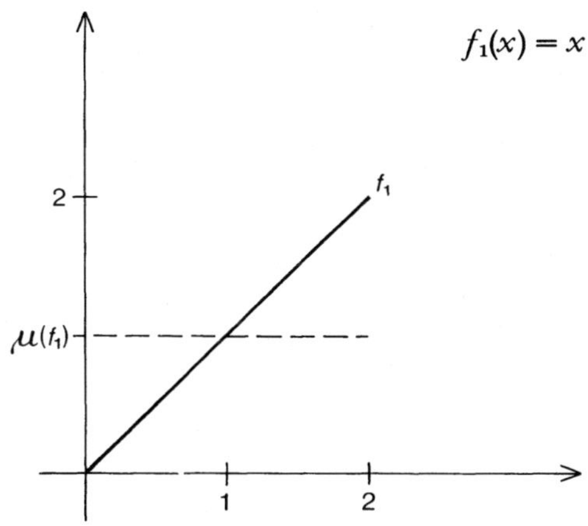

Abbildung 2

$$f_2(x) = \begin{cases} x & \text{für } 0 \le x < 1 \\ x+1 & \text{für } 1 \le x \le 2 \end{cases}$$

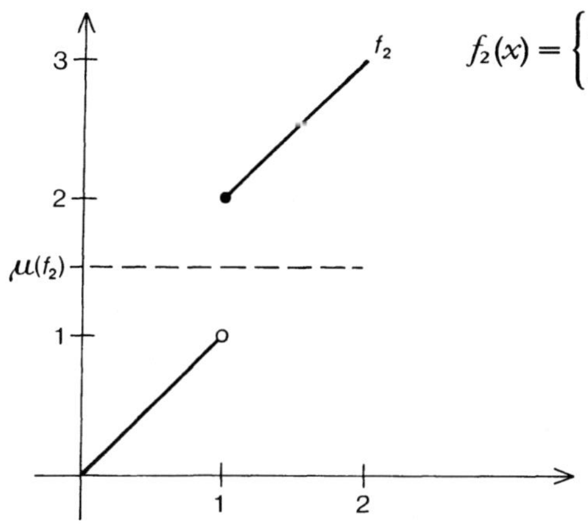

Abbildung 3

$$\mu(f_1) = \frac{1}{2}\int_0^2 f_1(x)\,dx \quad \text{bzw.} \quad \mu(f_2) = \frac{1}{2}\int_0^2 f_2(x)\,dx$$

$$= \frac{1}{2}\left(\frac{2^2}{2} - \frac{0^2}{2}\right) \qquad\qquad = \frac{1}{2}\left(\frac{1}{2} + 2\frac{1}{2}\right)$$

$$= 1 \qquad\qquad = 1{,}5\,.$$

Ob der Mittelwert $\mu(f)$ als Funktionswert von f angenommen wird, es also eine Stelle x_0 mit $\mu(f) = f(x_0)$ gibt, hängt offenbar mit der Stetigkeit von f zusammen. Wir vermuten:

Mittelwertsatz der Integralrechnung

Für stetiges $f: [a, b] \to \mathbb{R}$ gibt es stets ein $x_0 \in [a, b]$ mit der Eigenschaft

$$\mu(f) = f(x_0).$$

Dieser Satz heißt *Mittelwertsatz der Integralrechnung.*

Zum *Beweis* bemerken wir zunächst, daß der Mittelwert stets zwischen dem kleinsten und dem größten Funktionswert von f auf $[a, b]$ liegt:

$$m \leq \mu(f) \leq M.$$

Dies folgt sofort aus der Abschätzung des Integrals von f über $[a, b]$

$$m(b-a) \leq \int_a^b f \leq M(b-a)$$

(vgl. (2) Abschnitt 7.3 für $n = 1$).

Wüßten wir nun, daß von f jeder Wert zwischen m und M als Funktionswert im Intervall $[a, b]$ angenommen wird, so wären wir fertig. Dies ist anschaulich klar; gesichert wird es durch den sogenannten Zwischenwertsatz für stetige Funktionen, den wir im Kapitel 9 formulieren und beweisen werden.

Für unseren automatischen Temperaturschreiber bedeutet der Mittelwertsatz, daß die mittlere Temperatur als gemessener Temperaturwert tatsächlich auftritt. Eigentlich eine Selbstverständlichkeit! Da nichts darüber ausgesagt ist, *wo* genau die Stelle x_0 liegt, hat der Mittelwertsatz der Integralrechnung weniger praktische als vielmehr theoretische Bedeutung für den weiteren Ausbau der Analysis.

Aufgaben

1. *(Zum Verständnis der Summe (2))*

   a) Mit welchem Faktor ist ϑ_3 zu gewichten, wenn das Intervall $[t_2, t_3]$ doppelt so lang ist wie alle anderen zusammen?

b) Die Summe der Gewichtungsfaktoren $\frac{t_i - t_{i-1}}{b-a}$ ist gleich 1. (Begründung?)

c) Zeige: Bei äquidistanter Zerlegung geht (2) in (1) über.

2. Man zeige, daß sich $\int\limits_a^b \vartheta$ auch durch die Summen

$$\sum_{i=1}^{n} \vartheta(\xi_i)(t_i - t_{i-1})$$

beliebig genau approximieren läßt, wenn $\xi_i \in [t_{i-1}, t_i]$ *beliebig* gewählt ist. *Anleitung:* $m_i \leq \vartheta(\xi_i) \leq M_i$.

3. Ein Flußdampfer fährt stromaufwärts von A nach B mit der konstanten Geschwindigkeit v_1 und stromabwärts zurück nach A mit der konstanten Geschwindigkeit $v_2 > v_1$. Warum ist seine mittlere Geschwindigkeit $\bar{v}$ *nicht* gleich $\frac{v_1 + v_2}{2}$? Wie groß ist sie?

4. Man überzeuge sich, daß die Definition (6) für eine Geschwindigkeits-Zeit-Funktion genau das liefert, was man üblicherweise unter Durchschnittsgeschwindigkeit versteht.

5. Man berechne den Mittelwert von f im angegebenen Intervall.

a) $f(x) = x^2, \quad [0,2]$ b) $f(x) = x^3, \quad [0,3]$

c) $f(x) = \sqrt[3]{x}, \quad [-1,1]$ d) $f(x) = \sin x, \quad [0, \pi]$

e) $f(x) = \cos x, \quad [0, 2\pi]$ f) $f(x) = x + \sin x, \quad [0, 2\pi]$

6. Wird $\mu(f)$ als Funktionswert von f angenommen?

a) $f(x) = \begin{cases} x^2 & \text{für } 0 \leq x < 1 \\ 1 & \text{für } 1 \leq x \leq 3 \end{cases}$ b) $f(x) = \begin{cases} x^2 & \text{für } 0 \leq x < 1 \\ 2 & \text{für } 1 \leq x \leq 2 \end{cases}$

c) $f(x) = \begin{cases} x^2 & \text{für } 0 \leq x < 1 \\ 2 & \text{für } 1 \leq x \leq 1{,}5 \end{cases}$ d) $f(x) = \begin{cases} x^2 & \text{für } 0 \leq x < 1 \\ 4 - x & \text{für } 1 \leq x \leq 2 \end{cases}$

7. Berechne b so, daß der Mittelwert der Normalparabel im Intervall $[0, b]$ den Wert 2 hat.

8. Man beweise:

a) Im allgemeinen ist der Mittelwert von f über $[a, b]$ nicht gleich der Summe der Mittelwerte über den Teilintervallen, d.h. es ist im allgemeinen

$$\mu(f,[a,b]) \neq \mu(f,[a,c]) + \mu(f,[c,b]), \quad a<c<b.$$

(Verwende etwa f_2 aus Abbildung 3.)

b) Für $f\colon [a,b] \to \mathbb{R}$ und einen Teilungspunkt $c \in]a,b[$ gilt

$$\mu(f,[a,b]) = \frac{c-a}{b-a}\,\mu(f,[a,c]) + \frac{b-c}{b-a}\,\mu(f,[c,b]).$$

Bestätige dies am Beispiel von f_2 aus Abbildung 3.

9. Betrachte für stetiges $f\colon [a,b] \to \mathbb{R}$ den Mittelwert als Funktion der oberen Intervallgrenze:

$$\mu : x \mapsto \mu(x) = \frac{1}{x-a} \int_a^x f.$$

a) Zeige: μ ändert sich dort am wenigsten, wo es mit dem Funktionswert von f übereinstimmt, d.h. an den Stellen x, für die

$$\mu(x) = f(x)$$

ist.
(*Anleitung:* Bilde die Ableitung μ' und zeige, daß $\mu'(x) = 0$ genau dann gilt, wenn $\mu(x) - f(x) = 0$ ist.)

b) Interpretiere das Ergebnis von a), wenn f eine Geschwindigkeit gibt.

10. Ist der Mittelwert $\mu(f')$ der Ableitung einer Funktion $f\colon [a,b] \to \mathbb{R}$ gleich null, so folgt $f(b) = f(a)$ (warum?). Wie kann man dies interpretieren?

11. Der Mittelwertsatz der Integralrechnung besagt, daß es ein $x_0 \in [a,b]$ gibt mit

$$\int_a^b f = f(x_0)(b-a).$$

Deute diese Gleichung für positives f geometrisch.

12. a) Man zeige am Beispiel $f(x) = 4 - x^2$ im Intervall $[-1,1]$, daß die Stelle x_0 im Mittelwertsatz im allgemeinen nicht eindeutig bestimmt ist.

b) Welche Eigenschaft von f erzwingt die Eindeutigkeit von x_0?

Massenschwerpunkt

An einem Hebelarm wirken zwei Massen m_1 und m_2 im Abstand x_1 und x_2 vom Drehpunkt 0. Gesucht ist *die* Stelle $\bar{x}$, in der man sich die beiden Massen vereinigt denken kann, ohne daß sich das Drehmoment ändert (Abb. 4). Aus dem Hebelgesetz folgt für diese Stelle:

$$\bar{x}(m_1+m_2) = x_1 m_1 + x_2 m_2$$

(7)

$$\text{oder} \quad \bar{x} = \frac{x_1 m_1 + x_2 m_2}{m_1 + m_2}.$$

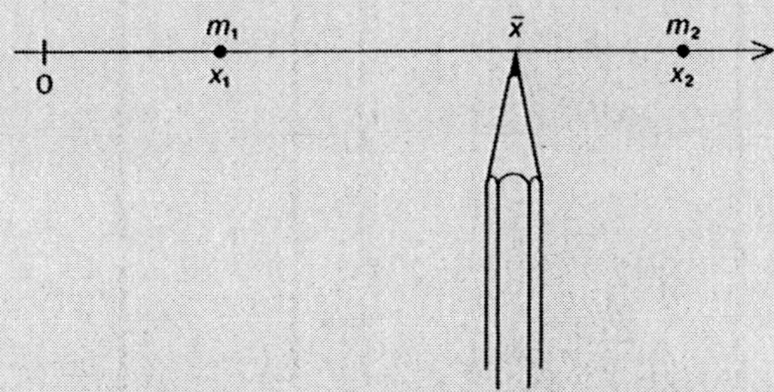

Abbildung 4

Unterstützt man die Strecke $[x_1, x_2]$ in $\bar{x}$, so befindet sie sich im Gleichgewicht; $\bar{x}$ heißt *Massenschwerpunkt*.

Für n Massen an n Stellen gilt entsprechend

$$\bar{x} \sum_{i=1}^{n} m_i = \sum_{i=1}^{n} x_i m_i$$

(8)

$$\text{oder} \quad \bar{x} = \frac{\sum_{i=1}^{n} x_i m_i}{\sum_{i=1}^{n} m_i}.$$

Im »kontinuierlichen« Fall ist die Masse »verschmiert« über ein Intervall $[a, b]$; wir denken uns ihre Verteilung gegeben durch eine *Massendichtefunktion* f (Abb. 5).

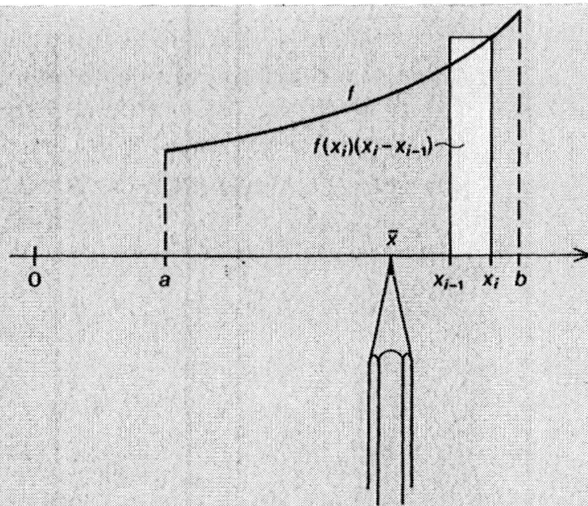

Abbildung 5

Für eine Zerlegung $a = x_0 < x_1 < \ldots < x_n = b$ gibt dann

$$f(x_i)(x_i - x_{i-1})$$

näherungsweise die ins Intervall $[x_{i-1}, x_i]$ fallende Masse an. Denkt man sie sich an der Stelle x_i vereinigt, so trägt sie zum Drehmoment den Summanden

$$x_i \cdot f(x_i)(x_i - x_{i-1})$$

bei.

Insgesamt entsteht

$$\sum_{i=1}^{n} x_i\, f(x_i)(x_i - x_{i-1}),$$

und dies ist eine Näherungsformel für das Integral

$$\int_a^b (x f(x))\, \mathrm{d}x.$$

Macht man nun den (8) entsprechenden Ansatz und beachtet noch, daß die Gesamtmasse über $[a, b]$ durch das Integral $\int_a^b f(x)\, \mathrm{d}x$ gegeben ist, so ergibt sich für den Massenschwerpunkt $\bar{x}$:

$$\bar{x}\int_a^b f(x)\,dx = \int_a^b x f(x)\,dx$$

$$\text{oder}\quad \bar{x} = \frac{\int_a^b x f(x)\,dx}{\int_a^b f(x)\,dx}.$$

13. Die Beziehung (7) kann man auch gewinnen, wenn man das Hebelgesetz auf den Drehpunkt $\bar{x}$ anwendet. (Beweis?) Dies macht die Vorstellung noch suggestiver, daß der Bleistift die Strecke im Gleichgewicht hält.

14. a) Berechne $\bar{x}$ für konstante Massendichte, und interpretiere das Ergebnis.

    b) Ist f konstant gleich 1 auf $[a, b]$, so ist $\bar{x}$ ein Mittelwert. Von welcher Funktion?

15. a) Zeichne die Dichte $f(x) = 2x - x^2$ im Intervall [0,2], berechne den Massenschwerpunkt, und trage ihn ein. Hätte man das Ergebnis voraussagen können?

    b) Diesmal sei $f(x) = \frac{1}{x}$ in [1,5].

16. Bestimme den Massenschwerpunkt $\bar{x}$ für die beiden Dichtefunktionen in Aufgabe 15 als Funktion der oberen Intervallgrenze:

    $\bar{x} = \bar{x}(t)$ für $t \in [a, b]$.

17. Der Ausdruck

    $$d(x) = \sum_{i=1}^{n} m_i (x - x_i)^2$$

    wird durch $x = \bar{x}$ minimiert (Beweis?).

8 Integrationsmethoden

Im ersten Abschnitt werden wir einige *Regeln* kennenlernen, um komplizierte Integrale auf einfachere zurückführen zu können. Wenn auch sie nicht weiterhelfen, wird man zu *Näherungsmethoden* greifen. Dafür gibt es überraschend einfache und zugleich leistungsfähige Verfahren (Abschnitt 2).

8.1 Integrationsregeln

Mit dem Hauptsatz haben wir ein starkes Instrument in der Hand, die Integrale stetiger Funktionen zu berechnen, sofern wir eine Stammfunktion kennen:

$$\int_a^b f = F(b) - F(a), \quad \text{wenn} \quad F' = f.$$

Ist der Integrand f[1] von komplizierter Gestalt (etwa $f(x) = \sqrt{1-x^2}$), so wird man eine Stammfunktion F nicht mit einem Blick finden. Hier wäre es gut, über einige Regeln zu verfügen. Genau dies wollen wir in diesem Abschnitt erreichen.

Immerhin haben wir einige Erfahrung, wie sich zusammengesetzte Funktionen *beim Ableiten* verhalten, die wir jetzt nutzen können. Beispielsweise kennen wir für $f(x) = x + \sin x$ Stammfunktionen von beiden Summanden (nämlich $\frac{1}{2}x^2$ und $-\cos x$), und da man Summen gliedweise ableiten darf, ist $F(x) = \frac{1}{2}x^2 - \cos x$ eine Stammfunktion zu f.

Auf dieser Beobachtung basiert unsere erste *Integrationsregel:*

Summenregel

(1) $$\boxed{\int_a^b (f+g) = \int_a^b f + \int_a^b g},$$

die uns in der Form $I_a^{f+g}(x) = I_a^f(x) + I_a^g(x)$, $x \in [a, b]$ in Kapitel 7.2, Aufgabe 8, bereits begegnet ist. Wir beweisen sie hier erneut.

Beweis: (Hier, wie für den gesamten Abschnitt, setzen wir stetige Integranden voraus.) Ist F Stammfunktion zu f und G Stammfunktion zu g, so ist $F+G$ Stammfunktion zu $f+g$, denn aus $F' = f$ und $G' = g$ folgt

[1] Integrandus = ein zu Integrierender (Gerundivum!)

$$(F+G)'=F'+G'=f+g.$$

Mit dem Hauptsatz hat man dann

$$\begin{aligned}\int_a^b (f+g) &= (F+G)(b)-(F+G)(a) \text{ [1]}\\ &= [F(b)+G(b)]-[F(a)+G(a)]\\ &= (F(b)-F(a))+(G(b)-G(a))\\ &= \int_a^b f+\int_a^b g. \qquad \square\end{aligned}$$

So ist etwa

$$\begin{aligned}\int_0^1 (e^x+\sqrt{x})\,\mathrm{d}x &= \int_0^1 e^x\,\mathrm{d}x+\int_0^1 \sqrt{x}\,\mathrm{d}x\\ &= [e^x]_0^1+\left[\frac{2}{3}x^{\frac{3}{2}}\right]_0^1 \text{ [2]}\\ &= (e^1-e^0)+\left(\frac{2}{3}1^{\frac{3}{2}}-\frac{2}{3}0^{\frac{3}{2}}\right)\\ &= e-\frac{1}{3}.\end{aligned}$$

Entsprechend beweist man die Integrationsregel (Aufgabe 1)

Faktorregel

(2) $\boxed{\int_a^b (cf)=c\int_a^b f}$ für $c\in\mathbb{R}$.

Sie besagt, daß ein konstanter Faktor beim Integrieren erhalten bleibt. Man kann sie mit der Regel (1), nach der man eine Summe gliedweise integrieren darf, zusammenfassen zu

$$\int_a^b (c_1 f+c_2 g)=c_1\int_a^b f+c_2\int_a^b g.$$

Leider lassen sich Produkte im allgemeinen *nicht* faktorenweise integrieren, wovon man sich leicht überzeugen kann:

Man berechne $\int_0^1 x^2\,\mathrm{d}x$ einmal wie gewohnt, andererseits faktorenweise, d.h. über $\int_0^1 x\,\mathrm{d}x\cdot\int_0^1 x\,\mathrm{d}x$.

---

[1] Wir erinnern, daß $(F+G)(b)$ den Funktionswert der Funktion $F+G$ an der Stelle b bezeichnet.

[2] Für die Schreibweise mit den eckigen Klammern vergleiche die Bemerkung im Kasten »Berechnung stetig berandeter Flächen« in Kapitel 7.2.

So überraschend ist dies für uns nicht, schließlich kann man ein Produkt auch nicht faktorenweise *differenzieren.* Die Produktregel ist viel komplizierter:

$$(f \cdot g)' = f' \cdot g + f \cdot g'.$$

Sie sagt uns, daß $f \cdot g$ eine Stammfunktion von $f' \cdot g + f \cdot g'$ ist. Damit sind wir in der Lage, Funktionen von der Gestalt

$$f' \cdot g + f \cdot g'$$

zu integrieren (Hauptsatz; f' und g' sind als stetig vorausgesetzt):

$$\int_a^b (f'g + fg') = [fg]_a^b \quad (= (fg)(b) - (fg)(a)).$$

Was hilft uns dieses Ergebnis beim Integrieren von Produkten?

Nun stehen unter dem Integralzeichen bereits Produkte; wir isolieren sie mit Hilfe der Regel (1):

$$\int_a^b f'g + \int_a^b fg' = [fg]_a^b .$$

Damit läßt sich ein Integral vom Typ $\int_a^b f'g$ zurückführen auf die Berechnung des Integrals $\int_a^b fg'$:

partielle Integration

$$(3) \quad \boxed{\int_a^b f'g = [fg]_a^b - \int_a^b fg'} \; .$$

Auf den ersten Blick sieht die Regel so aus, als käme man vom Regen in die Traufe: Das Integrieren eines Produkts wird auf das Integrieren eines anderen Produkts abgeschoben. Wie nützlich diese Regel dennoch sein kann, zeigt ein Beispiel.

Um das Integral $\int_0^\pi x \sin x \, dx$ zu berechnen, schreiben wir es in der Form $\int_a^b f'g$, indem wir

$$\sin x = f'(x) \quad \text{und} \quad x = g(x)$$

setzen. Dann ist

$$f(x) = -\cos x \quad \text{und} \quad g'(x) = 1$$

und damit nach Regel (3)

$$\int_0^\pi (\sin x)x\,dx = [(-\cos x)x]_0^\pi - \int_0^\pi (-\cos x)\cdot 1\,dx.$$

Das Restintegral ist tatsächlich einfacher zu berechnen; sein Wert ist $[-\sin x]_0^\pi = 0$. Damit ist

$$\int_0^\pi x\sin x\,dx = [(-\cos x)x]_0^\pi - 0 = \pi.$$

Die Regel (3) heißt Regel der *partiellen* Integration, da sie die Berechnung eines Integrals auf die eines (hoffentlich) einfacheren Restintegrals zurückführt.

Hätten wir übrigens im Beispiel

$$x = f'(x) \quad \text{und} \quad \sin x = g(x)$$

gesetzt, so wäre das Restintegral

$$\int_0^\pi fg' = \int_0^\pi \tfrac{1}{2}x^2 \cos x\,dx$$

komplizierter als das Ausgangsintegral geworden! Man sieht: *Mit Erfolg partiell zu integrieren erfordert Geschick und Übung.*

Von den drei grundlegenden Differentiationsregeln bleibt uns nur noch, die Kettenregel auszuschlachten. Sie lautet

$$(g\circ f)' = (g'\circ f)\cdot f'$$

und besagt, daß $g\circ f$ Stammfunktion zu $(g'\circ f)\cdot f'$ ist. Also haben wir

$$\int_a^b (g'\circ f)\cdot f' = [g\circ f]_a^b\,.$$

(Wir setzen g' und f' als stetig voraus, um den Hauptsatz anwenden zu können.)

Schreibt man nun h für g' und ist H Stammfunktion von h, so erhält man

$$\int_a^b (h\circ f)\cdot f' = [H\circ f]_a^b\,.$$

Interpretation: Ist ein Integrand von der Form $(h \circ f) \cdot f'$ (z.B. $\sin(x^2) \cdot 2x$), so braucht man nur noch eine Stammfunktion zu h zu finden (hier $-\cos$).

Da $[H \circ f]_a^b = [H]_{f(a)}^{f(b)} = \int_{f(a)}^{f(b)} h$ ist, heißt unsere neue Regel - möglichst knapp geschrieben -

Integration durch Substitution

$$(4) \quad \boxed{\int_a^b (h \circ f) \cdot f' = \int_{f(a)}^{f(b)} h} \; .$$

Lassen wir die Regel am Beispiel arbeiten:

$$\int_0^{\sqrt{\pi}} \sin(x^2) \cdot 2x \, dx = \int_0^{\sqrt{\pi}} h(f(x)) \cdot f'(x) \, dx = \int_0^{\sqrt{\pi}} (h \circ f) \cdot f', \quad h(z) = \sin z, \; f(x) = x^2$$

$$= \int_{f(0)}^{f(\sqrt{\pi})} h = \int_0^{\pi} \sin z \, dz = [-\cos z]_0^{\pi} = 2 \, .$$

An der Gleichheit

$$\int_0^{\sqrt{\pi}} \sin(x^2) \cdot 2x \, dx = \int_0^{\pi} \sin z \, dz$$

erkennt man, weshalb die Regel (4) *Substitutionsregel* genannt wird: x^2 wird ersetzt (substituiert) durch die Variable z; $2x \, dx$ entspricht dann dz, was im übrigen im Einklang ist mit der Leibnizschen Differentialschreibweise (vgl. Kap. 1.2).

Mit den vier hergeleiteten Integrationsregeln kann man so manches Integral »knacken«, wenngleich dies im Einzelfall sehr schwierig sein kann. Dies gilt ganz besonders für die Anwendung der Substitutionsregel (siehe Kasten). Um den Umgang mit den Regeln zu erlernen, empfehlen wir, das Lösungsheft häufiger zur Hand zu nehmen.

Aufgaben

1. Man zeige, daß man einen konstanten Faktor vor das Integralzeichen ziehen kann (Regel (2)).

*2. Selbst wenn man ein Produkt faktorenweise differenzieren könnte, hieße dies noch lange nicht, daß man Produkte auch faktorenweise integrieren könnte, also die »Regel« $\int_a^b f \cdot g = \int_a^b f \cdot \int_a^b g$ gilt. Warum?

3. Wieso bleibt es bei der Berechnung des Integrals $\int_0^{\pi} x \sin x \, dx$ (Beispiel zu Regel (3)) ohne Einfluß, wenn man aus $f'(x) = \sin x$ statt auf $f(x) = -\cos x$ auf $f(x) = -\cos x + C$ $(C \neq 0)$ schließt und damit weiterrechnet?

4. Man demonstriere am Beispiel der Berechnung von $\int_0^{\pi} x^2 \sin x \, dx$ nochmals, wie wichtig bei der partiellen Integration die geschickte Wahl von f und g' ist.

5. Berechne

a) $\int_0^{\sqrt{\pi}} x \cos(x^2) dx$ (Anleitung: $\int_0^{\sqrt{\pi}} x \cos(x^2) dx = \frac{1}{2} \int_0^{\sqrt{\pi}} \cos(x^2) \cdot 2x \, dx$)

b) $\int_0^2 \sqrt{3x+7} \, dx$ c) $\int_{-1}^1 x e^{-x^2} dx$

d) $\int_0^{\pi} (x-2) \sin(x^2 - 4x + 1) \, dx$

6. Mit Hilfe der Substitutionsregel zeige man

a) $\int_a^b h(mx+n) \, dx = \frac{1}{m} \int_{ma+n}^{mb+n} h(z) \, dz \quad (m \neq 0)$

b) $\int_a^b f \cdot f' = \left[\frac{1}{2} f^2\right]_a^b$ (Anleitung: $f \cdot f' = (h \circ f) \cdot f'$ mit $h(x) = x$).

Wie läßt sich diese Regel direkt aus dem Hauptsatz, wie läßt sie sich durch partielle Integration gewinnen?

*c) $\int_a^b \frac{f'}{f} = [\ln|f|]_a^b$.

7. *(Anwendungen der Regeln von Aufgabe 6).*

a) $\int_0^1 e^{5x-7} dx$ b) $\int_0^{2\pi} \sin x \cos x \, dx$

c) $\int_0^1 \frac{3x^2}{x^3+2} dx$ d) $\int_0^{\frac{\pi}{4}} \tan x \, dx$ (Beachte: $\tan x = \frac{\sin x}{\cos x}$)

Zur weiteren Übung

a) $\int_{-1}^1 \frac{2x}{x^2-4} dx$ b) $\int_0^1 \frac{e^x}{e^x-3} dx$ c) $\int_0^{\pi} \sin x (1 - \cos x) dx$

d) $\int_1^2 \frac{dx}{x \ln x}$ e) $\int_a^b \cot\left(x - \frac{\pi}{2}\right) dx$ f) $\int_{\frac{\pi}{2}}^{\pi} \frac{\cos x}{1 + \sin x} dx$

g) $\int_0^{\frac{\pi}{2}} \frac{\sin x - \cos x}{\sin x + \cos x}\, dx$ h) $\int_0^2 \frac{e^{2x}}{e^{2x}+a^2}\, dx$ i) $\int_{-1}^0 \frac{dx}{ax+b}$

8. Berechne mit Hilfe der partiellen Integration:

a) $\int_a^b x e^x \, dx$

b) $\int_a^b \ln x \, dx$ (Anleitung: $\int_a^b \ln x \, dx = \int_a^b 1 \cdot \ln x \, dx$)

c) $\int_a^b \sin^2 x \, dx$ (Hinweis: Die partielle Integration führt auf die Gleichung $\int_a^b \sin^2 x \, dx = \ldots - \int_a^b \sin^2 x \, dx$, also auf $2\int_a^b \sin^2 x \, dx = \ldots$)

d) $\int_a^b e^x \sin x \, dx$

9. Berechne:

a) $\int_0^{\frac{\pi}{2}} x(\sin x + 1)\, dx$ b) $\int_1^2 x^2 e^x \, dx$

c) $\int_1^2 x^3 e^x \, dx$ d) $\int_0^{\frac{\pi}{2}} \cos^2 x \, dx$ (Hinweis: Benutze Aufgabe 8c.)

e) $\int_1^2 x \ln x \, dx$ (Hinweis: Benutze Aufgabe 8b.)

f) $\int_1^2 x^2 \ln x \, dx$ g) $\int_0^1 x^2 e^{-x} \, dx$

h) $\int_1^2 (x^2+1)e^x \, dx$ i) $\int_0^{\pi} (x-1)^2 \cos x \, dx$

j) $\int_1^4 x\sqrt{x+1}\, dx$ k) $\int_0^1 x(x-1)^{10}\, dx$

10. Berechne durch Substitution:

a) $\int_{-1}^3 (3-2x)^9 \, dx$ b) $\int_0^1 \frac{2x}{(4x^2+3)^4}\, dx$

c) $\int_{-1}^1 t\sqrt{t^2+1}\, dt$ d) $\int_0^2 \frac{x^2}{\sqrt{a+x^3}}\, dx$ $(a>0)$

e) $\int_0^2 \frac{e^x}{1+e^x}\, dx$ f) $\int_a^b f'(x)\sqrt{f(x)}\, dx$

Trickreiches Substituieren

Auf den ersten Blick ist nicht klar, wie man das Integral

$$\int_0^1 \sqrt{1-x^2}\,dx$$

mit unserer Substitutionsregel knacken kann. (Auf anderem Wege läßt sich sein Wert leicht finden: Er ist gleich dem Flächeninhalt eines Viertelkreises mit dem Radius 1 (s. Abb. 1) und daher gleich $\frac{\pi}{4}$.)

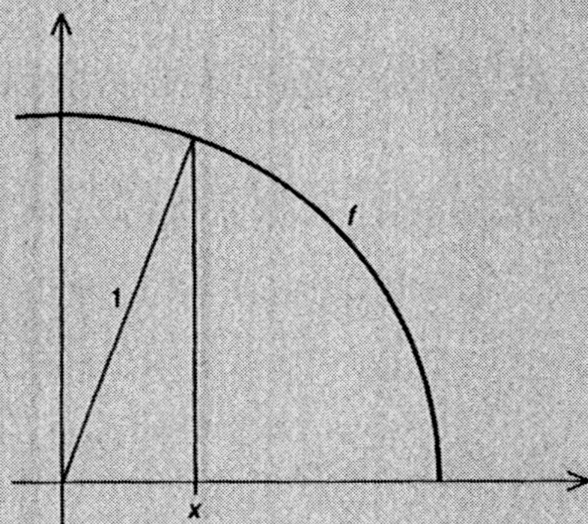

Abbildung 1

Wendet man die Substitutionsregel (4) nicht in der gewohnten Weise an, d.h. von links nach rechts, sondern in der umgekehrten Richtung, so hilft sie weiter. Setzt man nämlich

$$x = f(t) = \sin t,$$

so ist

$$\begin{aligned}\int_0^1 \sqrt{1-x^2}\,dx &= \int_{f(0)}^{f\left(\frac{\pi}{2}\right)} h, \quad h(x) = \sqrt{1-x^2}\\ &= \int_0^{\frac{\pi}{2}} (h\circ f)\cdot f' \quad \text{(mit (4))}\\ &= \int_0^{\frac{\pi}{2}} \cos t \cdot \cos t\,dt \quad (\sin^2 t + \cos^2 t = 1)\\ &= \int_0^{\frac{\pi}{2}} \cos^2 t\,dt.\end{aligned}$$

Dieses Integral haben wir aber bereits bestimmt (Aufgabe 9 d); sein Wert ist, wie erwartet, $\frac{\pi}{4}$.

Wesentlich übersichtlicher wird die Rechnung, wenn man sich der Differentialschreibweise bedient, wie es der Praktiker tut:

$$x = \sin t \Rightarrow \frac{dx}{dt} = \cos t \Rightarrow dx = \cos t \, dt$$

$$\int_0^1 \sqrt{1-x^2}\, dx = \int_0^{\frac{\pi}{2}} \sqrt{1-\sin^2 t}\, \cos t \, dt = \int_0^{\frac{\pi}{2}} \cos^2 t \, dt.$$

(Zur Differentialschreibweise vergleiche Kapitel 1.2, Kasten »Die LEIBNIZschen Differentiale«.)

11. Berechne mit Hilfe der angegebenen Substitution

a) $\int\limits_0^1 \frac{x}{\sqrt{2-x}}\, dx, \quad x = f(t) = 2 - t^2$

b) $\int\limits_0^{\frac{1}{2}} \frac{x}{\sqrt[3]{1-x}}\, dx, \quad x = f(t) = 1 - t^3$

c) $\int\limits_1^2 \frac{x}{(x^2+1)^3}\, dx, \quad x = f(t) = \sqrt{t-1}$

*d) $\int\limits_0^{\frac{\pi}{2}} \sin^3 x \cos^3 x \, dx, \quad x = f(t) = \arcsin t$

12. Berechne

a) $\int\limits_0^{\frac{\pi}{3}} x \cos 3x \, dx$

b) $\int\limits_0^{\pi} e^{-x} \cos x \, dx$

c) $\int\limits_0^1 e^{\sqrt{x}}\, dx$

d) $\int\limits_{-1}^1 x^2 e^{2x}\, dx$

e) $\int\limits_{\frac{\pi}{2}}^{\pi} \frac{1}{x^2} \cos \frac{1}{x}\, dx$

f) $\int\limits_{-\pi}^{\pi} \sin 2x \cos 3x \, dx$

g) $\int\limits_1^2 \frac{\ln x}{x}\, dx$

h) $\int\limits_1^2 x (\ln x)^2 \, dx$

i) $\int\limits_{\frac{\pi}{4}}^{\frac{\pi}{2}} (\cos x) \ln(\sin x)\, dx$

j) $\int\limits_{\ln \frac{\pi}{6}}^{\ln \frac{\pi}{4}} e^x \tan(e^x)\, dx$

13. Zeige: Für jedes $n \in \mathbb{N}$ ist

$$\int_0^{2\pi} \cos^2 nx \, dx = \pi .$$

14. Begründe ohne Rechnung:

a) $\int_0^{2\pi} \sin^2 = \int_0^{2\pi} \cos^2$. Berechne daraus den gemeinsamen Integralwert; beachte dabei $\sin^2 x + \cos^2 x = 1$.

b) $\int_{-a}^{a} \sin \cos = 0$.

c) $\int_0^1 x^n \, dx = \int_0^1 (1-x)^n \, dx$.

d) $\int_{-\pi}^{\pi} \cos 2x \sin 3x \, dx = 0$

e) $\int_{-a}^{a} \cos^k \sin^l = 0$

$k, l \in \mathbb{N}$, l ungerade.

Eine Rekursionsformel

Manchmal ist es möglich, ein Integral durch partielles Integrieren auf ein gleichartiges Restintegral (von niedrigerer Ordnung) zurückzuspielen. Wir geben ein Beispiel.

$$\int_a^b \sin^3 x \, dx = \int_a^b \sin^2 x \cdot \sin x \, dx, \quad f'(x) = \sin x, \; g(x) = \sin^2 x$$
$$f(x) = -\cos x, \; g'(x) = 2 \sin x \cos x$$

$$= [-\cos x \sin^2 x]_a^b - \int_a^b (-\cos x)(2 \sin x \cos x) \, dx$$

$$= [-\cos x \sin^2 x]_a^b + 2 \int_a^b \sin x (1 - \sin^2 x) \, dx$$

$$= [-\cos x \sin^2 x]_a^b + 2 \int_a^b \sin x \, dx - 2 \int_a^b \sin^3 x \, dx .$$

Also ist

$$3 \int_a^b \sin^3 x \, dx = [-\cos x \sin^2 x]_a^b + 2 \int_a^b \sin x \, dx .$$

Das Restintegral $\int_a^b \sin^1 x \, dx$ ist vom selben Typ wie das Ausgangsintegral $\int_a^b \sin^3 x \, dx$, allerdings von niedrigerer Ordnung und hier sofort zu berechnen.

Im allgemeinen Fall wird man versuchen, das Integral $\int_a^b \sin^n x \, dx$ auf das Integral $\int_a^b \sin^{n-2} x \, dx$ zurückzuführen. Nach derselben Methode wie im Beispiel gewinnt man

$$n \int_a^b \sin^n x \, dx = [-\cos x \sin^{n-1} x]_a^b + (n-1) \int_a^b \sin^{n-2} x \, dx,$$

und daraus die *Rekursionsformel* für $n \geq 2$:

$$\int_a^b \sin^n x \, dx = \frac{1}{n}[-\cos x \sin^{n-1} x]_a^b + \frac{n-1}{n} \int_a^b \sin^{n-2} x \, dx.$$

15. Beweise die Rekursionsformel des Kastens.

16. Berechne

a) $\int_0^\pi \sin^5 x \, dx$ b) $\int_{\frac{\pi}{2}}^\pi \sin^4 x \, dx.$

17. Beweise die Rekursionsformel ($n \geq 2$)

$$\int_a^b \cos^n x \, dx = \frac{1}{n}[\sin x \cos^{n-1} x]_a^b + \frac{n-1}{n} \int_a^b \cos^{n-2} x \, dx.$$

18. Berechne

$$\int_0^\pi \sin^3 x \cos^3 x \, dx.$$

19. Zeige:

$$\int_0^\pi x^n \sin x \, dx = \pi^n - n(n-1) \int_0^\pi x^{n-2} \sin x \, dx, \quad n \geq 2.$$

20. Man entwickle eine Rekursionsformel für $\int_a^b x^n e^x \, dx$.

21. a) Diskutiere die durch

$$f(x) = x^2 e^x$$

gegebene Funktion.

b) Wie groß ist die Fläche, die f mit exp einschließt?

c) Wieviel Prozent dieser Fläche liegt im ersten Quadranten?

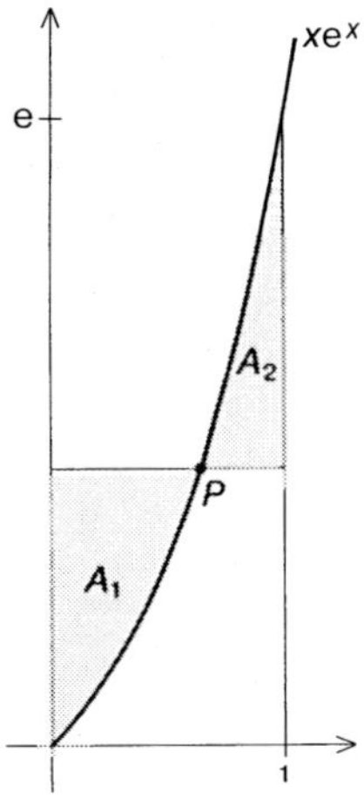

Abbildung 2

22. Berechne die Fläche, die f $(f(x)=(3x^2+1)\cos 2x)$ mit der x-Achse zwischen ihren ersten beiden positiven Nullstellen einschließt.

23. Für welchen Kurvenpunkt P ist A_1+A_2 extremal (s. Abb. 2)?

24. f rotiert im angegebenen Intervall um die x-Achse. Welches Volumen hat der entstehende Rotationskörper?

    a) $f(x)=\sin x$ in $[0,2\pi]$

    b) $f(x)=2+\sin x$ in $[0,\frac{3}{2}\pi]$

    c) $f(x)=xe^x$ in $[0,1]$

25. Welchen Mittelwert hat die Funktion f in dem angegebenen Intervall?

    a) $f(t)=t\sin t^2$ in $[\pi,\frac{3}{2}\pi]$

    b) $f(x)=xe^x$ in $[0,1]$

    c) $f(x)=x^2e^x$ in $[0,1]$

    d) $f(x)=\sin^2 x\cos^2 x$ in $[0,2\pi]$

    e) $f_n(x)=\cos^n x$ in $[0,2\pi]$ für $n=0, 1, 2, 3, 4, 5, 6$.

26. Ein Körper wird längs der positiven x-Achse mit der Kraft $f(x)=ca^{\lambda x}$ Newton ($a>1$; $c,\lambda>0$) von $x=2$ nach $x=4$ Meter bewegt. Welche Arbeit wird dabei geleistet?

27. An einem Ohmschen Widerstand liegt die Wechselspannung $U(t)=U_0\cdot\sin\omega t$ an $(\omega=\frac{2\pi}{T}$, T Periodendauer). Dann hat die Stromstärke den Verlauf $I(t)=I_0\sin\omega t$. Die momentane Leistung ist gegeben durch

    $$P(t)=U(t)\cdot I(t).$$

    Wie groß ist die mittlere Leistung $\mu(P)$ über eine volle Periode T?

*28. Der Ladestrom eines Kondensators ist gegeben durch

    $$I(t)=I_0e^{-\lambda t},\quad \lambda>0.$$

    Nach welcher Zeit ist er halb geladen, d.h. nach welcher Zeit t_0 ist

    $$Q(t_0)=\int_0^{t_0} I(t)\,\mathrm{d}t=\frac{1}{2}\lim_{\tau\to\infty}\int_0^{\tau} I(t)\,\mathrm{d}t\ ?$$

*29. Aus der Rekursionsformel für $\int_a^b \sin^n x \, dx$ (s. obigen Kasten) läßt sich eine seit dem 17. Jahrhundert bekannte Näherung für π gewinnen:

a) Für $I_n = \int_0^{\frac{\pi}{2}} \sin^n x \, dx$ gilt nach der Rekursionsformel

$$I_n = \frac{n-1}{n} I_{n-2}.$$

Warum?
Daraus gewinnt man

$$I_{2n+1} = \frac{2 \cdot 4 \cdot 6 \cdot \ldots \cdot 2n}{3 \cdot 5 \cdot 7 \cdot \ldots \cdot (2n+1)}$$

und

$$I_{2n} = \frac{1 \cdot 3 \cdot 5 \cdot \ldots \cdot (2n-1)}{2 \cdot 4 \cdot 6 \cdot \ldots \cdot 2n} \cdot \frac{\pi}{2}.$$

b) Aus der Ungleichung

$$0 < \sin^{2n+1} x < \sin^{2n} x < \sin^{2n-1} x \quad \text{auf} \quad \left]0, \frac{\pi}{2}\right[$$

schließe man mit Hilfe von Teil a) auf

$$1 < \frac{I_{2n}}{I_{2n+1}} < 1 + \frac{1}{2n}$$

und begründe damit die Näherung

$$\frac{\pi}{2} \approx \frac{2^2 \cdot 4^2 \cdot 6^2 \cdot \ldots \cdot (2n)^2}{3^2 \cdot 5^2 \cdot 7^2 \cdot \ldots \cdot (2n-1)^2 (2n+1)}.$$

c) Welche Näherung für π gewinnt man für $n = 1, 2, \ldots, 6$?

Partialbruchzerlegung

Ist ein Integrand Quotient zweier Polynome, so zerlegt man ihn zweckmäßig in Teilbrüche und integriert dann. Beispielsweise ist

$$(5) \quad \frac{2}{x^2-1} = \frac{1}{x-1} - \frac{1}{x+1},$$

was man leicht nachrechnet, und daher

$$\int_a^b \frac{2}{x^2-1} \, dx = \int_a^b \frac{1}{x-1} \, dx - \int_a^b \frac{1}{x+1} \, dx.$$

Die beiden rechten Integrale können wir aber berechnen; so ist etwa

$$\int_a^b \frac{1}{x-1}\,dx = [\ln|x-1|]_a^b$$

(vgl. Aufgabe 30).

Doch wie findet man die passenden *Partialbrüche*?

In unserem Beispiel könnte man die Zerlegung (5) so gewinnen: Man schreibt das Nennerpolynom x^2-1 als Produkt seiner Linearfaktoren $(x-1)$ und $(x+1)$ und setzt an:

$$\frac{2}{x^2-1} = \frac{A}{x-1} + \frac{B}{x+1}.$$

Um A und B zu finden, bringt man die rechte Seite auf den Hauptnenner:

$$\frac{2}{x^2-1} = \frac{A(x+1)+B(x-1)}{x^2-1},$$

anders geschrieben

$$\frac{0\cdot x+2}{x^2-1} = \frac{(A+B)x+(A-B)}{x^2-1}.$$

Koeffizientenvergleich liefert

$$A+B=0 \quad \text{und} \quad A-B=2,$$

woraus man $A=1$ und $B=-1$, also die Zerlegung (5) entnimmt.

So wie hier wird man immer dann versuchen vorzugehen, wenn das Zählerpolynom einen kleineren Grad hat als das Nennerpolynom (zu den dabei noch möglichen Komplikationen siehe Aufgabe 33 und 35). Ist das Zählerpolynom nicht von kleinerem Grad als das Nennerpolynom, so führt eine Polynomdivision auf den behandelten Fall zurück. Beispielsweise ist

$$\frac{x^3}{x-1} = x^2+x+1+\frac{1}{x-1}$$

und daher

$$\int_a^b \frac{x^3}{x-1}\,dx = \int_a^b (x^2+x+1)\,dx + \int_a^b \frac{1}{x-1}\,dx$$

$$= \left[\frac{1}{3}x^3+\frac{1}{2}x^2+x\right]_a^b + [\ln|x-1|]_a^b.$$

30. a) Für welche Intervalle $[a, b]$ ist das Integral $\int_a^b \frac{1}{x}\,dx$ erklärt?

b) Man zeige die Richtigkeit der Gleichung

$$\int_a^b \frac{1}{x}\,dx = [\ln|x|]_a^b\,.$$

31. Berechne:

a) $\int_2^4 \frac{5x+1}{x^2-1}\,dx$ b) $\int_2^4 \frac{5x-1}{x^2-1}\,dx$

c) $\int_0^1 \frac{5x+12}{x^2+5x+6}\,dx$ d) $\int_{-4}^{-3} \frac{4x^2-3x-4}{x^3+x^2-2x}\,dx$

32. Berechne:

a) $\int_0^1 \frac{x}{x+1}\,dx$ b) $\int_2^3 \frac{x+1}{x-1}\,dx$

c) $\int_0^1 \frac{x^2}{x-2}\,dx$ d) $\int_0^2 \frac{x^3}{x+1}\,dx$

33. *Komplikation 1:* Mehrfachnullstelle im Nennerpolynom

Setzt man bei der Berechnung von $\int_a^b \frac{1}{x^3-x^2}\,dx$ wie gewohnt die Partialbruchzerlegung an:

$$\frac{1}{x^3-x^2} = \frac{1}{(x-0)^2(x-1)} = \frac{A}{(x-0)^2} + \frac{B}{x-1}\,,$$

so erhält man

$$\frac{0\cdot x^2+0\cdot x+1}{x^3-x^2} = \frac{Bx^2+Ax-A}{x^3-x^2}\,,$$

und der Koeffizientenvergleich führt auf den Widerspruch $A=0$ und $A=-1$.

Rettende Idee ist ein Ansatz, der die Vielfachheit der Mehrfachnullstelle berücksichtigt (im Beispiel die doppelte Nullstelle $x=0$):

$$\frac{1}{x^3-x^2} = \frac{A_1}{x-0} + \frac{A_2}{(x-0)^2} + \frac{B}{x-1}\,.$$

a) Bestimme die Konstanten A_1, A_2 und B.

b) Berechne $\int_2^3 \frac{1}{x^3-x^2}\,dx$.

c) Wie ist die Partialbruchzerlegung anzusetzen, wenn das Nennerpolynom drei Nullstellen besitzt, von denen eine dreifach, eine einfach und eine zweifach ist?

34. Berechne:

a) $\int\limits_2^3 \frac{2x^2+3x-2}{x^2-x^3}\,dx$ *b) $\int\limits_0^1 \frac{x^2}{(x^2-2)^2}\,dx$

35. *Komplikation 2:* Nicht nur Linearfaktoren im Nennerpolynom

Beispiel: $\int\limits_a^b \frac{1}{x^2+1}\,dx = ?$

Das Nennerpolynom läßt sich nicht in (reelle) Linearfaktoren zerlegen (warum?).

Rettende Idee ist die Feststellung, daß sich für den Integranden $\frac{1}{x^2+1}$ eine Stammfunktion direkt angeben läßt, nämlich (s. Kap. 5.2, Tabelle nach Aufgabe 3):

$F(x) = \arctan x$.

Damit ist

(6) $$\int\limits_a^b \frac{1}{x^2+1}\,dx = [\arctan x]_a^b\,.$$

a) Berechne $\int\limits_0^1 \frac{1}{x^2+1}\,dx$.

b) Das Nennerpolynom im Integranden $\frac{1}{x^2+2x+5}$ läßt sich weder in Linearfaktoren zerlegen, noch ist es von der Form x^2+1. Zum Glück läßt es sich aber auf diese Form bringen:

$$\begin{aligned} x^2+2x+5 &= (x^2+2x+1)+4 = (x+1)^2+4 \\ &= 4\left[\frac{1}{4}(x+1)^2+1\right] = 4\left[\left(\frac{x}{2}+\frac{1}{2}\right)^2+1\right]. \end{aligned}$$

Damit ist

$$\int\limits_a^b \frac{1}{x^2+2x+5}\,dx = \frac{1}{4}\int\limits_a^b \frac{1}{\left(\frac{x}{2}+\frac{1}{2}\right)^2+1}\,dx.$$

Durch Substitution ist man dann in der Tat wieder bei (6).

Berechne $\int\limits_{-1}^1 \frac{1}{x^2+2x+5}\,dx$.

c) $\int\limits_0^1 \frac{x^3-2x^2+x-1}{x^2+1}\,dx$

d) $\int\limits_0^1 \frac{2}{x^2+2x+3}\,dx.$

36. Welche Fläche schließt die durch

$$f(x)=\frac{x^2}{2}+\frac{4}{1+x^2}$$

gegebene Funktion zwischen $x=0$ und der positiven Minimalstelle mit der x-Achse ein?

37. Kleine Änderungen am Integranden können große Folgen für die Wahl der Integrationsmethode haben. Zum Beispiel erhält man beim Übergang von $\int\limits_2^3 \frac{3x^2+x-1}{x^3+2x^2-x-2}\,dx$ zu $\int\limits_2^3 \frac{3x^2+4x-1}{x^3+2x^2-x-2}\,dx$ einen Integranden der Form $\frac{f'}{f}$. Welchen Wert haben beide Integrale?

38. Bestimme x so, daß

$$\int\limits_1^x \frac{1}{1+t^2}\,dt=\frac{1}{2}$$

ist.

39. Berechne

a) $\int\limits_0^1 \frac{x}{x^2+2}\,dx$ *b) $\int\limits_0^{2\pi} \frac{\sin t}{1+\cos t+\cos^2 t}\,dt$

*c) $\int\limits_{-1}^0 \frac{x^3+2x+1}{(x-1)^5}\,dx$ (ohne Partialbruchzerlegung).

40. *Uneigentliche Integrale.* Berechnet man $\int\limits_2^4 \frac{1}{x-2}\,dx$ »ohne nachzudenken«, so erhält man $[\ln(x-2)]_2^4=\ln 2-\ln 0$; $\ln 0$ ist aber nicht definiert. Bei näherem Hinsehen stellt man fest, daß der Integrand an der Stelle 2 nicht definiert ist. Sehen wir nach, wie sich der Wert des Integrals $\int\limits_a^4 \frac{1}{x-2}\,dx$ entwickelt, wenn a von rechts gegen 2 strebt:

$$\int_a^4 \frac{1}{x-2}\,dx = \ln 2 - \ln(a-2).$$

Man sieht: $\ln 2 - \ln(a-2)$ ist nicht konvergent für $a \to 2$ $(a > 2)$. Ganz anders verhält sich das Integral $\int_2^4 \frac{1}{\sqrt{x-2}}\,dx$. Hier gilt $\int_a^4 \frac{1}{\sqrt{x-2}}\,dx = [2\sqrt{x-2}]_a^4 = 2\sqrt{2} - 2\sqrt{a-2} \to 2\sqrt{2}$ für $a \to 2$ $(a > 2)$. In beiden Fällen, bei $\int_2^4 \frac{1}{x-2}\,dx$ und bei $\int_2^4 \frac{1}{\sqrt{x-2}}\,dx$, spricht man von *uneigentlichen Integralen*[1] und sagt, daß es im zweiten Falle *existiert.*

Berechne, falls existent, die uneigentlichen Integrale:

a) $\int_0^1 \frac{1}{x^2}\,dx$ b) $\int_2^4 \frac{1}{\sqrt[3]{x-2}}\,dx$

c) $\int_0^1 \frac{1}{x^\alpha}\,dx$ (Unterscheide die Fälle $\alpha < 1$, $\alpha = 1$ und $\alpha > 1$)

d) $\int_0^1 \ln x\,dx$ e) $\int_0^{\frac{\pi}{2}} \tan x\,dx$

41. Berechne die uneigentlichen Integrale, sofern sie überhaupt existieren:

a) $\int_1^\infty \frac{1}{x^2}\,dx$ b) $\int_1^\infty \frac{1}{x^{1+\alpha}}$ $(\alpha > 0)$

c) $\int_0^\infty \frac{1}{x+5}\,dx$ d) $\int_2^\infty \frac{3}{(3x-1)^3}\,dx$ e) $\int_0^\infty e^{-\sqrt{x}}\,dx$

42. f mit $f(x) = \frac{8x}{(x^2-4)^2}$ schließt mit der x-Achse in den Grenzen $x = 3$ und $x = k$ $(k > 3)$ eine Fläche mit dem Inhalt $A(k)$ ein. Untersuche das Verhalten von $A(k)$, wenn k über alle Grenzen wächst.

---

[1] Uneigentliche Integrale von einem anderen Typ sind uns bereits begegnet; siehe Kap. 7.3, Aufgabe 13b.

Typische Integrale, die wir jetzt knacken können

a) mit partieller Integration

$\int_a^b p_n \cdot f$ — p_n Polynom n-ten Grades, f eine der Funktionen sin, cos, exp (z. B. $\int_1^2 x^3 e^x \, dx$; Aufgabe 9c)

$\int_a^b \sin^n$, $\int_a^b \cos^n$ — (s. Kasten »Eine Rekursionsformel«)

b) mit Substitution

$\int_a^b f(cx+d) \, dx$ — (s. Aufgabe 6a)

$\int_a^b f^n f'$ — (vgl. Aufgabe 6b und c)

»Trickreiches« Substituieren zur Beseitigung einer Wurzel

Beispiel 1: $\int_a^b \sqrt{1-x^2} \, dx$, $x = \sin t$ (s. Kasten)

Beispiel 2: $\int_a^b \frac{x}{\sqrt{2-x}} \, dx$, $x = 2-t^2$ (Aufgabe 11a)

c) mit Partialbruchzerlegung

$\int_a^b \frac{p}{q}$ — p, q Polynome, $\operatorname{grad} p < \operatorname{grad} q$, q nur Einfachnullstellen (s. Kasten)

Komplikationen: q mit Mehrfachnullstellen (Aufgabe 33), q nicht in Linearfaktoren zerlegbar (Aufgabe 35).

Ist nur nach einer Stammfunktion gefragt und möchte man dennoch die Intregrationsregeln benutzen, so verwendet man üblicherweise die Integralschreibweise ohne die Angabe von Grenzen.

So bedeutet »$\int x^2 \, dx$« nichts anderes als eine Stammfunktion zu $f(x) = x^2$. Also

$$\int x^2 \, dx = \frac{x^3}{3}.$$

(Da die Grenzen beim Integral fehlen, nennt man $\int x^2\,dx$ auch *unbestimmtes Integral.* Unbestimmte Integrale sind also nichts anderes als Stammfunktionen.)

Mit dieser Schreibweise erhält etwa die Regel für die partielle Integration die einprägsame Form

$$\int f'g = fg - \int fg'.$$

Beispiel: Gesucht ist eine Stammfunktion zu $h(x) = xe^x$. Wir schreiben

$$\begin{aligned}\int e^x \cdot x\,dx &= e^x x - \int e^x \cdot 1\,dx \\ &= e^x x - e^x \\ &= (x-1)e^x.\end{aligned}$$

Also ist F mit $F(x) = (x-1)e^x$ eine Stammfunktion zu h.

Zur weiteren Übung

Partielle Integration

a) $\int axe^x\,dx$ b) $\int ax\sin x\,dx$ c) $\int x2^x\,dx$

d) $\int xe^{-x}\,dx$ e) $\int xe^{3x}\,dx$ f) $\int (x+1)e^x\,dx$

g) $\int (x^2+x)\cos x\,dx$ h) $\int \frac{x+1}{e^x}\,dx$ i) $\int \ln ax\,dx$

j) $\int ax\ln x\,dx$ k) $\int (x+a)^2 \ln x\,dx$ l) $\int e^x \cos x\,dx$

Substitution

a) $\int \sqrt{1-x}\,dx$ b) $\int e^{ax+b}\,dx$ c) $\int a\sin(\omega t+\varphi)\,dt$

d) $\int x^2\sqrt{x^3+1}\,dx$ e) $\int \frac{x^3}{\sqrt{x^4+a}}\,dx$ f) $\int x\ln x^2\,dx$

g) $\int \frac{dt}{1+\sqrt{t+1}}$ (Substituiere $t+1=z^2$)

h) $\int \frac{1}{\sqrt{1-x^2}}\,dx$ (Substituiere $x=\cos z$)

i) $\int e^x\sqrt{e^x+1}\,dx$ (Substituiere $x=\ln z$)

Partialbruchzerlegung

a) $\int \frac{x}{x^2-1}\,dx$ b) $\int \frac{x^2}{x-1}\,dx$ c) $\int \frac{x+2}{x-2}\,dx$

d) $\int \frac{x}{(x-1)^2}\,dx$ e) $\int \frac{x+3}{(x+1)(x+2)}\,dx$ f) $\int \frac{ax+1}{x^2-5x+6}\,dx$

Vermischte Aufgaben

a) $\int x \cos x^2 \, dx$ b) $\int \frac{\sin x}{e^{\cos x}} \, dx$ c) $\int x \sin nx \, dx$

d) $\int x \cos^2 x \, dx$ e) $\int \frac{dx}{a+bx}$ f) $\int \frac{dx}{x^2+2x+3}$

g) $\int e^x \sqrt{1-e^x} \, dx$ h) $\int \frac{x^4}{1-x} \, dx$ i) $\int \frac{e^{\sqrt{x}}}{\sqrt{x}} \, dx$

j) $\int x^2 2^x \, dx$ k) $\int x \sqrt{a+x} \, dx$ l) $\int \frac{e^x}{e^{2x}+4} \, dx$

8.2 Numerische Integration

Wir wissen inzwischen, daß es trotz des im letzten Abschnitt entwickelten Arsenals von Integrationsregeln sehr schwer – wenn nicht unmöglich – sein kann, Integrale zu berechnen. Ein Beispiel hierfür ist $\int_a^b e^{-x^2} \, dx$. Darüber hinaus kommt es in der Praxis vor, daß der Integrand nicht als Funktionsterm, sondern nur durch seine Funktionswerte an endlich vielen Stützstellen gegeben ist.

In derartigen Fällen wird man versuchen, das betreffende Integral *näherungsweise* zu berechnen. Wie immer, wenn man sich numerischer Methoden bedient, ist es unverzichtbar, sich ein Bild von der Genauigkeit des Ergebnisses zu machen, d.h. den Fehler der Approximation abzuschätzen. Derartige *Fehlerabschätzungen* sind ein schwieriges Geschäft; sie erfordern ein gutes Stück analytischer Theorie. Immerhin können wir inzwischen so viel Analysis, daß wir uns an diese Aufgabe wagen können (siehe den übernächsten Kasten).

Die einfachste Methode, numerisch zu integrieren, beruht auf der uns aus dem letzten Kapitel vertrauten Vorstellung, das Integral durch Rechtecksummen zu approximieren. Zur näherungsweisen Berechnung von $\int_a^b f$ zerlegen wir das Intervall $[a, b]$ durch

$$a = x_0 < x_1 < \ldots < x_{n-1} < x_n = b$$

in Teilintervalle. Dann ist $\int_a^b f$ näherungsweise gleich der *Riemann-Summe*

$$\sum_{i=1}^{n} f(\xi_i)(x_i - x_{i-1}),$$

wobei ξ_i im Intervall $[x_{i-1}, x_i]$ liegt (vgl. Aufgabe 2 aus Abschnitt 7.4). Üblicherweise wählt man nun eine äquidistante Einteilung (so daß $x_i - x_{i-1} = \frac{b-a}{n}$ ist; in Abbildung 1 ist $n=4$) und $\xi_i = x_{i-1}$ bzw. $\xi_i = x_i$ $(i=1, 2, \ldots, n)$. Man arbeitet also mit den Näherungen

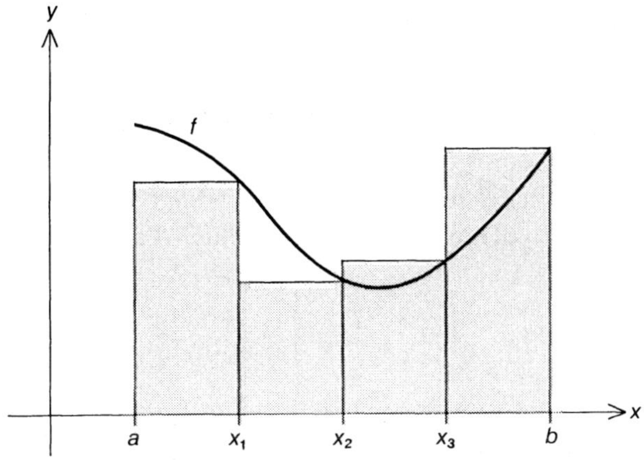

Abbildung 1

(1) $$\int_a^b f \approx \frac{b-a}{n}[f(x_0)+f(x_1)+\ldots+f(x_{n-1})]$$

bzw. *(Riemann-Summen)*

(1′) $$\int_a^b f \approx \frac{b-a}{n}[f(x_1)+f(x_2)+\ldots+f(x_n)]$$

Leider ist dieses Verfahren für die Praxis nicht zu empfehlen, da man sehr viele Stützstellen x_i braucht, um ein annehmbares Resultat zu erzielen.

Beispiel: Sei $f=\cos$. Zur Berechnung von $\int_0^{\frac{\pi}{2}} \cos$ teilen wir $\left[0, \frac{\pi}{2}\right]$ in 10 gleiche Teile:

$$x_0 = 0,\ x_1 = \frac{\pi}{20},\ x_2 = 2\cdot\frac{\pi}{20}, \ldots, x_{10} = 10\cdot\frac{\pi}{20} = \frac{\pi}{2}.$$

Näherung (1) liefert

$$\int_0^{\frac{\pi}{2}} \cos \approx \frac{\pi}{20}\left(1+\cos\frac{\pi}{20}+\cos\frac{2\pi}{20}+\ldots+\cos\frac{9\pi}{20}\right)$$

$$=\frac{\pi}{20}(1+0{,}9877+0{,}95106+\ldots+0{,}15643)$$

$$=\frac{\pi}{20}(6{,}8531)=1{,}07648\,.$$

Der genaue Wert ist, wie wir wissen, $[\sin x]_0^{\frac{\pi}{2}}=1$; der Fehler unserer Näherung beträgt also beachtliche 7,6%.

Zu einem besseren Verfahren kommt man, wenn man die Rechtecke der letzten Abbildung durch Trapeze ersetzt. Die Punkte $(x_i, f(x_i))$ wer-

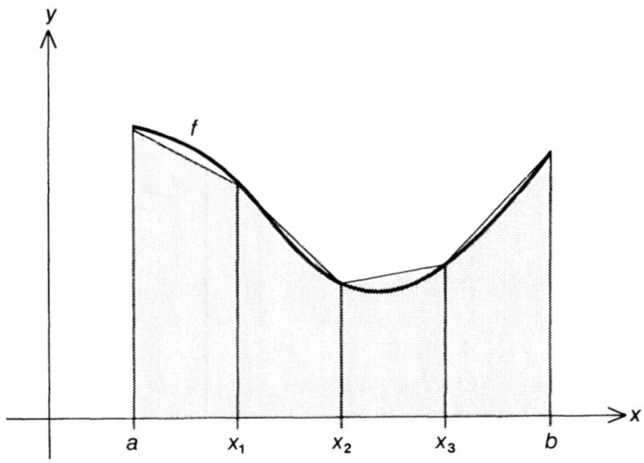

Abbildung 2

den also durch *Geradenstücke* verbunden (s. Abb. 2). Die Fläche des Trapezes zwischen x_{i-1} und x_i ist gleich

$$\frac{1}{2}[f(x_{i-1})+f(x_i)]\frac{b-a}{n},$$

so daß sich für die Fläche aller Trapeze zusammen

$$\sum_{i=1}^{n}\frac{1}{2}[f(x_{i-1})+f(x_i)]\frac{b-a}{n}$$

ergibt. Ausgeschrieben erhält man die Näherung

Trapezregel

$$(2)\quad \int_a^b f \approx \frac{b-a}{2n}\,[f(x_0)+2f(x_1)+\ldots+2f(x_{n-1})+f(x_n)]\,.$$

Vergleicht man diese neue Regel mit dem ersten Verfahren, so sieht man: Die Näherung in (2) ist das arithmetische Mittel der Näherungen in (1) und (1′). So überrascht es nicht, daß die Trapezregel schon weit bessere Ergebnisse liefert (zum Vergleich der Fehler beider Verfahren siehe übernächsten Kasten).
Wieviel besser die Trapezregel ist, läßt sich an unserem obigen *Beispiel* zeigen:

$$\begin{aligned}\int_0^{\frac{\pi}{2}} \cos &\approx \frac{\frac{\pi}{2}}{2\cdot 10}\left(\cos 0+2\cos\frac{\pi}{20}+\ldots+2\cos\frac{9\pi}{20}+\cos\frac{\pi}{2}\right)\\ &=\frac{\pi}{40}\,[1+2\,(0{,}9877+0{,}95106+\ldots)+0]\\ &=0{,}997943\,.\end{aligned}$$

Jetzt ist das Ergebnis bis auf 0,2% korrekt!

Zu einem noch besseren Verfahren gelangt man, wenn man statt Geradenstücke *Parabelbögen* verwendet.

Eine Parabel ist durch 3 Punkte bestimmt. Wir legen die Parabelbögen durch jeweils 3 benachbarte Punkte

$$(x_{i-1}, f(x_{i-1})),\qquad (x_i, f(x_i)),\qquad (x_{i+1}, f(x_{i+1}))\qquad \text{(s. Abb. 3)}$$

Man zeigt nun leicht (siehe Aufgabe 2), daß die Fläche unter einem solchen Parabelbogen gleich

$$\frac{1}{3}\,[f(x_{i-1})+4f(x_i)+f(x_{i+1})]\,\frac{b-a}{n}$$

ist. Für alle Parabelbögen zusammen erhält man so die Näherung (n gerade):

Simpson-Regel

$$\begin{aligned}(3)\quad \int_a^b f \approx \frac{b-a}{3n}\,[f(x_0)&+4f(x_1)+2f(x_2)+4f(x_3)+2f(x_4)+\ldots+2f(x_{n-2})\\ &+4f(x_{n-1})+f(x_n)]\,.\end{aligned}$$

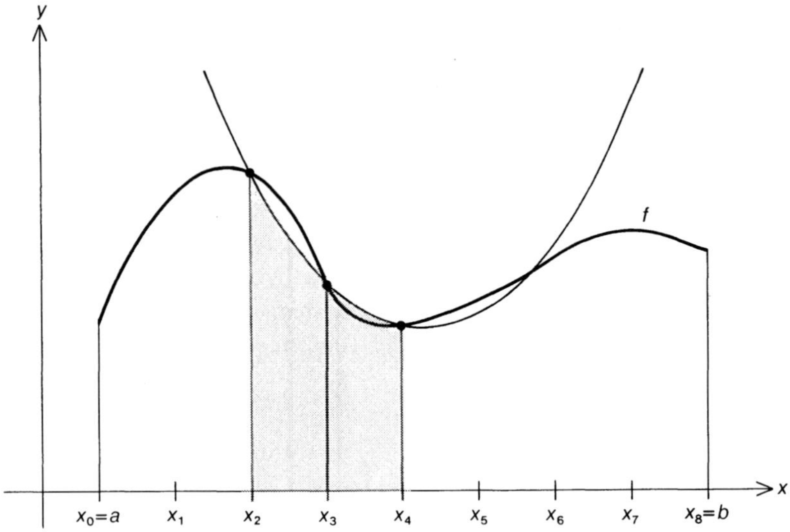

Abbildung 3

Diese Regel wurde im Jahre 1743 vom englischen Mathematiker Thomas SIMPSON erwähnt. Wie vorzüglich ihre Genauigkeit ist, zeigt ihre Anwendung auf unser bewährtes Beispiel:

$$\int_0^{\frac{\pi}{2}} \cos \approx \frac{\frac{\pi}{2}}{3\cdot 10}\left(\cos 0 + 4\cos\frac{\pi}{20} + 2\cos\frac{2\pi}{20} + 4\cos\frac{3\pi}{20} + 2\cos\frac{4\pi}{20} + \right.$$

$$\left. + 4\cos\frac{5\pi}{20} + 2\cos\frac{6\pi}{20} + 4\cos\frac{7\pi}{20} + 2\cos\frac{8\pi}{20} + 4\cos\frac{9\pi}{20} + \cos\frac{\pi}{2}\right)$$

$$= \frac{\pi}{60}(1 + 3{,}95075 + \ldots + 0) = \frac{\pi}{60}\cdot 19{,}09866$$

$$= 1{,}0000034\,.$$

Die Abweichung vom exakten Wert 1 beginnt erst in der sechsten Dezimalen!

Es ist erstaunlich, daß ein leichtes »Drehen« an den Koeffizienten der $f(x_i)$ in der Trapezregel die Genauigkeit so rasant erhöht.

Aufgaben

1. a) Berechne $\int_0^{\frac{\pi}{2}} \cos$ näherungsweise durch die Riemannsumme (1′) für $n=10$. Wie groß ist der prozentuale Fehler?

   b) Man überzeuge sich, daß das arithmetische Mittel der Näherungen nach (1) und (1′) in diesem Beispiel in der Tat gleich der Näherung nach (2) ist. Vergleiche die drei prozentualen Fehler.

2. a) Zeige: Für eine Parabel $f(x)=ax^2+bx+c$ ist

   $$\int_{-h}^{h} f = \frac{h}{3}[f(-h)+4f(0)+f(h)].$$

   b) Wieso ist damit die bei der Herleitung der Simpson-Regel benutzte Formel

   $$\frac{1}{3}[f(x_{i-1})+4f(x_i)+f(x_{i+1})]\frac{b-a}{n}$$

   für die Fläche unter einem der Parabelbögen bewiesen?

3. *(Zur Struktur der Simpson-Regel)*

   a) Wieso wird in der Simpson-Regel (3) verlangt, daß n gerade ist?

   b) Wie kommt es, daß nach Aufsummieren der Parabelflächen die Funktionswerte an den Intervallrändern einfach, die an den geraden Stützstellen zweifach und die an den ungeraden vierfach auftreten?

*4. Bei der Herleitung der Näherungsformeln (1), (2) und (3) wurde der Anschaulichkeit wegen vorausgesetzt, daß der Integrand stets oberhalb der x-Achse verläuft. Warum braucht man diese Voraussetzung nicht?

5. Zeige:

   a) Für die Parabeln zweiter Ordnung ($f(x)=cx^2+dx+e$) liefert die Simpson-Regel den exakten Integralwert.

   b) Dies gilt sogar auch für Parabeln dritter Ordnung.

6. Wie groß muß man das n in der Trapezregel wählen, um $\int_2^4 e^{-x^2}\,dx$ auf 6 Nachkommastellen genau zu berechnen? Wie steht es bei der Simpson-Regel?

7. Von einer (stetigen) Funktion f sind auf $[0,1]$ die folgenden Werte gegeben:

$f(0) = 0{,}846$	$f(0{,}4) = 1{,}121$	$f(0{,}8) = 2{,}321$
$f(0{,}1) = 0{,}928$	$f(0{,}5) = 1{,}221$	$f(0{,}9) = 3{,}101$
$f(0{,}2) = 0{,}882$	$f(0{,}6) = 1{,}661$	$f(1{,}0) = 3{,}010$
$f(0{,}3) = 0{,}953$	$f(0{,}7) = 2{,}101$	

Berechne $\int_0^1 f$ mit der Simpson-Regel.

8. Berechne $\int_0^{\frac{\pi}{2}} (x+\sin x)\,dx$ näherungsweise mit Riemannsummen und mit der Trapezregel (jeweils für $n=8$). Vergleiche beide Näherungen mit dem exakten Wert.

9. Berechne $\int_1^3 \frac{\sin\frac{\pi x}{2}}{x^2+2x-1}\,dx$ näherungsweise mit der Trapez- und mit der Simpson-Regel (jeweils für $n=12$).

10. Von einer (stetigen) Funktion f sind auf $[0,1]$ die folgenden Werte gegeben:

$f(0) = 1{,}384$	$f(0{,}4) = 0{,}915$	$f(0{,}8) = 0{,}935$
$f(0{,}1) = 1{,}179$	$f(0{,}5) = 0{,}768$	$f(0{,}9) = 1{,}262$
$f(0{,}2) = 0{,}973$	$f(0{,}6) = 0{,}511$	$f(1{,}0) = 1{,}425$
$f(0{,}3) = 1{,}000$	$f(0{,}7) = 0{,}693$	

Berechne $\int_0^1 (x+f(x))\,dx$ mit der Simpson-Regel.

11. a) Berechne mit der Trapezregel näherungsweise das Integral

$$\int_1^2 \frac{1}{x}\,dx$$

für $n=4$ und $n=8$. Um welchen Faktor verkleinert sich der Approximationsfehler?

b) Mache dasselbe für das Integral

$$\int_0^1 e^x \, dx.$$

c) Wie stark verringert sich der Fehler bei Anwendung der Simpson-Regel?

12. Wie groß ist der prozentuale Fehler, wenn man das Integral

$$\int_0^1 \frac{1}{1+x^2} \, dx$$

für $n=6$ nach der Simpson-Regel berechnet?

13. An einem Herbsttag werden folgende Temperaturen gemessen:

Zeit t (in h)	0	4	8	12	16	20	24
Temperatur (in °C)	9,2	7,5	8,4	12,6	15,3	14,0	10,1

a) Man berechne die mittlere Tagestemperatur $\mu(T) = \frac{1}{24} \int_0^{24} T(t) \, dt$ mit der Simpson-Regel. Vergleiche diesen Wert mit dem arithmetischen Mittel.

b) Wieso läßt sich nicht der *exakte* Wert von $\mu(T)$ berechnen? Warum liefert die Simpson-Regel dennoch ein »besseres« Ergebnis als die arithmetische Mittelwertbildung?

**14. *(Die Quadratur der Parabel nach Archimedes)* Um 250 v. Chr. gelang es dem bedeutenden griechischen Mathematiker ARCHIMEDES (287–212), die Fläche unter einem Parabelbogen exakt zu berechnen. Er schöpfte schrittweise die Fläche mit Trapezen aus, indem er das Intervall $[a, b]$ fortgesetzt halbierte (Abb. 4).

Im Grunde war also Archimedes die Trapezregel bekannt.

a) Zeige, daß die beiden schattierten Dreiecke flächengleich sind. (Anleitung: Rechne nach, daß $h=h'$ ist und beweise anschließend die Flächengleichheit durch geeignete Scherungen.)

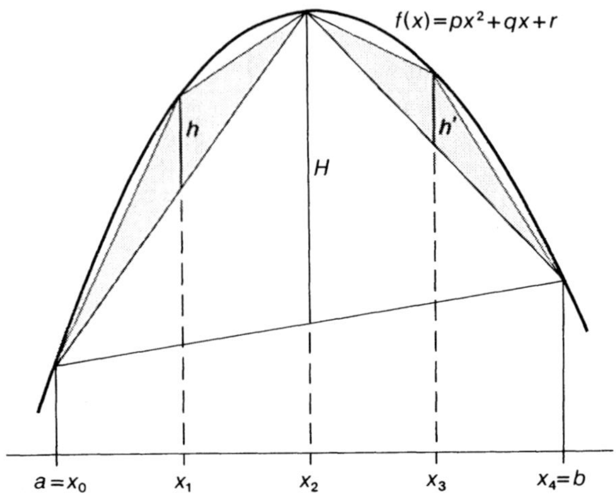

Abbildung 4

b) Die beiden schattierten Flächen zusammen machen $\frac{1}{4}$ der Fläche Δ des großen Dreiecks aus.

c) Die von Archimedes benutzte Folge von Näherungen läßt sich iterativ beschreiben durch

$$A_1 = \Delta$$

und

$$A_{n+1} = A_n + \frac{\Delta}{4^n}, \qquad n = 1, 2, \ldots .$$

Wie lassen sich die A_n geometrisch deuten?

d) Zeige:

$$A := \lim_{n \to \infty} A_n = \frac{2}{3}(b-a)H$$

(geometrische Reihe!).

e) Bestätige durch Integration die von Archimedes gefundene Formel $A = \frac{2}{3}(b-a)H$.

Simpson iterativ

Die Simpson-Regel (3) sagt leider nichts darüber, welches n zu wählen ist, um eine vorgegebene Genauigkeit der Näherung einzulösen. Man umgeht dieses Problem, wenn man *iterativ* vorgeht.

Tatsächlich kann man bereits berechnete Werte wiederverwenden. Verdoppelt man nämlich ein gerades n mit jedem Schritt, so treten die alten Stützstellen erneut auf (Abb. 5):

$$n=2; \quad h_1=b-a \qquad\qquad n=4; \quad h_2=\frac{b-a}{2}$$

$$S_1=\frac{1}{3}\,\frac{h_1}{2}(y_0+4y_1+y_2) \;\rightarrow\; S_2=\frac{1}{3}\,\frac{h_2}{2}(y_0+4y_3+2y_1+4y_4+y_2)$$

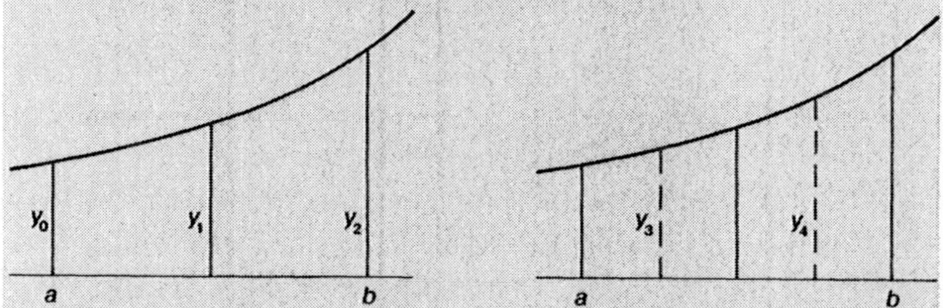

Abbildung 5

Nun würde es mit wachsendem n viel Speicherplatz kosten und die Laufzeit stark verlängern, wollte man die bereits berechneten y_k jeweils einzeln abspeichern. Untersuchen wir daher genauer, wie sich eine Halbierung der Schrittweite h_i auf die Gestalt der S_i auswirkt:

$$S_1=\frac{1}{3}\Bigg[\overbrace{h_1\,\frac{y_0+y_2}{2}}^{T_1}+2\underbrace{h_1\,y_1}_{M_1}\Bigg]=\frac{1}{3}(T_1+2M_1)$$

$$S_2=\frac{1}{3}\Bigg[\overbrace{h_2\,\frac{y_0+y_1}{2}+h_2\,\frac{y_1+y_2}{2}}^{T_2}+2\underbrace{(h_2\,y_3+h_2\,y_4)}_{M_2}\Bigg]=\frac{1}{3}(T_2+2M_2)\,.$$

Damit ist die Berechnung von S_2 auf die von T_2 und M_2 zurückgespielt.

Nun rechnet man leicht nach (Aufgabe 15), daß

$$(4\text{a}) \quad T_2 = \frac{1}{2}(T_1 + M_1)$$

ist, und außerdem ist

$$(4\text{b}) \quad M_2 = \frac{h_1}{2} y_3 + \frac{h_1}{2} y_4 .$$

Der allgemeine Iterationsschritt ist somit angelegt.

Nun muß man dem Rechner noch mitteilen, wann er nicht mehr weiteriterieren soll. Da T_i in der Regel zu groß ist, wenn M_i zu klein ist – und umgekehrt – (siehe Aufgabe 16b), liegt der wahre Wert zumeist irgendwo zwischen T_i und M_i. Daher gibt

$$\frac{|T_i - M_i|}{|S_i|}$$

einen für praktische Zwecke meist ausreichend guten Schätzwert für den relativen Fehler der i-ten Näherung und läßt sich als Abbruchbedingung benutzen.

Wir formulieren das gewonnene Iterationsverfahren als *Algorithmus*:

1. Schritt: Setze $h_1 = b - a$, $T_0 = h_1(f(a) + f(b))$, $M_0 = 0$ und $i = 0$.

2. Schritt: Berechne $S_{i+1} = \frac{1}{3}(T_{i+1} + 2M_{i+1})$, wobei

$$T_{i+1} = \tfrac{1}{2}(T_i + M_i) \quad \text{und}$$

$$M_{i+1} = h_{i+1}\left[f\left(a + \frac{h_{i+1}}{2}\right) + f\left(a + 3 \cdot \frac{h_{i+1}}{2}\right) + \dots \right.$$
$$\left. \dots + f\left(b - \frac{h_{i+1}}{2}\right)\right].$$

3. Schritt: Ersetze i durch $i+1$ und h_i durch $h_{i+1} = \frac{h_i}{2}$.

4. Schritt: Falls $\frac{|T_{i+1} - M_{i+1}|}{|S_{i+1}|}$ kleiner ist als der vorgegebene relative Fehler, STOP (S_{i+1} ist der gesuchte Näherungswert); andernfalls gehe zurück zum 2. Schritt.

15. Man rechne Formel (4a) nach.

*16. a) Wie lassen sich die Ausdrücke für M_i und T_i geometrisch interpretieren ($i=1, 2$)? (Man verwende die beiden Bilder des Kastens.)

b) Man überlege sich am Bild, wieso T_i im allgemeinen zu groß sein wird, wenn M_i zu klein ist – und umgekehrt.

c) Wie läßt sich aus b) folgern, daß $\frac{|T_i - M_i|}{|S_i|}$ im allgemeinen größer ist als der tatsächliche Fehler?

17. Für $f(x)=x^4$, $a=0$, $b=1$ und einen relativen Fehler von 1% durchlaufe man mit Hilfe des Taschenrechners den obigen Algorithmus.

18. Schreiben Sie für Ihren Rechner ein Programm für das iterative Simpson-Verfahren.

19. In einem Buch lesen Sie den folgenden Algorithmus:

Gegeben: a, b, gerade Zahl n, Funktion f
Gesucht: S

$h \leftarrow \frac{b-a}{n}$

$S \leftarrow f(a)+f(b)$

$v \leftarrow 4$

für $i=1, 2, \ldots, n-1$

$S \leftarrow S + v f(a+ih)$

$v \leftarrow 6 - v$

Schleifenende für i

$S \leftarrow \frac{h}{3} S$

Ende

Man überzeuge sich davon, daß dieser (nicht iterative) Algorithmus die Simpson-Regel (3) abarbeitet.

20. a) Berechne näherungsweise $\int_2^{10} \ln x \, dx$ bis auf einen relativen Fehler von 10^{-5}. Wie groß ist der exakte Wert des Integrals?

b) Nach wieviel Schritten bricht der iterative Algorithmus ab? Bestätige, daß dann $\frac{|T_i - M_i|}{|S_i|}$ tatsächlich größer ist als der wahre Fehler.

21. Berechne auf 0,1‰ genau.

a) $\int\limits_{\frac{\pi}{2}}^{\pi} \frac{\sin x}{x}\,\mathrm{d}x$ b) $\int\limits_{0}^{1} \frac{x}{\sqrt{x^3+2}}\,\mathrm{d}x$ c) $\int\limits_{1}^{3} e^{\sqrt{x}}\,\mathrm{d}x$

22. Die Gaußsche Glockenkurve (nach C. F. GAUSS, 1777–1855)

$$\varphi(x) = \frac{1}{\sqrt{2\pi}}\, e^{-\frac{x^2}{2}}$$

ist als Dichte der Normalverteilung von großem praktischen Wert.

a) Bestimme Extrema und Wendepunkte von φ und zeichne die Glockenkurve.
Insbesondere interessieren die Integrale von φ. Z.B. finden wir in einer Tabelle für Statistiker den Näherungswert

$$\int\limits_{-1}^{1} \varphi(x)\,\mathrm{d}x \approx 0{,}683\,.$$

b) Man überprüfe diese Näherung (etwa mit der Simpson-Regel). Mit einiger Mühe läßt sich zeigen, daß

$$\int\limits_{-\infty}^{+\infty} \varphi(x)\,\mathrm{d}x = 1$$

ist. Eine besondere Rolle spielt die durch

$$\phi(z) = \int\limits_{-\infty}^{z} \varphi(x)\,\mathrm{d}x$$

definierte Funktion.

c) Zeige: Aus der Achsensymmetrie von φ folgt

$$\phi(-z) = 1 - \phi(z)\,.$$

d) Wieso genügt es, ϕ nur für positive z zu tabellieren?

e) Wie groß ist $\phi(1)$?

Wie gut sind unsere Verfahren?

Wir fragen zuerst nach der Güte des einfachsten Verfahrens, der Näherung durch *Riemann-Summen.* Gesucht ist also eine Abschätzung des Fehlers, wenn man $\int\limits_a^b f$ etwa nach (1′) durch die Summe $\frac{b-a}{n} \sum\limits_{i=1}^{n} f(x_i)$ ersetzt. Abbildung 6 zeigt die für jedes der n Teilintervalle typische Situation. Dafür ist der Fehler

$$\left| \int_0^h f(x)\,\mathrm{d}x - \int_0^h f(h)\,\mathrm{d}x \right| = \left| \int_0^h (f(x) - f(h))\,\mathrm{d}x \right|$$

$$\leq \int_0^h |f(x) - f(h)|\,\mathrm{d}x.$$

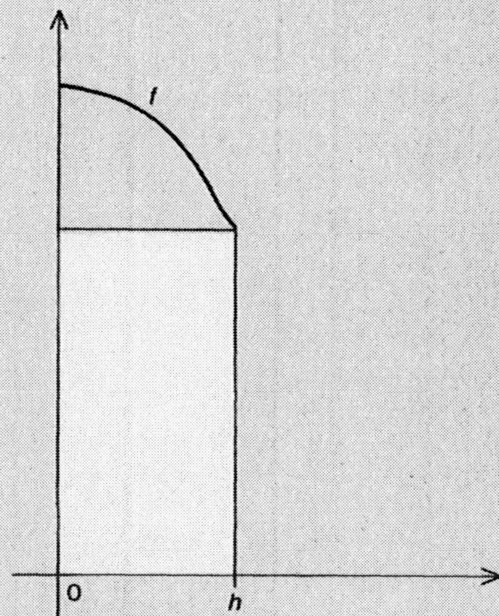

Abbildung 6

Eine weitere Abschätzung wird nur gelingen, wenn man eine Schranke für das Wachstum von f – also bei differenzierbarem f für die Ableitung f' – im Intervall $[0, h]$ kennt. Ist etwa $|f'(x)| \leq m$ für $x \in [0, h]$, so folgt aus dem Schrankensatz

$$|f(x) - f(h)| \leq m\,|x - h|$$

und daraus

$$\int_0^h |f(x) - f(h)|\,\mathrm{d}x \leq \int_0^h m\,|x - h|\,\mathrm{d}x = m \int_0^h (h - x)\,\mathrm{d}x = m\left[-\frac{(h-x)^2}{2}\right]_0^h = \frac{m}{2}h^2$$

Daher ist

$$\left| \int_0^h f(x)\,\mathrm{d}x - \int_0^h f(h)\,\mathrm{d}x \right| \leq \frac{m}{2}h^2.$$

Ist nun M eine Schranke von $|f'|$ auf *ganz* $[a, b]$, so gilt für jedes der n Teilintervalle der Breite $h = \dfrac{b-a}{n}$ die Abschätzung

$$\left| \int_{x_{i-1}}^{x_i} f(x)\,\mathrm{d}x - \int_{x_{i-1}}^{x_i} f(x_i)\,\mathrm{d}x \right| \leq \frac{M}{2}\left(\frac{b-a}{n}\right)^2,$$

insgesamt daher

$$\left| \int_a^b f - \frac{b-a}{n} \sum_{i=1}^{n} f(x_i) \right| \le n \cdot \frac{M}{2} \left(\frac{b-a}{n} \right)^2 = \frac{M(b-a)^2}{2} \cdot \frac{1}{n}.$$

Jetzt erkennt man, woran es liegt, daß die Approximation durch Rechtecksummen so bescheidene Ergebnisse liefert: Eine Verdoppelung der Anzahl der Stützstellen bewirkt lediglich eine Halbierung des Fehlers! Man sagt: Der Fehler wird mit $\frac{1}{n}$ klein.

Die *Trapezregel* ist spürbar leistungsfähiger: Ihr *Fehler wird mit* $\frac{1}{n^2}$ *klein,* was wir jetzt zeigen wollen.

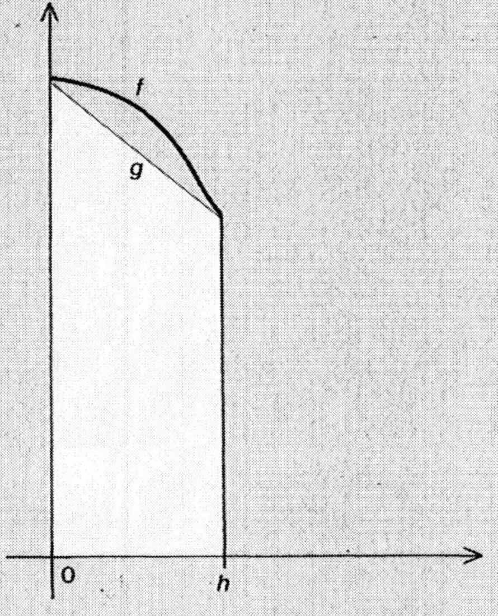

Abbildung 7

Für die typische Situation auf $[0, h]$ (s. Abb. 7) wird f durch die Gerade g mit der Gleichung

$$g(x) = f(0) + \frac{f(h)-f(0)}{h} x$$

ersetzt. Diesmal geht es um die Differenz von f und der Sekante g. Nun wissen wir, wie man den Fehler zwischen der Funktion f und einer ihrer Tangenten abschätzt; dieser wird durch die Krümmung von f beeinflußt (vgl. Abschnitt 4.4). Wir bringen die Tangente an der Stelle 0 ins Spiel:

$$|f(x)-g(x)| = \left|f(x)-f(0)-\frac{f(b)-f(0)}{b}x\right|$$
$$= \left|f(x)-f(0)-f'(0)x+f'(0)x-\frac{f(b)-f(0)}{b}x\right|$$
$$\leq |f(x)-f(0)-f'(0)x| + \left|\frac{f(b)-f(0)-f'(0)b}{b}\right|x.$$

Ist jetzt etwa bei zweimal differenzierbarem f $|f''(x)| \leq m$ für $x \in [0, b]$, so folgt

$$|f(x)-g(x)| \leq \frac{m}{2}x^2 + \frac{\frac{m}{2}b^2}{b}x \leq \frac{m}{2}b^2 + \frac{m}{2}b^2 = mb^2.$$

Dies führt zu

$$\left|\int_0^b f - \int_0^b g\right| \leq \int_0^b |f(x)-g(x)|\,dx \leq \int_0^b mb^2\,dx = mb^2[x]_0^b = mb^3.$$

Ist nun M eine Schranke von $|f''|$ auf ganz $[a, b]$, so gilt diese Abschätzung für jedes der n Teilintervalle der Breite $b = \frac{b-a}{n}$. Insgesamt läßt sich also der Fehler der Trapezregel nach oben abschätzen durch

$$n \cdot M\left(\frac{b-a}{n}\right)^3 = M(b-a)^3 \cdot \frac{1}{n^2};$$

er wird also tatsächlich mit $\frac{1}{n^2}$ klein.

Eine weitere Steigerung bringt die *Simpson-Regel.* Mit prinzipiell denselben Methoden läßt sich mit einiger Mühe zeigen, daß der Fehler der Simpson-Regel sogar mit $\frac{1}{n^4}$ klein wird. Eine Verdoppelung der Anzahl der Stützstellen verringert dann den Fehler um den Faktor $\frac{1}{16}$!

23. Die Fehlerabschätzungen im Kasten enthalten Schranken für die Ableitungen von f. Wieso schränkt dies ihre Eignung für die Praxis des numerischen Integrierens ein? Gibt es Funktionen, bei denen sich Schranken auch für die höheren Ableitungen leicht angeben lassen?

9 Stetigkeit und Integrierbarkeit

Ziehen wir Bilanz. Die Frage, was das Integral ist, haben wir nach verschiedenen Richtungen hin beantwortet. Als tragend erwies sich, Integrieren als Übergang von der Berandung zur Integralfunktion zu verstehen. Die Funktionswerte der Integralfunktion – das sind die Integrale – wurden als (orientierte) Flächeninhalte definiert. Mit diesen Flächeninhalten sind wir recht sorglos (»naiv«) umgegangen. So haben wir weder ihre Existenz in Frage gestellt (Hat überhaupt jede Berandung einen Inhalt?), noch haben wir darauf geachtet, von welchen Eigenschaften des Flächeninhalts Gebrauch gemacht wurde (Ist es selbstverständlich, daß sich krummlinig begrenzte Flächen stets beliebig genau durch Rechtecksummen einschachteln lassen?).

In erster Linie haben wir uns auf die *Berechnung* des Integrals konzentriert; dabei sind wir wiederholt auf eine Eigenschaft der berandenden Funktion gestoßen: ihre *Stetigkeit* (etwa beim Beweis des Hauptsatzes, beim Integrieren als Summieren, beim Mittelwertsatz der Integralrechnung und bei der numerischen Integration). Wir werden daher den Zusammenhang von Stetigkeit und Integral im Auge behalten.

In den bisherigen Aufbau der Theorie sind wichtige und bislang unbewiesene Eigenschaften stetiger Funktionen wesentlich eingegangen. Hier gibt es einiges nachzutragen (Abschnitt 1).

Ziel des zweiten Abschnittes ist es, den Integralbegriff von naiven Flächeninhaltsvorstellungen zu lösen und das Integral ohne Rückgriff auf die Anschauung zu *definieren.* Damit bekommt die Frage einen Sinn, welche Funktionen *integrierbar* sind.

9.1 Stetigkeitssätze

Bisher hatten wir es fast durchweg mit *stetigen* Berandungen zu tun. Das hatte seinen guten Grund: Der Hauptsatz basierte auf dieser Voraussetzung; darüber hinaus haben wir mehrfach von zentralen Eigenschaften stetiger Funktionen Gebrauch gemacht. So etwa, als wir ausnutzten, daß eine auf einem abgeschlossenen Intervall $[a, b]$ stetige Funktion dort stets einen größten (und kleinsten) Funktionswert hat (vgl. die Bemerkung zu Aufgabe 2 aus Abschnitt 7.2 sowie die Bildung von Ober- und

Untersummen in Abschnitt 7.3). Zudem ging beim Beweis des Mittelwertsatzes der Integralrechnung (Abschnitt 7.4) ein, daß jede Zahl zwischen zwei Funktionswerten einer auf einem Intervall stetigen Funktion selbst ein Funktionswert ist.

Die letzte Eigenschaft nennt man den *Zwischenwertsatz*, die erste den *Maximumsatz* für stetige Funktionen. Beide werden wir in diesem Abschnitt formulieren und beweisen.

Der Maximumsatz

Maximumsatz

Ist $f\colon [a, b] \to \mathbb{R}$ stetig, so gibt es eine Stelle $x_0 \in [a, b]$, an der der Funktionswert am größten ist, für die also gilt

$$f(x_0) \geq f(x) \quad \textit{für alle } x \in [a, b].$$

Daß die Stetigkeit für den Maximumsatz eine notwendige Voraussetzung ist, zeigt Abbildung 1 (Aufgabe 1):

$$f\colon [0,1] \to \mathbb{R}$$
$$x \mapsto \begin{cases} x & \text{für } 0 \leq x < 1 \\ 0 & \text{für } x = 1 \end{cases}$$

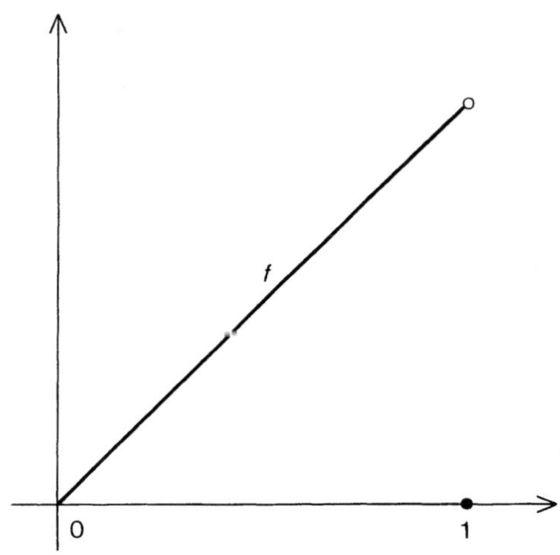

Abbildung 1

Ein weiteres Beispiel zeigt, daß es neben der Stetigkeit der Berandung auch auf die Abgeschlossenheit des Definitionsbereichs ankommt

(Abb. 2):

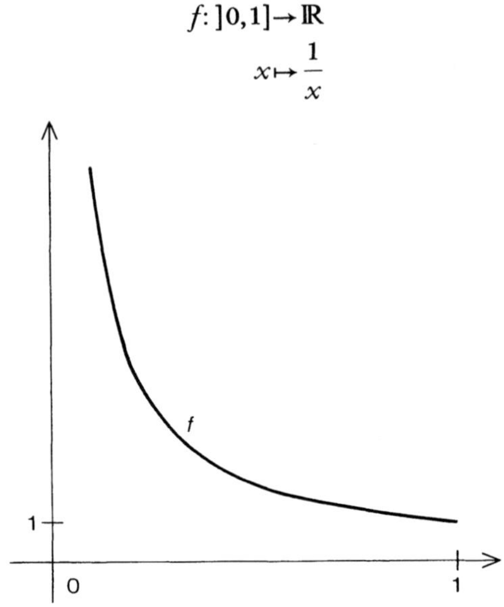

Abbildung 2

Nun zum nicht ganz leichten *Beweis* des Satzes: Für die Konstruktion der gesuchten Stelle x_0 benutzen wir die bewährte Intervallhalbierungsmethode.

Man halbiere das Intervall $[a, b]$. Gibt es dann in einer Hälfte einen Funktionswert, der alle Funktionswerte der anderen Hälfte übertrifft, so ist das Maximum in dieser zu suchen. Gibt es in keiner der beiden Hälften einen solchen Funktionswert, so ist es egal, in welchem Teilintervall man weitersucht. (Wir verabreden, dann stets das rechte zu nehmen.) Fährt man so fort, so erhält man eine Intervallschachtelung, die sich (wegen der Vollständigkeit von $\mathbb{R}$) auf eine Stelle x_0 zusammenzieht. Von dieser Stelle werden wir jetzt zeigen, daß sie die geforderte Eigenschaft hat, womit der Beweis beendet wäre.

Wir müssen also zeigen, daß $f(x_0) \geq f(x)$ ist für alle $x \in [a, b]$. Sei nun x eine beliebige, für die folgende Betrachtung aber festgehaltene Stelle aus $[a, b]$. Wir können annehmen, daß $x \neq x_0$ ist, denn für $x = x_0$ ist nichts zu zeigen (natürlich ist $f(x_0) \geq f(x_0)$).

Im Laufe des Konstruktionsprozesses gibt es nun genau ein Intervall, bei dem nach Halbierung x_0 und x in verschiedenen Hälften liegen (warum?). Der Funktionswert an der Stelle x kann nicht alle Funktionswerte der Intervallhälfte von x_0 übertreffen, da sonst die Intervallhälfte von x und nicht die von x_0 gewählt worden wäre. Da $f(x)$ nicht alle Funktionswerte aus der Intervallhälfte von x_0 übertrifft, gibt es in ihr eine Stelle x_1 mit $f(x_1) \geq f(x)$ (Abb. 3).

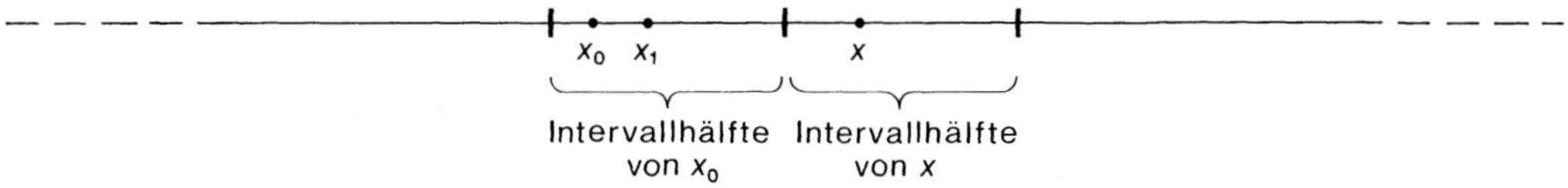

Abbildung 3

Ist $x_1 = x_0$, so ist man fertig - denn dann ist $f(x_0) \geq f(x)$. Andernfalls wiederholen wir die Überlegung mit x_1 statt x (x_1 liegt nämlich näher an x_0 als x, da x_1 in *derselben* Intervallhälfte wie x_0 liegt). Auf diese Weise gewinnt man ein x_2, das seinerseits näher an x_0 liegt als x_1 und für das $f(x_2) \geq f(x_1)$ ist.

So entsteht eine Folge $x_1, x_2, \ldots$, die gegen x_0 konvergiert und für die gilt

$$\ldots \geq f(x_2) \geq f(x_1) \geq f(x).$$

Jetzt kommt die Stetigkeit von f ins Spiel: Aus $x_n \to x_0$ folgt $f(x_n) \to f(x_0)$ und mit $f(x_n) \geq f(x)$ daher

$$f(x_0) \geq f(x).$$ □

Der Zwischenwertsatz

Zwischenwertsatz

Ist f eine auf einem Intervall stetige Funktion, so ist jede Zahl zwischen zwei Funktionswerten selbst ein Funktionswert.

Wieder zeigt ein Bild, daß die Stetigkeit eine notwendige Voraussetzung ist (Abb. 4).

Ein weiteres Beispiel zeigt, daß es neben der Stetigkeit darauf ankommt, daß der Definitionsbereich »zusammenhängend«, d.h. ein Intervall ist (Abb. 5).

Nun zum *Beweis* des Satzes: Sei $f: [a, b] \to \mathbb{R}$ stetig und $f(a) < z < f(b)$. Zu zeigen ist dann, daß es eine Stelle $x_0 \in [a, b]$ gibt mit $z = f(x_0)$.

Wieder verwenden wir die bewährte Intervallhalbierungsmethode. Man halbiere das Intervall $[a, b]$. Ist dann der Funktionswert an der Intervallmitte gleich dem Zwischenwert z, so ist man fertig. Ist er größer, so wähle man das linke Teilintervall, andernfalls das rechte. Fährt man so fort, so erhält man eine Intervallschachtelung $([a_n, b_n])$, die sich auf eine

Stelle $x_0 \in [a, b]$ zusammenzieht (Vollständigkeit von $\mathbb{R}$!). Nach Konstruktion gilt dann

$$f(a_n) < z < f(b_n) \quad \text{für jedes } n.$$

Jetzt kommt die Stetigkeit von f ins Spiel: Da $a_n \to x_0$ und $b_n \to x_0$, folgt $f(a_n) \to f(x_0)$ und $f(b_n) \to f(x_0)$; daher

$$f(x_0) \leq z \leq f(x_0),$$

d.h. $z = f(x_0)$. □

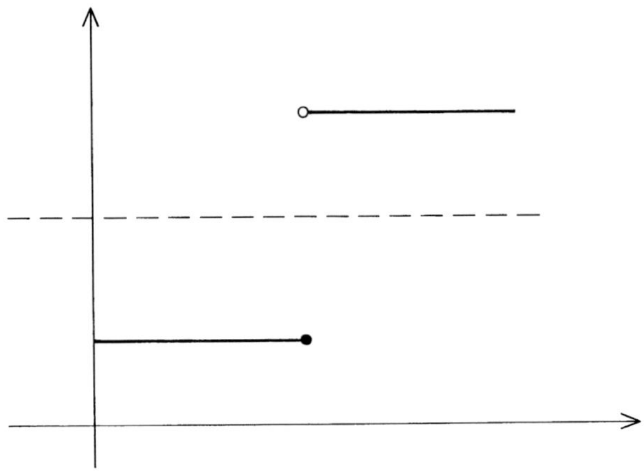

Abbildung 4

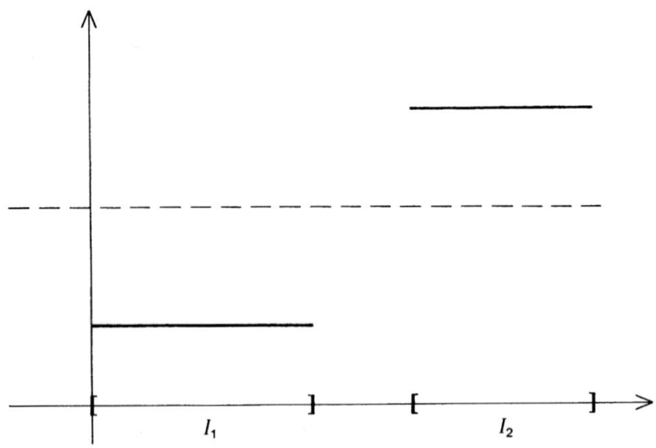

Abbildung 5

Aufgaben

1. Man betrachte die beiden Gegenbeispiele zum Maximumsatz (Abb. 1 und 2). Welche Voraussetzung ist jeweils verletzt, und wieso ist die Aussage des Maximumsatzes nicht erfüllt?

2. Wie verläuft der Konstruktionsprozeß im Beweis des Maximumsatzes in den folgenden Beispielen? (Anzugeben ist jeweils die Intervallschachtelung.)

   a) $f(x)=x^2$ auf $[0,1]$

   b) $f(x)=-1$ auf $[1,2]$

   c) $f(x)=\sin x$ auf $[0,2\pi]$.

3. Auch in unstetigen Fällen kann das Verfahren im Beweis des Maximumsatzes zu einem Maximum führen, aber nicht immer. Man bestätige dies an den Beispielen

   $$f(x)=\begin{cases} 1 & \text{für } 0\leq x<1 \\ 2 & \text{für } 1\leq x\leq 2 \end{cases}$$

   und

   $$f(x)=\begin{cases} 2 & \text{für } 0\leq x<1 \\ 1 & \text{für } 1\leq x\leq 2\,. \end{cases}$$

4. Man formuliere und beweise einen »Minimumsatz« für stetige Funktionen.

5. Wieso ist das Beweisverfahren zum Maximumsatz nicht geeignet, danach einen Rechner Maxima suchen zu lassen?

6. Man betrachte die beiden Gegenbeispiele zum Zwischenwertsatz (Abb. 4 und 5). Welche Voraussetzung ist jeweils verletzt, und wieso ist die Aussage des Zwischenwertsatzes nicht erfüllt?

7. Der Beweis des Zwischenwertsatzes beginnt mit »Sei $f\colon [a, b]\to \mathbb{R}$ stetig und $f(a)<z<f(b)$.« Im Zwischenwertsatz ist aber von beliebigen Intervallen die Rede. Wieso ist dennoch nicht nur ein Sonderfall des Zwischenwertsatzes behandelt?

8. a) Es gibt absolute und relative Maxima. Um welche Art geht es im Maximumsatz?

   b) f sei zusätzlich auf $[a, b]$ differenzierbar. Wie kann man dann mit Hilfe der Differentialrechnung ihr absolutes Maximum finden?

9. Bestimme das absolute Maximum von $f(x) = \frac{1}{x^2} + x - 3$ im Intervall $[\frac{1}{2}, 3]$.

10. Die stetigen Funktionen f und g nehmen ihr Maximum an derselben Stelle an. Ist diese Stelle dann auch Maximalstelle von $f+g$ bzw. $f \cdot g$?

11. Eine unmittelbare Folgerung aus dem Zwischenwertsatz ist der wichtige und anschaulich sehr einleuchtende

    Nullstellensatz: Wechselt eine in einem Intervall stetige Funktion ihr Vorzeichen, so hat sie dort wenigstens eine Nullstelle.
    Man beweise dies.

12. Beweise: Jedes Polynom ungeraden Grades hat wenigstens eine Nullstelle.

13. Man beweise die *Existenz der n-ten Wurzel.* Hinweis: $\sqrt[n]{a}$, $a \geq 0$, ist die nichtnegative Nullstelle von $f(x) = x^n - a$.

14. Zeige, daß die folgenden Gleichungen mindestens eine Lösung haben.

    a) $\sin x = \frac{1}{3}x + 0{,}1$

    b) $e^x = -x + 2$.

15. f sei auf $[a, b]$ stetig mit $f(a) < 0$ und $f(b) > 0$.

    a) Was tut der folgende Algorithmus?

    1. Setze $x \leftarrow \frac{a+b}{2}$.
    2. Ist $f(x) = 0$, dann STOP mit x als Antwort.
    3. Ist $f(a) \cdot f(x) > 0$, dann setze $a \leftarrow x$, sonst setze $b \leftarrow x$.
    4. Ist $|a - b| > \varepsilon$, dann gehe nach 1.
    5. STOP mit $x = \frac{a+b}{2}$ als Antwort.

    b) Der Fehler des Verfahrens nach n Schritten ist $\leq \frac{b-a}{2^{n+1}}$. Warum?

    c) Schreiben Sie für Ihren Rechner ein Programm.

    d) Man bestimme auf 4 Stellen genau die Nullstellen von $f(x) = x^3 - 10$ in $[2,3]$ und von $f(x) = x \ln x - 1$ in $[1,2]$.

*16. Betrachte die durch

$$f(x) = x^2 - 2$$

auf den *rationalen* Zahlen $\mathbb{Q}$ definierte Funktion.

a) Läßt sich der Graph von f zeichnen?

b) Hat f Nullstellen?

c) Warum ist f kein Gegenbeispiel zum Ergebnis von Aufgabe 13 (Existenz der n-ten Wurzel)?

*17. a) Man beweise den *Intervallsatz*: Eine stetige Funktion bildet ein abgeschlossenes Intervall $[a, b]$ auf ein abgeschlossenes Intervall ab. (Hinweis: Man wende den Maximumsatz und den Zwischenwertsatz an.)

b) Für offene Intervalle gilt der Satz nicht. (Gegenbeispiel?)

9.2 Integrierbarkeit

Im Abschnitt »Integrieren heißt Summieren« (Kap. 7.3) haben wir die Überzeugung gewonnen, daß zumindest für *stetige* Berandungen f die Integrale – das sind die Funktionswerte der Integralfunktion I_a – beliebig gut durch Unter- und Obersummen approximiert werden können. Wir haben uns damals mit dem Nachweis für ein Beispiel ($f = \exp$) begnügt. Jetzt wollen wir den Beweis für beliebiges stetiges f führen, d.h. zeigen:

Wird die Zerlegung von $[a, b]$ so verfeinert, daß das Maximum der Teilintervallängen gegen Null geht, so gilt

(1) $I_a(b) = \lim U_n = \lim O_n$.

Unsere Überlegungen eröffnen dann einen Weg, den Integralbegriff von naiven, bisher nicht hinterfragten Flächeninhaltsvorstellungen zu lösen und das Integral – zunächst für stetige Funktionen – ohne Rückgriff auf solche Vorstellungen zu *definieren.* Damit wird eine *neue* Eigenschaft von Funktionen abgegrenzt, die man Integrierbarkeit nennt.

Beweisskizze

Wir machen uns zunächst an einem Beispiel klar, daß die Forderung, das Maximum der Teilintervallängen solle gegen Null gehen, vernünftig ist (Abb. 1).

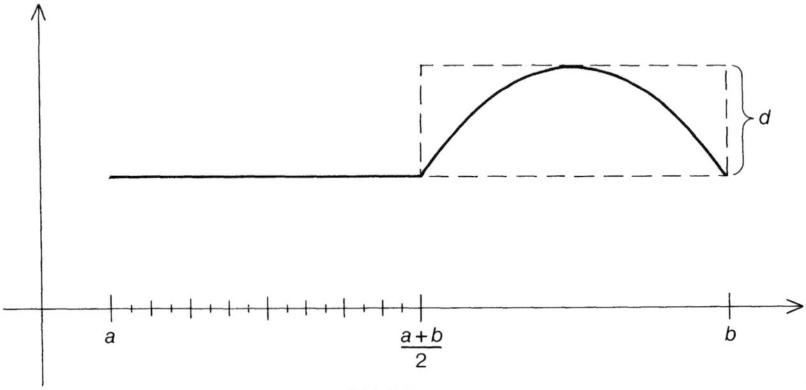

Abbildung 1

Hier wird $[a, b]$ so zerlegt, daß nach erster Halbierung die rechte Hälfte stets erhalten bleibt bei fortgesetzter Halbierung der linken. Dann ist das Maximum der Teilintervallängen stets gleich $\frac{b-a}{2} > 0$, geht also nicht gegen Null; die Differenz $O_n - U_n$ ist stets gleich $d \cdot \frac{b-a}{2} > 0$, wie man der Abbildung 1 entnimmt, kann also nicht beliebig klein werden, womit (1) verletzt ist.

Nach dieser Vorbemerkung nun zur Skizze des Beweises:

Wir wissen bereits aus Abschnitt 7.3, S. 218, daß

(2) $U_n \leq I_a(b) \leq O_n$

ist. Subtrahiert man U_n, so ergibt sich

$$0 \leq I_a(b) - U_n \leq O_n - U_n .$$

Wüßten wir jetzt, daß $O_n - U_n$ gegen Null geht, so hätten wir unser Ziel erreicht; denn dann würde $I_a(b) - U_n$ gegen Null gehen, d.h.

$$I_a(b) = \lim U_n$$

gelten, woraus man mit $O_n - U_n \to 0$ auf

$$I_a(b) = \lim O_n$$

schließt.

Zu zeigen ist also »lediglich«, daß

(3) $\lim(O_n - U_n) = 0$

ist. Das aber ist eine harte Nuß; wir müssen uns damit begnügen, die entscheidende Schwierigkeit zu benennen.

Zu untersuchen ist die Differenz $O_n - U_n$:

$$\begin{aligned} O_n - U_n &= \sum_{i=1}^{n} M_i(x_i - x_{i-1}) - \sum_{i=1}^{n} m_i(x_i - x_{i-1}) \\ &= \sum_{i=1}^{n} (M_i - m_i)(x_i - x_{i-1}). \end{aligned}$$

Wir erinnern uns, daß M_i das Maximum und m_i das Minimum von f auf dem Teilintervall $[x_{i-1}, x_i]$ ist und beide daher nach dem Maximumsatz als Funktionswerte angenommen werden:

$$O_n - U_n = \sum_{i=1}^{n} (f(\bar{x}_i) - f(\underline{x}_i))(x_i - x_{i-1}), \qquad \bar{x}_i, \underline{x}_i \in [x_{i-1}, x_i].$$

Wird nun die Zerlegung immer feiner und feiner, d.h. das Maximum der Teilintervallängen immer kleiner, so wird mit $[x_{i-1}, x_i]$ auch der Abstand von $\bar{x}_i$ und $\underline{x}_i$ immer kleiner. Die Stetigkeit von f erzwingt dann, daß auch die Differenz der Funktionswerte $(f(\bar{x}_i) - f(\underline{x}_i))$ beliebig klein wird. Hier geht nun entscheidend ein, daß sogar bei jeder noch so kleinen Toleranz - sagen wir $\frac{1}{n}$ - die Zerlegung so fein gemacht werden kann, daß *sämtliche* Differenzen $(f(\bar{x}_i) - f(\underline{x}_i))$ zugleich kleiner als $\frac{1}{n}$ werden (siehe nachfolgende Bemerkung). Dann folgt

$$O_n - U_n < \frac{1}{n} \sum_{i=1}^{n} (x_i - x_{i-1}) = \frac{1}{n}(b-a)$$

und damit, wie gewünscht, die Behauptung (2).

Hier liegt die entscheidende Schwierigkeit des Beweises: Es ist keine Kleinigkeit zu zeigen, daß eine auf einem abgeschlossenen Intervall $[a, b]$ stetige Funktion tatsächlich die im Beweis benutzte Eigenschaft besitzt. (Man spricht von *gleichmäßiger* Stetigkeit.) Wir verzichten auf den Nachweis.

Definition des Integrals für stetige Funktionen

Blicken wir zurück: Der Nachweis der Beziehung

(1) $I_a(b) = \lim U_n = \lim O_n$

wurde für stetiges f mit Hilfe der Abschätzung

(2) $U_n \leq I_a(b) \leq O_n$

auf den Beweis von

(3) $\lim(O_n - U_n) = 0$

zurückgespielt. Bei der Gewinnung von (2) in Kap. 7.3 haben wir von zwei Dingen unhinterfragt (»naiv«) Gebrauch gemacht: Von der von vornherein angenommenen Existenz des Integrals $I_a(b)$ (als orientierter Flächeninhalt) und seiner Abschätzbarkeit durch Rechteckflächen.

Vor diesem Hintergrund drehen wir den Spieß jetzt um und versuchen, das Integral ohne Rückgriff auf den Flächeninhalt - zunächst für stetige Funktionen - zu *definieren.*

Für *stetiges* $f: [a, b] \to \mathbb{R}$ kann man nun den *Satz* beweisen:

Es gibt stets eine Zerlegungsfolge, so daß die zugehörigen Unter- und Obersummenfolgen gegen denselben Grenzwert konvergieren.

Durch diesen gemeinsamen Grenzwert *definieren* wir dann das *Integral von f auf* $[a, b]$

$$\int_a^b f := \lim U_n \quad (= \lim O_n).$$

Ist das Integral auf diese Weise eingeführt, so läßt sich anschließend - ohne Anleihe an die Anschauung! - der (orientierte) Flächeninhalt unter stetigen Berandungen über das Integral *definieren.* Im Gegensatz dazu sind wir in Kapitel 7 umgekehrt vorgegangen (!): Vom naiv existenten Flächeninhalt über die Integralfunktion zum Integral.

Streng genommen bedarf obige Definition des Integrals noch des Nachweises, daß der gemeinsame Grenzwert unabhängig ist von der Wahl der Zerlegungsfolge (man spricht von *Wohldefiniertheit*). Der Beweis ist äußerst aufwendig; er macht eine wesentliche Schwierigkeit der Definition aus. Wir werden uns auf ihn nicht einlassen.

Doch was besagt der obige Satz, und wie könnte man ihn beweisen? Man hat eine auf $[a, b]$ stetige Funktion f, und behauptet wird, man könne eine Folge $Z_1, Z_2, \ldots, Z_n, \ldots$ von Zerlegungen des Intervalls $[a, b]$ finden, so daß die zugehörige Folge $U_1, U_2, \ldots, U_n, \ldots$ der Untersummen gegen denselben Grenzwert konvergiert wie die zugehörige Folge $O_1, O_2, \ldots, O_n, \ldots$ der Obersummen.

Die Beweisidee besteht darin, sich eine Zerlegungsfolge (Z_n) zu verschaffen, für die $([U_n, O_n])$ eine Intervallschachtelung bildet. Die Folgen (U_n) und (O_n) haben dann als gemeinsamen Grenzwert die Stelle, auf die sich die Intervallschachtelung zusammenzieht (Vollständigkeit von $\mathbb{R}$!).

Die Zerlegungsfolge (Z_n) gewinnt man in zwei Schritten:

Erster Schritt: Um die Intervallschachtelungsbedingung $O_n - U_n \to 0$ zu erfüllen, bemüht man sich darum, zu jedem n eine Zerlegung Z'_n zu finden, für die die Differenz zwischen maximalem und minimalem Funktionswert in jedem Teilintervall von Z'_n kleiner ist als $\frac{1}{n}$.

Zweiter Schritt: Um noch zu erzwingen, daß das Intervall $[U_{n+1}, O_{n+1}]$ in $[U_n, O_n]$ enthalten ist, konstruiert man dann aus der Folge (Z'_n) die gesuchte Zerlegungsfolge (Z_n): Man nimmt zu den Zerlegungspunkten von Z'_n die sämtlicher Vorgänger $Z'_{n-1}, Z'_{n-2}, \ldots, Z'_1$ hinzu und gewinnt so Z_n. (Z_n ist die gemeinsame Verfeinerung der Zerlegungen $Z'_1, Z'_2, \ldots, Z'_n$.)

Zum ersten Schritt:
Angenommen, es gibt ein n_0, zu dem keine Zerlegung der verlangten Art existiert. Halbiert man dann das Intervall $[a, b]$, so wird wenigstens eines der beiden Teilintervalle keine solche Zerlegung haben (warum?). Mit diesem Teilintervall arbeitet man weiter. Haben beide Teilintervalle keine solche Zerlegung, wählt man das rechte. Fortgesetzte Halbierung und Auswahl einer Hälfte führt zu einer Intervallschachtelung, die sich auf eine Stelle $x_0 \in [a, b]$ zusammenzieht. Nun liegen in jedem Teilintervall Funktionswerte, deren Differenz *nicht* kleiner als $\frac{1}{n_0}$ ist. Die zugehörigen Argumente streben beide gegen x_0 (Intervallschachtelung!), die Funktionswerte wegen der Stetigkeit von f beide gegen $f(x_0)$, ihre Differenz also gegen Null, im Widerspruch dazu, daß sie stets $\geq \frac{1}{n_0}$ sein soll.

Zum zweiten Schritt:
Über den ersten Schritt ist die Existenz einer Zerlegungsfolge (Z'_n) mit der $\frac{1}{n}$-Eigenschaft gesichert. Für sie gilt bereits $O'_n - U'_n \to 0$, denn es ist

$$O'_n - U'_n = \sum (M'_i - m'_i)(x'_i - x'_{i-1}) < \frac{1}{n} \sum (x'_i - x'_{i-1}) = \frac{1}{n}(b-a).$$

Beim Übergang zu Z_n geht diese Eigenschaft nicht verloren, da

$$O_n \leq O'_n \quad \text{und} \quad U_n \geq U'_n$$

ist, denn bei Verfeinerung einer Zerlegung werden Obersummen nicht größer und Untersummen nicht kleiner (warum?). Daher ist

$$O_n - U_n \leq O'_n - U'_n$$

und folglich geht mit $O'_n - U'_n \to 0$ auch $O_n - U_n$ gegen Null.
Darüber hinaus ist jetzt (O_n) monoton fallend und (U_n) monoton wachsend (warum?) und daher $([U_n, O_n])$ eine Intervallschachtelung.

Ausblick

Soeben haben wir das Integral für stetige Funktionen definiert, so etwa wie es CAUCHY vor rund 150 Jahren getan hat. Keine fünfzig Jahre später ging Bernhard RIEMANN (1826–1866) einen Schritt weiter und dehnte die Definition des Integrals auf eine weit größere Klasse von Funktionen aus. Wir folgen ihm ein Stück weit.

Integrierbarkeit

Definition: $f: [a, b] \to \mathbb{R}$ sei eine Funktion, für die sich Unter- und Obersummen bilden lassen (Existenz der m_i und M_i!). Gibt es dann eine Zerlegungsfolge (Z_n) von $[a, b]$, so daß $\lim U_n$ *und* $\lim O_n$ *existieren und gleich sind, so nennt man f auf $[a, b]$* integrierbar *und den gemeinsamen Grenzwert das* Integral von f auf [a, b]

$$\int_a^b f := \lim U_n \quad (= \lim O_n)\,.$$

Wieder läßt sich zeigen, daß die Zahl $\int_a^b f$ wohldefiniert, d.h. unabhängig von der Wahl der Zerlegungsfolge ist.

Das Resultat des vorigen Absatzes läßt sich dann so aussprechen:
Stetige Funktionen sind integrierbar.

Der *Hauptsatz,* dessen wichtigster Teil besagt, daß die Integralfunktion eine Stammfunktion des (stetigen) Integranden ist, liest sich jetzt so:

Hauptsatz

Ist $f: [a, b] \to \mathbb{R}$ stetig, so ist $I_a: [a, b] \to \mathbb{R}$, definiert durch $I_a(x) := \int_a^x f$, differenzierbar mit

$$I'_a = f.$$

Man beachte: Im Gegensatz zum Vorgehen in Abschnitt 7.1 ist die Integralfunktion I_a jetzt über das Integral und damit ohne Anleihe an die Anschauung definiert.

Der Beweis des Hauptsatzes verläuft genauso wie in Abschnitt 7.2, nur sind die beiden benötigten Eigenschaften

$$\int_a^c f + \int_c^b f = \int_a^b f \qquad \textit{(Intervalladditivität)}$$

und

$$m \leq f(x) \leq M \quad \text{für alle } x \in [a, b] \Rightarrow m(b-a) \leq \int_a^b f \leq M(b-a) \qquad \textit{(Abschätzbarkeit)}$$

jetzt keine aus der *naiven* Flächeninhaltsvorstellung *entnommenen* Tatsachen, sondern im Rahmen der Theorie *zu beweisende* Eigenschaften des Integrals.

Die Auffassung »Integrieren heißt Mitteln« (Abschnitt 7.4) erhält einen neuen Akzent. Der Hauptsatz besagt nämlich, daß der Übergang zur Integralfunktion die »analytische Güte« des Integranden anhebt:

Ist f stetig, so ist I_a differenzierbar,
ist f differenzierbar, so ist I_a zweimal differenzierbar,
. . . .

Darüber hinaus gilt (Aufgabe 5 b):

Ist f integrierbar, so ist I_a stetig.

Zusammenfassend sagt man kurz und eingängig: *Integration glättet.*

Im Gegensatz zur Stetigkeit und erst recht zur Differenzierbarkeit ist die Integrierbarkeit eine vergleichsweise schwache Eigenschaft: Um Beispiele für nichtintegrierbare Funktionen zu finden, muß man schon in die Kiste »pathologischer« Funktionen greifen. Ein solches Beispiel ist

$$f(x) = \begin{cases} 0 & \text{für rationale } x \in [0,1] \\ 1 & \text{für irrationale } x \in [0,1]\,. \end{cases}$$

Hier ist für jede Zerlegung in jedem Teilintervall der kleinste Funktionswert gleich 0 und der größte gleich 1. Für eine beliebige Untersumme gilt daher

$$U_n = \sum_{i=1}^{n} 0 \cdot (x_i - x_{i-1}) = 0 \cdot 1 = 0\,;$$

für jede Obersumme

$$O_n = \sum_{i=1}^{n} 1 \cdot (x_i - x_{i-1}) = 1 \cdot 1 = 1\,.$$

Damit ist $O_n - U_n$ stets gleich 1, kann also nicht beliebig klein werden. Folglich ist f auf $[0,1]$ nicht integrierbar.

Die weitergehende Frage ist nun:

Welche Funktionen sind integrierbar? Oder, geometrisch gewendet, welchen Berandungen lassen sich Flächeninhalte zuordnen?

Mit dieser Frage steht man am Anfang einer Integrations*theorie*, die sich – im Gegensatz zu unserem Vorgehen in Kapitel 7 – begrifflich von der Anschauung gelöst hat. Ihr Untersuchungsgegenstand sind integrierbare Funktionen.

Aufgaben

1. Man betrachte das Gegenbeispiel der Abbildung 1.

   a) Anzugeben sind die Teilungspunkte des n-ten Gliedes der dort beschriebenen Zerlegungsfolge.

   b) Ist eine Zerlegungsfolge denkbar, für die das Maximum der Teilintervallängen ebenfalls stets gleich $\frac{b-a}{2}$ ist, die Differenz $O_n - U_n$ jedoch beliebig klein wird?

2. Man zeige, daß aus (2) und (3) nicht nur, wie bewiesen, $I_a(b) = \lim U_n$, sondern auch $I_a(b) = \lim O_n$ folgt.

3. Man zeige, daß sich das Integral $I_a(b)$ bei stetigem f auch durch Riemannsummen approximieren läßt, d.h.

   $$I_a(b) = \lim R_n$$

   mit

   $$R_n = \sum_{i=1}^{n} f(\xi_i)(x_i - x_{i-1}), \qquad x_{i-1} \leq \xi_i \leq x_i$$

   (vgl. dazu Abschnitt 7.4, S. 241 f.).

*4. Zeige:

   a) Monotone Funktionen sind integrierbar (vgl. hierzu Aufgabe 6 aus 7.3).

   b) Stückweise stetige Funktionen sind integrierbar.

*5. a) Beweise: Ist f differenzierbar, so ist I_a zweimal differenzierbar.

b) Wieso ist durch die Abschätzung

$$|I_a(x) - I_a(x_0)| = \left| \int_a^x f - \int_a^{x_0} f \right| = \left| \int_{x_0}^x f \right| \leq \int_{x_0}^x |f| \leq M|x - x_0|$$

gezeigt, daß I_a stetig ist, falls f integrierbar ist? (M ist eine obere Schranke von $|f|$.)

6. Beweise: Die Funktion $f: [1,3] \to \mathbb{R}$, definiert durch

$$f(x) = \begin{cases} -1 & \text{für } x \text{ rational} \\ +1 & \text{für } x \text{ irrational} \end{cases}$$

ist nicht integrierbar.

Anhang

Vermischte Aufgaben mit besonderen Anforderungen

Das in der Abiturprüfung vorausgesetzte Repertoire der Lösungsmethoden ist fest und klar begrenzt und vom Unterricht her vertraut. Herausfordernd ist dagegen, daß man manchen Aufgaben*teilen* nicht auf Anhieb ansieht, wie man vorzugehen hat. Gelegentlich ist eine kleine Idee nötig um weiterzukommen. Allemal ist hier ein *beweglicher Umgang* mit dem erworbenen Wissen und den erlernten Fertigkeiten gefragt.

Um zu illustrieren, was gemeint ist, stellen wir zwei Beispielaufgaben mit Lösungen vor. Es folgt eine kleine Aufgabensammlung, an der man sich erproben kann.

Beispiel 1:

Gegeben ist die Funktionenschar f_a mit

$$f_a(x) = \frac{\ln x + a}{x}, \quad x > 0,\ a \in \mathbb{R}.$$

a) *Die Ortslinie der Hochpunkte von f_a, die x-Achse und die zur y-Achse parallele Gerade durch den Hochpunkt von f_a beranden eine (unbegrenzte) Fläche.*
Hat diese Fläche einen endlichen Inhalt?

b) *Die Gerade $x=1$ schneidet f_{a_1} in P_{a_1} und f_{a_2} in P_{a_2} ($a_1 \neq a_2$). Die Tangenten an f_{a_1} in P_{a_1} bzw. an f_{a_2} in P_{a_2} schneiden sich im Punkt Q.*
Zeige: Die Koordinaten von Q sind unabhängig von a_1 und a_2.

c) *Die drei Punkte P_{a_1}, P_{a_2} und Q bilden ein Dreieck.*
Welche Beziehung besteht zwischen a_1 und a_2, wenn dieses Dreieck in Q einen rechten Winkel hat?
Für welchen Wert von a_1 hat dieses rechtwinklige Dreieck minimalen Inhalt?

Lösung:

a) $H_a\left(e^{1-a}\,\middle|\,\frac{1}{e^{1-a}}\right)$ ist einziger Hochpunkt von f_a (denn $f_a'(x)=\frac{1-a-\ln x}{x^2}=0 \Leftrightarrow x=e^{1-a}$; $f_a''(e^{1-a})<0$). Die Ortslinie der Hochpunkte hat daher die Gleichung $g(x)=\frac{1}{x}$, $x>0$. Wir integrieren bis zu einer Stelle k ($>e^{1-a}$) und untersuchen dann den Grenzwert für $k\to\infty$:

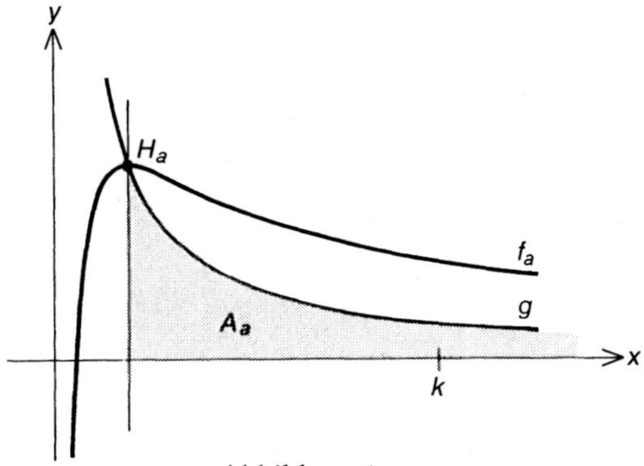

Abbildung 1

$A_a(k)=\int\limits_{e^{1-a}}^{k}\frac{1}{x}\,dx=[\ln x]_{e^{1-a}}^{k}=\ln k-(1-a)$. Wegen $\lim\limits_{k\to\infty}\ln k=\infty$ ist auch $A_a=\lim\limits_{k\to\infty}A_a(k)=\infty$. Der Inhalt ist also, unabhängig von a, nicht endlich.

b) Die beiden Tangenten haben die Gleichungen

t_{a_1}: $y=f_{a_1}'(1)(x-1)+f_{a_1}(1)$
$\quad=(1-a_1)(x-1)+a_1$

und

t_{a_2}: $y=f_{a_2}'(1)(x-1)+f_{a_2}(1)$
$\quad=(1-a_2)(x-1)+a_2$.

Wir setzen gleich und erhalten

$(a_2-a_1)x=(a_2-a_1)2$,

und daher (wegen $a_1\neq a_2$!) $x=2$. Folglich hat der Schnittpunkt Q die Koordinaten $(2|1)$, unabhängig von a_1 und a_2.

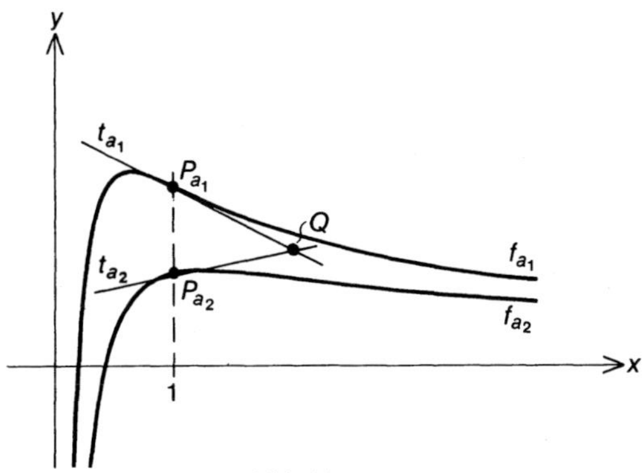

Abbildung 2

c) $t_{a_1}\perp t_{a_2} \Leftrightarrow m_1\cdot m_2=-1 \Leftrightarrow (1-a_1)(1-a_2)=-1$.

Für den Inhalt A des rechtwinkligen Dreiecks gilt:

$$A=\frac{gh}{2}=\frac{|f_{a_1}(1)-f_{a_2}(1)|\cdot(x_Q-1)}{2}$$

$$=\frac{|a_1-a_2|\cdot(2-1)}{2}=\frac{1}{2}\,|a_1-a_2|.$$

Um die Beziehung zwischen a_1 und a_2 auszunutzen, formen wir weiter um:

$$A = \frac{1}{2}|(1-a_1)-(1-a_2)|$$
$$= \frac{1}{2}\left|(1-a_1)+\frac{1}{1-a_1}\right|,$$

wegen $(1-a_1)(1-a_2)=-1$ (und somit insbesondere $a_1, a_2 \neq 1$).

Statt $A(a_1)$ betrachten wir das Quadrat

$$f(z) = \frac{1}{4}\left(z+\frac{1}{z}\right)^2 \qquad \text{mit } z = 1-a_1$$

und weichen so den Betragsstrichen aus.

Da $A(a_1)$ nicht negativ ist, nehmen A und f ihr Minimum an derselben Stelle a_1 an.

Nun ist

$$f'(z) = \frac{1}{2}\left(z+\frac{1}{z}\right)\left(1-\frac{1}{z^2}\right)$$
$$= \frac{1}{2}\,\frac{(z^2+1)(z^2-1)}{z^3} = 0 \Leftrightarrow z^2 = 1 \Leftrightarrow z = 1 \vee z = -1.$$

Da f' sowohl bei $z=1$ als auch bei $z=-1$ das Vorzeichen von $-$ nach $+$ wechselt, hat f bei $z=-1$ und $z=+1$ lokale Minima.

Beide Minimalstellen liefern dieselbe Lösung, denn für $z=1$ ist $a_1=0$ und damit $a_2=2$, während für $z=-1$ sich $a_1=2$ und $a_2=0$ ergibt. Der zugehörige minimale Inhalt ist $\frac{|a_1-a_2|}{2}=1$. Die Randwertuntersuchung zeigt, daß es sich in der Tat um ein globales Minimum handelt: $\lim\limits_{z\to\pm\infty} f(z) = +\infty$.

Beispiel 2:

Die durch

$$f(x) = x^2 - 3x + 3$$

gegebene Funktion soll an der Stelle $x=1$ lokal durch die Tangente genähert werden. Wie groß darf h $(h>0)$ höchstens sein, wenn die lineare Näherung vom Funktionswert $f(1+h)$ nicht mehr als 10% abweichen soll?

Lösung:

Die Tangente t hat die Gleichung

$$t(x) = f'(1)(x-1) + f(1)$$
$$= (-1)(x-1) + 1 = -x + 2.$$

Die Abweichung vom Funktionswert $f(1+h)$ ist

$$d(h) = |f(1+h) - t(1+h)|$$
$$= |(1+h)^2 - 3(1+h) + 3 - (-(1+h)+2)|$$
$$= |h^2| = h^2.$$

Die 10%-Bedingung besagt nun:

$$\left|\frac{d(h)}{f(1+h)}\right| \leq 0{,}1 \Leftrightarrow d(h) \leq 0{,}1\,|f(1+h)|$$

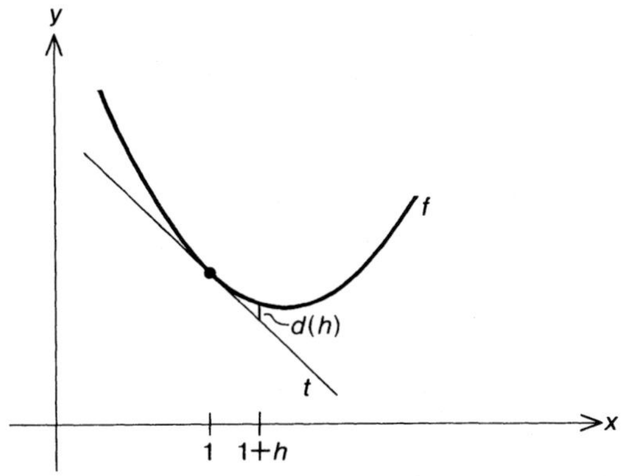

Abbildung 3

Wegen $f(1+h) = h^2 - h + 1 = (h - \frac{1}{2})^2 + \frac{3}{4} > 0$ ist dies gleichbedeutend mit

$$h^2 \leq 0{,}1\,(h^2 - h + 1) \Leftrightarrow 9h^2 + h - 1 \leq 0.$$

Durch $g(h) = 9h^2 + h - 1$ ist eine nach oben geöffnete Parabel gegeben, deren Nullstellen bei $h_1 = \frac{-1-\sqrt{37}}{18}$ und $h_2 = \frac{-1+\sqrt{37}}{18}$ liegen. Daher kommen alle h in Frage, für die $0 < h \leq h_2$ ist. Der maximal zulässige Wert für h ist damit $h = \frac{-1+\sqrt{37}}{18} \approx 0{,}282$.

Aufgaben

1. Gegeben sei die Funktion f mit $f(x) = \frac{1}{x} - \frac{1}{x^2}$. Läßt man das Dreieck mit den Eckpunkten $A(1|0)$, $B(u|0)$ und $C(u|f(u))$ $(u > 1)$ um die x-Achse rotieren, so entsteht ein Kegel. Wie groß kann sein Volumen maximal werden?

2. Betrachte die Kurvenschar f_a mit

$$f_a(x) = \frac{x+a}{e^x}, \quad a \in \mathbb{R}.$$

a) Diskutiere f_a und zeichne die Graphen von f_1 und f_3.

b) Die beiden gezeichneten Kurven, die x-Achse und die Gerade $x = c$ $(c > -1)$ begrenzen eine Fläche. Berechne ihren Inhalt $A(c)$. Zeige, daß $A(c)$ mit c streng monoton wächst und, berechne $\lim\limits_{c \to \infty} A(c)$.

c) Gesucht ist der maximale Abstand von f_1 und f_3 $(x>0)$.

d) Zeige: Scharkurven zu verschiedenen Parameterwerten haben keine gemeinsamen Punkte.

3. Gegeben ist die Funktionenschar f_a mit

$$f_a(x)=(e^x-a)^2, \quad a>0.$$

a) S_a sei der Schnittpunkt von f_a mit ihrer Asymptote. Auf welcher Kurve liegen alle diese Schnittpunkte?

b) Zeige, daß sich je zwei verschiedene Kurven der Schar in genau einem Punkt schneiden. Unter welcher Bedingung liegt dieser Schnittpunkt auf der y-Achse?

4. Durch

$$f_a(x)=3x(1-a\sqrt{x}), \quad x\geq 0,\ 0<a<3$$

ist eine Kurvenschar gegeben.

Die Gerade g mit der Gleichung $y=ax$ schließt mit f_a eine Fläche mit dem Inhalt A_1 ein. Eine zweite Fläche mit dem Inhalt A_2 wird durch die Gerade g, die Kurve f_a und die Gerade $x=\dfrac{1}{a^2}$ begrenzt.

Bestimme den Parameter a so, daß $A_1=A_2$ ist.

5. Durch

$$f_a(x)=(x^2-a^2)e^{-x^2}$$

ist eine Kurvenschar gegeben.

a) Die Tangenten in den Nullstellen von f_a schließen mit der x-Achse ein Dreieck ein. Für welches a ist sein Inhalt maximal?

b) Zeige, daß keines dieser Dreiecke gleichseitig ist.

6. Welche Ursprungsgerade schneidet die durch $f(x)=x\sin x$ gegebene Kurve in zwei Punkten so, daß der eine doppelt so weit vom Ursprung entfernt ist wie der andere.

7. Für $a>0$ sei f_a gegeben durch $f_a(x)=ax-\ln x$. Bestimme die Anzahl der Nullstellen von f_a in Abhängigkeit von a.

8. Bestimme k so, daß die durch $f(x)=\dfrac{2}{x^2+3k}$ gegebene Funktion die 1. Winkelhalbierende berührt. Wann gibt es einen, zwei oder drei gemeinsame Punkte?

9. Für welche k fällt die durch

   $f(x) = \sin x - kx + c$

   definierte Funktion streng monoton?

10. Zeige: Eine zur y-Achse symmetrische Polynomfunktion mit lauter positiven Koeffizienten ist überall links gekrümmt und hat nur ein Minimum.

11. Betrachte für $a > 0$ die durch $f_a(x) = \left(x^2 - \frac{2x}{a}\right) e^{ax}$ gegebene Kurvenschar. f_a, die x-Achse und die Gerade $x = c$ $(c < 0)$ begrenzen im 2. Quadranten eine Fläche. Welchen Grenzwert hat ihr Inhalt für $c \to -\infty$?

12. Der Kreis $(x-1)^2 + (y+2)^2 = 16$ und die Parabel $y = -(x-1)^2 - 2\sqrt{3} + 2$ schließen eine Fläche ein. Berechne ihren Inhalt.

13. Die Parabeln $y = x^2$ und $y^2 = 8x$ schließen eine Fläche ein, die um die y-Achse rotiert. Berechne das Volumen des entstehenden Rotationskörpers.

14. Für $a > 0$ sei $f_a(x) = x \ln \frac{x^2}{a}$. Die Tangente im Kurvenpunkt $A(x|f_a(x))$ schneidet die y-Achse im Punkt B. Für welchen Punkt A hat das Dreieck mit den Eckpunkten A, B und $C(x|0)$ maximalen Inhalt? $(0 < x < \sqrt{a})$

    Beweise, daß alle maximalen Dreiecke ähnlich sind.

15. Für jedes $a > 0$ ist eine Funktion f_a gegeben durch

    $$f_a(x) = \begin{cases} a e^{-x} & \text{für } 0 \leq x \leq a \\ \dfrac{a^2}{2x} & \text{für } x > a. \end{cases}$$

    a) Zeichne f_1 für $0 \leq x \leq 2$.

    b) Für welches a ist f_a stetig?

    c) Berechne den Inhalt A_a der Fläche, die von f_a, den beiden Koordinatenachsen und der Geraden $x = a$ begrenzt wird. Wie groß ist A_1?

    d) Bestimme den Inhalt B_c der Fläche, die von f_1, der x-Achse und den Geraden $x = 1$ und $x = c$ $(c > 1)$ begrenzt wird. Bestimme c so, daß $B_c = A_1$ wird. Existiert $\lim\limits_{c \to \infty} B_c$?

    e) Die Fläche mit dem Inhalt A_1 rotiert um die x-Achse. Wie groß ist das Volumen des entstehenden Körpers?

Roter Faden

Definition der Ableitung

Zwei Fassungen des Ableitungsbegriffs wurden herausgestellt, die von CAUCHY und die von WEIERSTRASS. CAUCHYs Fassung des Ableitungsbegriffs bezieht sich auf das Verhalten des Differenzenquotienten:

Definition 1 *(über die lokale Änderungsrate): f heißt in x_0 differenzierbar, wenn der Grenzwert*

$$\lim_{h \to 0} \frac{f(x_0+h)-f(x_0)}{h}$$

existiert. Er heißt Ableitung von f an der Stelle x_0 und wird mit $f'(x_0)$ bezeichnet.

WEIERSTRASS zielt auf das lokale Wechselspiel von Funktion und Tangente:

Definition 2 *(über die lokale lineare Approximation): f heißt in x_0 differenzierbar, wenn es eine Gerade t_{x_0} durch den Punkt $(x_0, f(x_0))$ gibt, so daß der Approximationsfehler*

$$r(h) := f(x_0+h) - t_{x_0}(x_0+h) \qquad (x_0+h \in D_f)$$

der Bedingung

$$\lim_{h \to 0} \frac{r(h)}{h} = 0$$

genügt. Die Steigung von t_{x_0} heißt Ableitung von f an der Stelle x_0 und wird mit $f'(x_0)$ bezeichnet.

Beide Definitionen kennzeichnen *dieselbe* Eigenschaft, d.h. sie sind äquivalent.

Ableitungsregeln

Mit f und g sind auch $f+g$ und $f \cdot g$ in x_0 differenzierbar, und es gilt

$$(f+g)'(x_0) = f'(x_0) + g'(x_0),$$

bzw.

$$(f \cdot g)'(x_0) = f'(x_0)\, g(x_0) + f(x_0)\, g'(x_0),$$

kurz

$(f+g)' = f' + g'$	*(Summenregel)*